FERMENTAÇÃO
COMO OBTER ALIMENTOS
DIVERSIFICADOS E SAUDÁVEIS

FERMENTAÇÃO
COMO OBTER ALIMENTOS DIVERSIFICADOS E SAUDÁVEIS

EDITORA

Ingrid Schmidt-Hebbel Martens

Copyright © Editora Manole Ltda., 2023, por meio de contrato com a autora.
Todos os direitos reservados.

Produção editorial: Lira Editorial
Preparação: Ligia Alves
Diagramação: Lira Editorial
Capa: Ricardo Yoshiaki Nitta Rodrigues
Imagem de capa: Alexia Schmidt-Hebbel
Revisão: Andressa Lira

CIP-BRASIL. CATALOGAÇÃO NA PUBLICAÇÃO
SINDICATO NACIONAL DOS EDITORES DE LIVROS, RJ

F395

Fermentação/Ingrid Schmidt-Hebbel Martens. – 1. ed. – Santana de Parnaíba [SP]:
Manole, 2023.
304 p.

Inclui bibliografia
ISBN 978-65-5576-470-3

1. Gastronomia. 2. Fermentação. I. Martens, Ingrid Schmidt-Hebbel.
II. Título.

| | CDD: 572.49 |
| 22-80031 | CDU: 631.563.6 |

Gabriela Faray Ferreira Lopes – Bibliotecária – CRB-7/6643

A Editora Manole é filiada à ABDR – Associação Brasileira de Direitos Reprográficos.

EDITORA MANOLE LTDA.
Alameda América, 876 – Tamboré
Santana de Parnaíba
06543-315 – SP – Brasil
Fone: (11) 4196-6000 | www.manole.com.br | https://atendimento.manole.com.br
Impresso no Brasil | Printed in Brazil

Editora

Ingrid Schmidt-Hebbel Martens
Possui Graduação em Farmácia-Bioquímica (Habilitação Alimentos) pela Universidade de São Paulo (USP, 1982). Mestrado em Ciência de Alimentos (1986) e Doutorado em Ciências Biológicas (Genética de Microrganismos) (1999), ambos pela Universidade Estadual de Campinas (Unicamp). Responsável pela implantação dos cursos de Tecnologia em Gastronomia das Faculdades Senac de Turismo e Hotelaria de Águas de São Pedro, Campos do Jordão e São Paulo (Centro Universitário Senac desde 2004). Foi Coordenadora do curso de Tecnologia em Gastronomia no Campus de São Paulo e Professora IV entre 2004 e 2018, bem como Pesquisadora atuando na Linha de Pesquisa "Gastronomia: Comportamento e Consumo". Coautora do livro *Formação em Gastronomia: Aprendizagem e Ensino* (2010) e responsável pela revisão técnica dos livros *Tecnologia da Panificação* (2009) e *Larousse dos Pães* (2015). Editora do livro *Panificação – da moagem do trigo ao pão assado* (2021). Atualmente dedica-se à consultoria na área de Alimentos.

Autores

Ana Cláudia Guimarães Antunes

Doutoranda e Mestre em Hospitalidade pela Universidade Anhembi Morumbi (UAM) na linha de pesquisa "Hospitalidade na Competitividade em Serviços tendo como objeto de pesquisa a Gastronomia". Graduada em Tecnologia em Gastronomia e Bacharelado em Nutrição pelo Centro Universitário Senac – Campus Santo Amaro. Atua na área de Alimentos e Bebidas desde 2006, tendo realizado prática profissional de três meses na Fundación Alicia (Espanha). Docente no Centro Universitário Senac – Campus Santo Amaro, nos cursos Bacharelado em Nutrição e Tecnologia em Gastronomia. Consultora na área de Nutrição e Gastronomia.

Claudia Maria de Moraes Santos

Doutoranda em Planejamento Urbano Regional pela Universidade do Vale do Paraíba (Univap). Mestre em Ciências Ambientais pela Universidade de Taubaté e Especialista em Gestão Educacional pelo Centro Universitário Claretiano. Graduada em Arquitetura e Urbanismo e Tecnologia em Gastronomia. Professora no curso de Graduação em Tecnologia em Gastronomia da Univap e da Escola Chef Gourmet Taubaté. Atuou como professora no curso de Pós-graduação em Cozinha Brasileira no Centro Universitário Senac São Paulo e na Univel Cascavel – Paraná. Foi Professora e Coordenadora de curso de Tecnologia em Gastronomia no Centro Universitário Senac Campos do Jordão, entre 2001 a 2015, e também do curso de Tecnologia em Gastronomia na Faculdade Anhanguera de Taubaté. Autora do livro *Cozinhando com economia: cardápios, receitas e listas de compras para as quatro estações* (2019), coautora dos livros *Panificação: da moagem do grão ao pão assado* (2021) e *Pensando e pesquisando a gastronomia: trajetórias acadêmicas em um campo científico em construção* (2021). Temas de estudo e pesquisa: planejamento urbano e regional, gastronomia, cozinha regional paulista (caipira), mercados municipais e cozinha brasileira.

Gerson Bonilha Junior

Graduação em Tecnologia em Hotelaria pela Faculdade de Tecnologia Hebraico Brasileira Renascença (FTHBH, 2003). Especialização em Gestão de Serviços de Bebidas com Ênfase em Vinhos pelo Centro Universitário Senac – Campus São Paulo (2008). Certificado pela Wine Spirit Education Trust (WSET) níveis 2 (2007) e 3 Advanced (2009), bem como *Sommelier* de Cervejas pela Doemens – Senac (2010). Professor de Bebidas e Serviços de Restaurantes no Centro Universitário Senac-SP há 27 anos. Atua há 33 anos na área de Serviços e Bebidas como consultor de bares e restaurantes.

Ingrid Schmidt-Hebbel Martens

Possui graduação em Farmácia-Bioquímica (Habilitação Alimentos) pela Universidade de São Paulo (USP, 1982). Mestrado em Ciência de Alimentos (1986) e Doutorado em Ciências Biológicas (Genética de Microrganismos) (1999), ambos pela Universidade Estadual de Campinas (Unicamp). Responsável pela implantação dos cursos de Tecnologia em Gastronomia das Faculdades Senac de Turismo e Hotelaria de Águas de São Pedro, Campos do Jordão e São Paulo (Centro Universitário Senac desde 2014). Foi Coordenadora do curso de Tecnologia em Gastronomia no Campus de São Paulo e Professora IV entre 2004 e 2018, bem como Pesquisadora atuando na Linha de Pesquisa "Gastronomia: Comportamento e Consumo". Coautora do livro *Formação em Gastronomia: Aprendizagem e Ensino* (2010) e responsável pela revisão técnica dos livros *Tecnologia da Panificação* (2009) e *Larousse dos Pães* (2015). Editora do livro *Panificação – da moagem do trigo ao pão assado* (2021). Atualmente dedica-se à consultoria na área de Alimentos.

Irene Coutinho de Macedo

Graduada em Nutrição (1997) e Mestre em Nutrição Humana Aplicada pela USP (2003). Especialização em Educação em Saúde pela Universidade Federal de São Paulo (Unifesp, 2009). Docente e Pesquisadora do Centro Universitário Senac, nos seguintes temas: educação alimentar e nutricional, nutrição e cultura, alimentação e sustentabilidade. Coordenadora do curso de Bacharelado em Nutrição do Centro Universitário Senac. Membro da equipe editorial da Revista *Contextos da Alimentação* (ISSN 2238-4200) e colaboradora do projeto DIAITA – Património Alimentar da Lusofonia. Conselheira do Conselho Regional de Nutricionistas 3ª Região (2020-2023).

Keliani Bordin

Doutora em Ciências da Engenharia de Alimentos pela Faculdade de Zootecnia e Engenharia de Alimentos da USP (FZEA/USP, 2010-2015). Graduação em Engenharia de Alimentos pela Universidade do Estado de Santa Catarina (Udesc; 2005-2009). Pós-doutorado na Universitat de Valência (Espanha, 2015) e na Pontifícia Universidade Católica do Paraná (PUCPR, 2016). Professora Assistente da Escola Politécnica da PUCPR e Coordenadora do curso de Pós-graduação em Gestão da Qualidade na Produção de Alimentos, Medicamentos e Cosméticos. Orientadora de projetos de pesquisa e extensão, em parceria com empresas privadas na área de Alimentos.

Lucas Brandão Medina

Graduação em Tecnologia em Gastronomia (Faculdades Senac, Águas de São Pedro/ SP, 2004). Pós-graduação em Docência para o Ensino Superior (Centro Universitário Senac – Campus Santo Amaro/SP, 2013). Cursos de Especialização na Suíça (Instituto DCT, Vitznau, 2010); Itália (Instituto ALMA, Colorno, 2013); e curso de Cozinha Molecular com Angélica Vitalli (2016). Professor do Centro Universitário Senac – Campus Santo Amaro nas disciplinas Habilidades Básicas de Cozinha, Cozinha Italiana, Cozinha Mediterrânea (a partir de 2008). Ministra cursos na Accademia Gastronomica desde 2012. Pesquisador da linha "Cultura e consumo" e Desenvolvedor de projetos de Extensão universitária na área de "Cozinha e ciência", ambas no Centro Universitário Senac – Campus Santo Amaro (SP).

Luis Fernando Carvalhal de Castro Pimentel

Especialista em Administração de Empresas, com MBA em Administração de Empresas pela Fundação Getulio Vargas (FGV). MBA em Gestão Empreendedora de Negócios pelo Instituto Tecnológico de Aeronáutica (ITA) e Escola Superior de Propaganda e Marketing (ESPM). Graduação em Engenharia Mecânica pela Unicamp e Tecnologia em Gastronomia pela Univap. Professor nos cursos Cozinheiro Profissional e Alta Gastronomia, Enologia e Mixologia do Instituto Gastronômico das Américas (IGA) em São José dos Campos. Consultor de Gastronomia e Administração de estabelecimentos de A&B e chefe de cozinha.

Maria Raquel Manhani

Doutora em Tecnologia de Alimentos pela Unicamp. Bacharel em Química Tecnológica pela Unicamp. Docente e Pesquisadora no Instituto Federal de Educação, Ciência e Tecnologia de São Paulo (IFSP).

Pedro Linhares Machado Marchi

Graduação em Tecnologia em Gastronomia pelo Centro Universitário Senac – Campus Campos do Jordão (2013). Atuou como cozinheiro, gestor e consultor na área de alimentos, bebidas e hospitalidade. Ex-docente da prefeitura Municipal de Campinas, pelo Instituto Gastronômico das Américas, onde também coordenou o Departamento Pedagógico. Atua na formação e capacitação profissional na área de Alimentos e Bebidas pelo SENAI Campinas-SP.

Priscila Vaz de Arruda

Graduação em Engenharia Bioquímica pela Escola de Engenharia de Lorena – USP (2004), bem como Mestrado em Biotecnologia Industrial (2007) e Doutorado em Ciências (2011). Professora Efetiva na Universidade Tecnológica Federal do Paraná (UTFPR), Campus Toledo.

Rafael Cunha Ferro

Mestrado e Doutorado em Hospitalidade pela UAM. Pós-graduação (*lato sensu*) em Viticultura e Enologia pela Universidade Tuiuti do Paraná (UTP). Graduado em Tecnologia em Gastronomia pelo Centro Universitário Senac – Campus Campos do Jordão. Professor do Programa de Pós-graduação *stricto sensu* em Hospitalidade da UAM. Há dez anos atua na área de ensino e pesquisa em Gastronomia. Editor Adjunto da Revista *Hospitalidade*.

Rafael Lima Morandi

Graduação em Tecnologia em Gastronomia e Especialização em Administração e Organização de Eventos pelo Centro Universitário Senac/SP. Professor nos cursos de graduação e extensão universitária em Gastronomia do Centro Universitário Senac/SP, ministrando aulas práticas de cozinha nas disciplinas Habilidades de Cozinha: técnicas, Habilidades de Cozinha: ingredientes, Cozinha das América, Cozinha Francesa e Cozinha Fria.

Roseli de Sousa Neto

Doutorado em Ciências de Alimentos pela Faculdade de Engenharia de Alimentos (FEA) da Unicamp (2003). Mestrado em Ciências de Alimentos pela FEA/Unicamp (1996). Graduação em Ciências Biológicas pela PUC-Campinas (1990). Professora Colaboradora do Centro Universitário Senac – Campos do Jordão (2003-), atuando principalmente nos seguintes temas: Microbiologia e Higiene de Alimentos, Ciência de Alimentos e Princípios Básicos de Nutrição. Orientadora de projetos de extensão e iniciação científica na área de Gastronomia.

Sandro Dias

Historiador. Pós-doutorado no Departamento de Economia, Administração e Sociologia da Esalq/USP. Doutor em Ciências – Ecologia Aplicada, Linha de Pesquisa: Ambiente e Sociedade, pela Esalq-Cena/USP. Mestre em História e Historiografia Literária pelo Instituto de Estudos da Linguagem/Unicamp. Professor da Unicamp no Departamento de Ciências Humanas e Linguagens do Cotil/Unicamp, campus I de Limeira, e do Centro Universitário Senac, campus Águas de São Pedro (História da Alimentação, Produtos de Origem e Patrimônio Alimentar, Estudos Contemporâneos de Gastronomia, Hospitalidade e Interculturalidade). Professor Colaborador na Esalq/USP, em Piracicaba (Sociologia e Extensão Rural, Socioantropologia da Alimentação). Pesquisador Associado do Grupo de Agriculturas Emergentes e Alternativas (AGREMAL) e na área de *Food Studies* e Hospitalidade. Coordenador do Grupo de Estudos de Alimentação: Cultura e Sociedade (GEALCS). Membro do Grupo de Estudos "Os sentidos como alimento" (GEOSCA).

Silvia Satie Tuyama

Professora Assistente no Centro Universitário Unimetrocamp/Wyden. Mestre em Alimentos e Nutrição pela FEA/Unicamp (2016), foi bolsista pelo CNPq no Mestrado. Graduada no Curso Superior de Tecnologia em Gastronomia pelo Centro Universitário Senac – Campos do Jordão (2011). Participante do Programa de Monitoria pelo Centro Universitário Senac, desenvolvendo projeto de pesquisa na Área de Ciência de Alimentos como aluna bolsista e do Programa de Iniciação Científica da disciplina de Microbiologia de Alimentos durante a graduação. Atuou no Setor de Alimentos da Indústria no Japão durante dez anos e no setor de Alimentos, Bebidas e Hospitalidade na Irlanda por dois anos.

Tatiane Vanessa de Oliveira

Professora, Pesquisadora e Supervisora de Estágio do curso de Bacharelado em Nutrição do Centro Universitário Senac. Doutora em Ciências, com foco em Doenças Cardiovasculares e Metabolismo Lipídico pelo Instituto do Coração da Faculdade de Medicina da USP (InCor-FMUSP). Especialização em Nutrição Clínica pela Universidade Gama Filho (UGF). Nutricionista pela Universidade Federal de Alfenas (Unifal).

Vanessa Alves Vieira

Graduação em Gastronomia pela Universidade Anhanguera de São Paulo (UNIAN/SP, 2010). Pós-graduação em Gestão de Negócios em Alimentação pelo Centro Universitário Senac – Campus Santo Amaro (2013). Formação em diversos cursos de extensão universitária na área de confeitaria. Professora do Centro Universitário Senac – Campus Santo Amaro, ministrando aulas de Habilidades de Confeitaria, Aperfeiçoamento em Confeitaria, Habilidades de Cozinha e Cozinha das Américas, no curso de Tecnologia em Gastronomia (Graduação); no curso de extensão Cozinheiro Chefe Internacional, ministra aulas de habilidades de confeitaria. Atua no projeto de extensão, em parceria com o curso de Nutrição desenvolvendo receitas para pacientes com câncer, e no projeto de Comida de Santo. Trabalhou em grandes empresas de alimentos, com desenvolvimento de produtos e receitas.

Vanessa Aparecida Soares

Graduação em Engenharia Bioquímica pela Escola de Engenharia de Lorena – USP (2004). Licenciatura em Matemática pela Universidade Nove de Julho (Uninove, 2007).

Doutorado em Biotecnologia pela Universidade de Mogi das Cruzes (UMC, 2009). Docente e Pesquisadora do IFSP, Campus Suzano.

Zenir Aparecida Dalla Costa de Melo Ferreira

Mestre em Hospitalidade pela UAM (2017). Pós-graduação em Gestão Estratégica de Pessoas (2015) e em Gastronomia Vivências Culturais (2014) pelo Centro Universitário Senac – Campus Santo Amaro. Especialização em História, Sociedade e Cultura pela PUC-SP, 2008). Graduada em Tecnologia em Gastronomia pelo Centro Universitário Senac – Águas de São Pedro (2004). Coordenadora dos cursos de Graduação, Extensão e Pós-graduação na área de Gastronomia do Centro Universitário Senac – Campus Santo Amaro. Autora do livro *Cozinhando com Economia: Cardápios, receitas e listas de compra para as quatro estações*. Consultora Gastronômica na área de Desenvolvimento e Aprimoramento de Empreendimentos e na Organização de Projetos acadêmicos com foco em Sustentabilidade Social e Ambiental. Linhas de pesquisas: Hospitalidade, Gastronomia, Festas Populares e Cozinha Brasileira.

Sumário

Prefácio

No âmbito da produção de alimentos, a fermentação não é uma tecnologia nova; pelo contrário, ela acompanha a humanidade desde os seus primórdios, tendo em vista que os nossos ancestrais pré-históricos já consumiam alimentos fermentados. Ao longo da evolução da humanidade, a fermentação foi um processo que se supunha ocorrer ao acaso, sendo que o seu caráter microbiológico e bioquímico somente começou a ser desvendado a partir da segunda metade do século XIX por meio das pesquisas de Louis Pasteur e de Eduard Büchner.

No entanto, há registros históricos por volta de 6000 a.C., na Mesopotâmia, do que pode ser considerada a primeira cerveja. Nessa mesma época, e coincidentemente na mesma região, apareceram os primeiros pães fermentados. Mais tarde, por volta de 3500 a.C., há documentos que registram o processo de fabricação de vinho pelos assírios; em 3000 a.C., os sumérios já produziam manteiga, e os egípcios manteiga e queijo; e as primeiras técnicas de fabricação de vinho foram criadas em 1000 a.C. É claro que os processos de fermentação de alimentos foram sendo aprimorados e adaptados, conforme a disponibilidade local de alimentos, a cultura dos diferentes povos e as condições climáticas, sendo assim, o que entendemos hoje como produtos fermentados diferem dos produtos consumidos pelos nossos antepassados.

Na sua origem, o processo de fermentação era utilizado para a conservação de alimentos, principalmente pelos povos submetidos a longos períodos de escassez de alimentos, por consequência da seca ou de invernos rigorosos. Hoje temos acesso a uma grande variedade de alimentos fermentados – inclusive, muitas vezes, nos esquecemos disso –, o que proporciona o enriquecimento de nossa dieta, do ponto de vista nutricional e sensorial. Nesse sentido, o surgimento da indústria alimentícia possibilitou o consumo de alimentos fermentados ao longo do ano todo, e de forma globalizada.

O *Fermentação: como obter alimentos diversificados e saudáveis* tem a finalidade de apresentar aos leitores conhecimentos sobre os processos para obtenção produtos alimentícios por meio da fermentação, utilizando os mais variados alimentos como ponto de partida, bem como aos alunos de Gastronomia que queiram produzir alimentos fermentados para enriquecer os pratos apresentados aos seus comensais, sem deixar de lado os preceitos da higiene alimentar e da nutrição.

Para os leitores mais atentos, que certamente sentirão falta de um capítulo dedicado ao pão, alimento fermentado mais largamente consumido no mundo, esclareço que ele foi objeto do livro *Panificação – da moagem do grão ao pão assado*, lançado pela Editora Manole em 2021.

A escrita desta obra foi um trabalho realizado por diversos autores, aos quais gostaria de agradecer por terem acreditado na proposta do livro, dedicando o seu tempo e conhecimento à elaboração dos respectivos capítulos. Foi especialmente enriquecedor trabalhar com autores de várias instituições de pesquisa e de ensino do Brasil.

Gostaria de agradecer a todos os profissionais da Editora Manole envolvidos nas diferentes etapas da confecção do livro, sem os quais esse projeto não teria sido possível.

O conhecimento tem a capacidade de transformar a sociedade, de modo que, ao aceitar o convite da Editora Manole para organizar esta obra, vi mais uma vez reforçada a minha firme convicção de que o saber deve ser compartilhado, única forma na qual ele poderá ser útil na atualidade e no futuro.

Boa leitura, e fermentações bem-sucedidas a todos!

Ingrid Schmidt-Hebbel Martens

1

Fermentação de alimentos

Sandro Dias
Ingrid Schmidt-Hebbel Martens

HISTÓRIA E CULTURA DA PRESERVAÇÃO

Nutrir-se, comer... "Dize-me o que comes, e te direi quem és", escreveu o gastrônomo do século XIX Brillat-Savarin no início de sua *Physiologie du goût* (Fisiologia do gosto). Mas dize-me o que comes, que te direi também que laço tens com teus próximos, com a natureza, com a cultura, com a sociedade. (Évelyne Bloch-Dano, *A fabulosa história dos legumes*)

Alimento é conexão; já se disse recentemente que é essa a maior rede social do mundo. Quanto mais nos conectamos às formas de produzir e processar os alimentos, mais próximos estamos da natureza e de tudo que a compõe. O início do anos 2020 foi um marco na história natural e provavelmente será descrito por historiadores como a época da pandemia do coronavírus, momento em que nos apartamos das pessoas por conta da necessidade do isolamento social como estratégia para diminuir o contágio. Também foi um período de incertezas e desconfianças em relação ao mundo natural, do qual há muito, aparentemente, estamos cada vez mais separados.

Na esteira desse temor em relação aos vírus, na sociedade pós-industrial, desconfiamos da utilidade de fungos, bactérias, mofos e leveduras que também foram, indistintamente, considerados inimigos. Foi desse modo que parte da humanidade declarou guerra aos microrganismos, consagrando ambientes assépticos como regra para uma vida saudável e civilizada, muitas vezes chancelada pela ciência e empreendida por políticas higienistas (CORBIN, 1987), desde o surgimento da sociedade pré-industrial, em detrimento das tradições alimentares.

No entanto, muitos desses seres invisíveis, os fungos e as bactérias, foram os responsáveis pela nossa vida e, ao longo da história, ajudaram a produzir alimentos e até mesmo medicamentos que caracterizaram as mais diferentes civilizações que nos trouxeram até aqui. Assim, a história da fermentação (lática, alcoólica ou acética), como método de preservação e conservação dos alimentos, pode ser entendida como modo de reconexão com o microcosmo das bactérias e dos fungos, que, inexoravelmente, se confundem com nossa história.

Curioso notar que nunca pensamos nisso quando saboreamos um pedaço de queijo mineiro, por exemplo, enquanto bebericamos uma excelente cachaça ou degustamos um bom vinho, ou ainda quando comemoramos, cheios de esperança, a passagem de ano brindando com um belo espumante brasileiro.

Outro exemplo, menos festivo, mas cotidianamente prazeroso, é o café da manhã. O consumo da tapioquinha ou do pão com manteiga, cujo sabor, textura e leveza devemos à fermentação; e a propósito, o próprio café também passa por fermentação antes de ser seco, torrado e moído e depois de ser objeto de infusão.

A perecibilidade fez o engenho humano desenvolver bebidas azedas, caso do kumis, do leite de égua dos cazaques, do iogurte e de outros cremes azedos, a partir do leite de outros animais no Oriente. No Ocidente, os queijos e manteigas surgiram da necessidade de preservar os alimentos em um ambiente sem refrigeração (WILSON, 2014).

Outro traço dessa mesma história, um exemplo ancestral daquilo que hoje é produzido pelas indústrias, e recentemente foi revalorizado, é a fermentação caseira. A possibilidade de fermentar algum alimento ou bebida em nossos lares também pode significar a conquista da autonomia em relação aos produtos homogeneizados, aos sabores simplificados e à monotonia alimentar capaz de nos transformar em "comedores de *commodities*", dada a preponderância do consumo de alimentos industrializados e ultraprocessados.

Abrir mão das inúmeras possibilidades de fermentação caseira em razão das conveniências da vida moderna pode também significar o empobrecimento da experiência da comensalidade, de desfrutar de sabores únicos que se confundem com o lugar no qual são produzidos e da relação entre as pessoas que os produzem e os consomem em comunidade.

É a terra [...] que alimenta e acompanha toda fermentação. Da terra para as parreiras e daí para o vinho; a semente da cevada que se transforma em cerveja e o repolho que vira o chucrute ou *kimchi*; do leite ao queijo (ou iogurte ou quefir), da soja ao missô (ou molho de soja ou *tempeh*), do arroz ao saquê; o porco vira *prosciutto* e os legumes viram picles. Todas essas transformações dependem da cuidadosa administração do apodrecimento pelo fermentador, de levar à decomposição dessas sementes, frutas e carnes até certo ponto e nenhum passo além dele (POLLAN, 2014, p. 280).

Nesse sentido, a história da fermentação não é somente um capítulo da história bioquímica da humanidade, mas também um marcador poderoso de nossas culturas, costumes, sabores e conexão com o planeta Terra e sua biodiversidade. Ela nos acompanha em contextos de carência e necessidade de preservação de alimentos, ou em situações de abundância e produção de sabores muito sofisticados, que por sua vez também podem remeter aos primórdios de carestia. Isso diz muito sobre a necessidade e o prazer que sentimos quando consumimos um pão quentinho ou bebemos uma cerveja bem gelada no verão.

Podemos dizer que a história da preservação dos alimentos é, em muitos sentidos, a história da saga humana. Esse universo compreende desde processos muito simples e caseiros até as recentes conquistas da biotecnologia aplicada à produção de alimentos, uma verdadeira viagem sensorial que nos descortina sabores familiares e surpreendentes por meio da fermentação de alimentos vegetais ou animais, méis de diferentes abelhas, frutas, cereais, carnes e até mesmo peixes (peixes fermentados são consumidos entre alguns povos nórdicos), compondo um fascinante menu.

Nas palavras de Michael Pollan, no prefácio de *A arte da fermentação,* de Sandor Ellix Katz, esse processo é considerado "um ato tão cotidiano e prático como fazer o próprio chucrute e uma maneira de se engajar no mundo" (KATZ, 2014, p. 14). O festejado pesquisador de alimentos complementa dizendo que se trata de um mundo inserido em outro mundo invisível, de fungos e bactérias, mas também de todo o complexo de que é feita a sociedade moderna, da comunidade em que vivemos, das indústrias da alimentação e, em certo sentido, dos diferentes graus de conexão que mantemos ou deixamos de manter com o mundo natural.

A propósito, o chucrute é um excelente exemplo da cultura da preservação de alimentos. A palavra *choucroûte* surgiu na França em 1739, grafia provavelmente galicizada de *sauerkraut* (repolho azedo em alemão). Esse prato típico de diversos países é uma preparação muito antiga, assim como a fermentação da couve, desde o medievo. Diz-se que Thomas Cook, o explorador inglês, teria salvado sua tripulação do escorbuto por meio do consumo da couve fermentada, a qual preservou as características antiescorbúticas da verdura fresca (BLOCH-DANO, 2011).

A mesma importância, no mundo oriental, tem o *kimchi* coreano, outro tipo de fermentação popular, feita a partir da couve-chinesa, à qual se acrescentam temperos como pimentas, alho e frutas. Mais salgado, o *kimchi* tem sabor intenso, para acompanhar o arroz; já o chucrute europeu, com maior acidez, acompanha bem as carnes.

Praticar a fermentação e refletir sobre esse mundo pode nos reconectar com a natureza. Nossa tão recente "civilização do álcool em gel" nunca resistiu aos sabores proporcionados pelo manejo desses microrganismos. É bem verdade que Pasteur nos apresentou os perigos desses seres por meio das doenças, e, de lá para cá, nos esmeramos em construir ambientes e organismos assépticos (quando, por exemplo, utilizamos antibióticos). Isso, porém, provoca muitas vezes outros inconvenientes. Seria o momento atual propício para pensar em uma reconciliação?

A Revolução Industrial nos afastou muito dos processos de fermentação. Na aurora da história humana, esses procedimentos estavam relacionados a ritos e cerimônias que caracterizavam comunidades, davam identidade e sentimento de pertença a determinadas culturas, serviam à estruturação das civilizações e respondiam pelo sustento de populações inteiras. A conservação dos alimentos era primordial nas épocas de escassez, e, em muitos casos, um recurso absolutamente necessário ganha *status* de iguaria. É o caso do *hákarl*, carne de tubarão enterrada por vários meses para fermentar, muito apreciado na Islândia. É possível que seu cheiro forte cause aversão à maioria de nós, ao contrário do que se passa com os islandeses. Naquele contexto e para qualquer outro território, as práticas alimentares desenvolvem o gosto culturalmente construído (POLLAN, 2014).

Nossa capacidade de processar e fermentar naturalmente os alimentos com o propósito de conservação e produção de novos sabores foi delegada aos processos industriais, os quais passaram a determinar o que devemos comer e a maneira como vamos nos alimentar, às vezes de modo apartado de nossas culturas de origem. Os processos industriais fixaram outra cultura a ser seguida, "pasteurizando costumes", uniformizando-nos como seres humanos e empobrecendo perigosamente nossas refeições.

De um momento ao outro, em um processo que não tem mais de um século, passamos a nos alimentar de modo análogo a uma operação de reabastecimento, muitas vezes festejando as propriedades nutritivas popularizadas pelas propagandas e consagrando uma abordagem excessivamente nutricional e já ultrapassada, que ora enaltece determinados alimentos, ora os condena. De certo modo, temos a percepção de ser seguro algo produzido em escala industrial, padronizado e fiscalizado por organismos de controle e é isso que nos faz frequentemente abrir um saquinho de *snacks* e levar seu conteúdo à boca, mesmo sem perceber, com a sensação de absoluta confiança em sua segurança alimentar.

Mas o apreço pelo mundo natural ainda resiste, mesmo em grandes centros industrializados, caso de países como os Estados Unidos ou o Canadá, em que os parques nacionais, aquários e zoológicos são mais visitados que o conjunto de eventos esportivos. Além disso, a caça, a pesca, a observação de pássaros, o acampamento e a atividade da jardinagem são muito difundidos e praticados (WILSON, 1994).

Essas atividades podem estimular uma reconexão com o mundo natural, aquilo que o biólogo Edward Wilson, no livro *Diversidade da vida*, chamou de *biofilia* (WILSON, 1994, p. 376), isto é, uma forte relação entre os seres humanos e o meio ambiente, expressa no respeito à natureza selvagem e nos modos de se reconectar com a ecologia, uma espécie de metáfora onírica de um universo que não precisa de nós, que se faz sozinho, mas cujo contato nos lembra da nossa própria natureza e da importância de preservá-la. Essa reconexão é descrita em outra obra do mesmo autor como: "a ligação inata que as pessoas buscam com outros organismos, especialmente com o mundo natural vivo" (WILSON, 2013, p. 326).

Muito desse apreço se deve aos conhecimentos ancestrais sobre os modos de produzir e processar os alimentos de forma natural e corriqueira, um conhecimento que era compartilhado de geração em geração, muito do qual não chegamos a conhecer, pois fazia parte de comunidades autóctones. É o caso dos indígenas ou das comunidades remanescentes de quilombolas ou de imigrantes, trazendo, não sem conflitos, novas práticas, conhecimentos e sabores acompanhados de histórias e culturas alóctones. Conhecer esses processos também é uma maneira de conhecer essas culturas.

Há, portanto, uma relação muito forte entre a história da fermentação e a própria cultura dos povos. Cultura significa também o cultivo ou cuidado com algo, para que este não se perca, e sim seja preservado com o intuito de identificar determinado povo ou civilização. Assim como as artes, a cultura material, o desenvolvimento das tecnologias, o processamento de alimentos é parte das mais expressivas da nossa história.

Os biólogos defendem que as bactérias contribuíram para nossa evolução, isto é, elas são "nossos ancestrais e nossos parceiros coevolucionários" (KATZ, 2014, p. 31). Assim considerado, o processo de fermentação não teria sido uma invenção humana; ao contrário, ele é que teria criado as condições da criação da nossa humanidade, assim como provavelmente todas as outras formas de vida, por meio de relações simbióticas que ocorrem há bilhões de anos. Até mesmo as florestas dependem de microrganismos, como os fungos, para se proteger, se nutrir e se perpetuar (WOHLLEBEN, 2017).

No campo da antropologia, Richard Wrangham (2010) introduziu a "hipótese do cozimento", defendendo que o controle e o uso do fogo no desenvolvimento do ato de cozinhar deram origem ao gênero *Homo*, portanto nos tornaram humanos, modificaram nosso corpo, nosso cérebro, e alteraram nossa vida social. Essa ideia vai ao encontro da tese de Suzana Herculano-Houzel, neurocientista brasileira, segundo a qual a "vantagem humana" sobre outras espécies é que cozinhamos, e "cozinhar, no sentido menos restrito, é transformar alimentos por quaisquer meios antes que eles entrem no trato digestivo, ou seja, na boca" (HERCULANO-HOUZEL, p. 269). Consumir alimentos cozidos nos deu os nutrientes necessários para o desenvolvimento do cérebro humano.

É por isso que deveríamos agradecer aos nossos ancestrais *"homo culinarius"* pelos 86 bilhões de neurônios que possuímos (HERCULANO-HOUZEL, 2017). Embora a autora não mencione diretamente a fermentação, usamos aqui o argumento análogo de que todo processamento dos alimentos traz benefícios que se traduziram na hominização e no desenvolvimento do cérebro humano.

Os alimentos fermentados, em sua forma natural, estão disponíveis desde a Pré-História; e de lá até a contemporaneidade, o nosso organismo desenvolveu diferentes graus de interação até chegarmos à sociedade industrial, que diminuiu drasticamente a diversidade de microrganismos no corpo humano. Esse fato possivelmente exerceu impacto sobre a capacidade metabólica, o sistema imunológico e muitas das funções fisiológicas do ser humano.

Os alimentos fermentados têm uma ancestralidade pré-histórica e antecedem o conhecimento humano sobre seus processos, mas os seres humanos aprenderam o processo e se beneficiaram com ele. Desse modo, podemos dizer que a fermentação vai da natureza à cultura, o que nos faz pensar nas reflexões de Claude Lévi-Strauss (2004), ao descrever os mitos jê e tupi-guarani, e suas reflexões sobre o cru, o podre e o cozido. Os seres humanos observaram os processos de fermentação natural e aos poucos foram aprendendo, aprimorando e sofisticando esses processos, dando-lhes sua expressão cultural.

Em 1976 o biólogo Richard Dawkins (2007) escreveu o célebre *O gene egoísta*, sustentando que a perpetuação e a modificação dos genes têm seu paralelo na cultura, que é o *meme*, palavra tão conhecida em nossa época como sinônimo de uma imagem, texto ou vídeo que "viraliza" na internet. Em seu sentido original, dado por Dawkins,[1] pode ser compreendido como uma ideia ou uma prática que se propaga e é capaz de se perpetuar em termos de uma cultura.

---

1 Desde 1988, a palavra *meme* consta da lista de palavras a serem publicadas nas novas edições do *Oxford English dictionary*. Ela é uma simplificação de *mimeme* e foi proposta por Richard Dawkins em 1976 no livro *O gene egoísta*, que se tornou um clássico da divulgação científica, com mais de 1 milhão de cópias vendidas em todo o mundo.

A fermentação de alimentos, nessa perspectiva, é uma espécie de *meme* no sentido da criação de um conhecimento ancestral que por meio da memória se perpetuou: "Somos construídos como máquinas de genes e educados como máquinas de *memes*" (DAWKINS, 2007, p. 343). O célebre biólogo queniano também considera que os seres humanos são os únicos entre os seres vivos que podem se rebelar contra a própria cultura e criar outras realidades, boas ou más.

Trocar o conhecimento da fermentação que possibilita a produção de alimentos vivos pelo consumo predominante dos produtos da indústria da alimentação pode ter sido um desses pontos de virada dos *memes*, com os efeitos deletérios que esse modelo provoca sobre a natureza e o bem-estar das pessoas (SINGER; MASON, 2007; WALLACE, 2020). Contudo, também se considera a capacidade de os seres humanos em ter ideias altruístas e desinteressadas, que podem agir em favor da coletividade. Recuperar esse conhecimento da fermentação pode indicar outro tipo de "rebelião dos *memes*", isto é, reinventar esse mundo predominantemente marcado pela produção industrial de alimentos, e, como num grito de liberdade, ousar produzir alimentos vivos, por meio da fermentação.

Enfatizamos, assim, que o processo de fermentação, mais que um "ato" biológico, também é um ato cultural e até mesmo político e ecológico. Como informa o prestigiado pesquisador de alimentos Michael Pollan, há uma "comunidade secreta", nos Estados Unidos, um movimento às vezes chamado de *fermentation underground* ou *pós-pasteuriano*, composto por verdadeiros entusiastas das "culturas selvagens", que lutam pelo direito de ter leite e queijos sem pasteurização e procuram consumir o máximo de alimentos de fermentação natural (POLLAN, 2014). Um dos representantes mais ilustres dessa comunidade é o já referido Sandor Katz, autor do clássico *A arte da fermentação* (2014), obra que nos inspira em uma série de reflexões neste capítulo.

Com efeito, assim como podemos falar de uma comunidade de bactérias que pode transformar leite em queijo, por exemplo, também podemos descrever esse processo como resultado do engenho humano que foi se aprimorando e, por meio de *memes,* como a cultura oral, passados de geração em geração, de forma universal. Não se encontra cultura no mundo que não faça uso dos fermentados, que perfazem um terço dos alimentos consumidos por seres humanos, e, em algumas culturas, assumem papel central na alimentação cotidiana.

A interação com os microrganismos é milenar e marcou profundamente a nossa cultura. Veja-se o caso da vítis vinífera. A possibilidade de transformar uva em vinho marcou o mundo antigo clássico e transformou o produto em bebida sagrada. Na América, a produção de bebidas alcoólicas à base de mandioca, milho ou frutas, como o *cauim,* também demonstra essa interação, assim como bebidas fermentadas que misturam saberes de culturas diferentes. Por exemplo, o *aluá*, bebida afro-indígena que utiliza como base o milho e o abacaxi, com variações, e é análogo ao *tepache* mexicano, ou então a bebida fermentada *chicha*, produzida na região do Vale Sagrado do Império Inca, em Machu Picchu. Outro caso interessante, cujo uso foi objeto de ressignificação e reconstrução histórica, é o cacau, o qual, fermentado, produzia o *xocolatl*, consumido na forma de bebida entre as civilizações asteca e maia, completamente diferente dos usos que se fizeram do chocolate no contexto europeu (GLEIZES, 2015).

Do mero prazer da embriaguez aos rituais xamânicos ou ritos religiosos, algumas bebidas eram consideradas sagradas ou mesmo bárbaras, como no princípio se consideravam as cervejas no mundo romano, por exemplo. Nesse sentido, a produção e o consumo de bebidas poderiam indicar o grau de civilização ou barbárie dos povos, em uma perspectiva etnocêntrica.

> A fermentação é ainda mais mágica, porque pode transformar um grão comum e sem graça em uma poção que pode modificar o comportamento, suprimir as inibições, provocar visões e revelar mundos imaginários. (FERNÁNDEZ--ARMESTO, 2010, p. 24).

Embora a fermentação de alimentos naturais seja anterior à ação humana, cada civilização teve a oportunidade de desenvolvê-la a partir da oferta de alimentos em sua localidade, desde o Neolítico. A "revolução neolítica" ocorreu há pelo menos 10 mil anos, quando a humanidade desenvolveu a agricultura. O caso chinês, por exemplo, foi marcado pela utilização de painço e arroz, aliada ao uso do vapor.

No Oriente próximo, região do crescente fértil, no trigo e na cevada utilizou-se a malteação, isto é, a germinação dos cereais para obter a fermentação. Em algumas regiões da África, como no Sudão, a importância da fermentação é enorme para preservar os alimentos em um ambiente tão quente, e isso permite a sobrevivência das pessoas nessas condições de calor tropical.

O pão, cuja história foi possível a partir da fermentação do trigo e do centeio, desde o Antigo Egito, transformou-se em uma das mais espetaculares descobertas e um dos alimentos mais antigos e importantes da humanidade. Não pode ser considerado exatamente verdadeiro que o pão antecede o homem:

> O pão, no sentido técnico da palavra, é uma descoberta química. Uma enorme descoberta feita pelo homem. Se um provérbio albanês diz que "o pão é mais antigo que o homem", não diz exatamente a verdade. O pão é um produto obtido por cozedura no forno, feito a partir de uma massa de farinha que é

aglutinada e levedada por um fermento a outro agente semelhante. Os gases que se produzem no interior da massa procuram libertar-se, mas os poros à superfície vão-se tornando progressivamente mais rígidos por ação do calor e não lhes permitem o escoamento. Nesta luta, forma-se então a casca que fica a envolver todo o miolo. Ora, acontece que de fato só a massa de farinha de trigo e de centeio é capaz de conter a saída dos gases, por razões que têm a ver com propriedades específicas das proteínas destes dois cereais (JACOB, 2003, p. 51).

O vinho e o pão são exemplos emblemáticos da cultura da preservação e se juntam a uma miríade de outros responsáveis pela sobrevivência dos povos, em um contexto que desconhecia a refrigeração ou a pasteurização.

A fermentação é uma das maneiras mais antigas de preservar os alimentos e bebidas e se disseminou em todo o mundo. Apenas para citar alguns exemplos de fermentação: azeitona e repolho na Europa, hortaliças na Ásia, frutas na Índia, bananas na África, fruta-pão e raízes no Pacífico Sul, cenouras no Paquistão (McGEE, 2011).

Na era pré-industrial, dois franceses contribuíram para a escalada industrial no campo da preservação dos alimentos. O primeiro, o cientista Denis Papin, fez inúmeros experimentos para conservá-los guardando-os cozidos ou crus em frascos hermeticamente fechados. Um pouco mais à frente, Nicolas Appert, um confeiteiro, no início do século XIX, aperfeiçoou suas técnicas de preservação, utilizando inicialmente vidros e, depois latas, esterilizando as substâncias e, desse modo, antecipando-se a Pasteur, abrindo o caminho para a indústria de conservação dos alimentos; ele próprio instalou uma fábrica, em 1804, em Massy, uma comuna francesa. Tal experimento serviu inclusive ao exército de Napoleão, que reconheceu sua utilidade em grandes campanhas militares.

O invento de Appert rendeu a seu inventor a soma de 12 mil francos para tornar público o seu método, o que se deu com a publicação, em 1810, de *Le livre de tous les ménages ou l'art de conserver toutes les substances animales et végétales*, logo traduzido para o inglês e o alemão, o que certamente beneficiou as indústrias de alimentação em vários países – iniciando pela Inglaterra, depois Alemanha, Itália e, finalmente, Estados Unidos. Esse processo foi conceitualizado e descrito por Louis Pasteur, dando início à conservação moderna dos alimentos (FLANDRIN; MONTANARI, 1998).

Em pleno século XXI, há um interesse renovado pelos métodos artesanais de fermentação. Mais que uma tendência *gourmet*, trata-se de um anseio por uma vida mais saudável e mais conectada com o mundo natural. De certo modo, as pessoas têm buscado uma vida mais autônoma, especialmente em relação aos alimentos, cuja procedência, tipicidade e a maneira como são produzidos são questões muito importantes, a julgar por tendências como *le pain au levain naturel* (pães de fermentação natural) e *bean to bar* (fermentação do cacau ainda na fazenda ou de comunidades extrativistas para o fabrico do chocolate). Além disso, aprende-se a produzir alimentos de fermentação natural em casa, com processos mais naturais e melhor sabor, conquistando cada vez mais adeptos.

Esse movimento, além de revelar o interesse por alimentos mais saudáveis, estimula relações mais gratificantes no campo da alimentação. A produção da própria cerveja, do iogurte e de pães em casa tem mobilizado novos adeptos em todo o mundo, e o processamento do próprio alimento tem se tornado ultimamente uma rede social que, se não exatamente nova, é muito festejada. Reunir a família, convidar os amigos, conhecer novas pessoas ao redor da mesa tem ressignificado a experiência da comensalidade, o "comer junto", o "dividir o pão" da tradição cristã, ou então, durante a Páscoa judaica, o *pessach,* quando somente é permitido o consumo do pão ázimo, em lembrança da fuga do cativeiro do Egito. Nesse sentido, o uso do fermento em outros contextos também pode ser interpretado como renovação, fartura e liberdade, exemplos consagrados e distintivos da condição humana, e que exprimem uma das manifestações mais eloquentes da hospitalidade e da sociabilidade humana.

Essa experiência não está presente apenas no momento em que nos reunimos para o ato de se alimentar, mas se constrói e se potencializa quando partilhamos a experiência e o conhecimento de processar os alimentos, por exemplo, por meio da fermentação, ato que necessariamente surge da ação das famílias e das comunidades. Trata-se de um processo de adaptação à natureza, aos recursos e ao clima de determinada região, características que simbioticamente se adaptam aos fazeres humanos por meio do qual se originam e identificam as próprias culturas, dando-lhes feições muito particulares. Como nos ensina Lévi-Strauss, "comida dá o que pensar".

Revisitar determinados processos não significa necessariamente   querer voltar no tempo, viver de mesma forma como se vivia antigamente ou ainda que se deseja abrir mão de certas conveniências do mundo moderno. Mas pode, sim, revelar o desejo de uma relação mais saudável entre os alimentos, as pessoas e a natureza. Além disso, escolher autonomamente os alimentos com sabores mais ricos e identificados com o lugar em que são produzidos significa pensar em termos de soberania alimentar como incentivo ao locavorismo[2], em

---

2   A palavra deriva do vocábulo *locavore* e faz referência à dieta a base de alimentos cultivados ou produzidos localmente. O termo teria sido utilizado pela primeira vez no ano de 2005 em São

especial de alimentos de cultura viva. É o caso dos fermentados, cujas bactérias vivas podem fortalecer nosso metabolismo e imunidade, entre outras funções.

Desde a Revolução Verde[3], já não são mais ignoradas, tampouco toleradas, determinadas maneiras de produzir alimentos, como muitas daquelas que caracterizam o agronegócio convencional: o uso de agrotóxicos ou a devastação da natureza. Não se espera um retrocesso, mas uma evolução em que a *expertise* da produção artesanal de alimentos e de tudo o que ela significa em termos de cultura e identidade possa ser preservada e levada em conta para que tenhamos uma vida mais rica, em sabores e história, e saudável para todos.

Aprendemos com Massimo Montanari (2008), o prestigiado historiador da alimentação, que comida é cultura quando produzida, preparada e consumida. Em passagem por São Paulo, em um congresso de gastronomia, Montanari acrescentou que a tradição (em termos alimentares) é a inovação que deu certo, pois se consagrou no decurso do tempo, permitiu o aprendizado e a perpetuação de saberes os quais salvaram as pessoas da fome e conduziu-as em direção ao prazer. A história da fermentação, sem dúvida alguma, também é a história dessa epopeia humana. Sua prática poderia nos conduzir a outro tipo de relação com os alimentos e a maneiras mais ricas e gratificantes de convivialidade, bem como a um consumo menos dependente e mais autônomo, um verdadeiro grito de liberdade.

TIPOS DE FERMENTAÇÃO

De acordo com Redzepi e Zilber (2018), o termo "fermentação" vem do latim *fervere,* cujo significado em português é ferver. Embora inicialmente cause estranheza, essa definição se explica pela observação dos romanos antigos, que, percebendo tonéis de uvas borbulharem espontaneamente e se transformarem em vinho, descreveram o processo usando a analogia mais próxima. No caso, as enzimas produzidas pelo fermento (levedura), naturalmente presente nas

---

Francisco (Califórnia, EUA) por um grupo de quatro mulheres que defendiam o consumo de alimentos produzidos em um raio de, no máximo, 100 milhas (160 km). O conceito se popularizou e fomentou circuitos curtos alimentares por meio da valorização das cadeias produtivas locais, além de apresentar vantagens ecológicas (SANTOS e MORUZZI, 2021).

3   A expressão foi utilizada em 1968 para descrever o processo de intensificação agrícola, a partir dos anos 1960, por meio da mecanização do campo, uso de fertilizantes inorgânicos, controle de pragas por meio do uso de agrotóxicos e desenvolvimento de variedades aperfeiçoadas para aumentar a produção que, por outro lado, provocou a diminuição de variedades tradicionais, mais adaptadas e resistentes (GOMES, 2010; VEYRET, 2010).

uvas, transformavam os açúcares em álcool e gás carbônico, o que provoca o borbulhamento.

Campbell-Platt (1994) define alimentos fermentados como aqueles que foram submetidos à ação de microrganismos ou suas enzimas, de modo que alterações bioquímicas favoráveis levem a modificações consideráveis no alimento. Em uma definição muito simplificada, a fermentação representa a transformação de alimentos por microrganismos, que podem ser bactérias, leveduras ou bolores (mofos). Esses microrganismos produzem enzimas com a capacidade de transformar açúcares em outras substâncias (álcoois, ácidos orgânicos etc.), em condições de anaerobiose (ausência de oxigênio) (REDZEPI; ZILBER, 2018).

De acordo com Lee (2015), muitas técnicas convencionais de produção de alimentos usam microrganismos vivos e suas enzimas, especialmente nas indústrias de fermentação e cervejeira. Por milhares de anos o ser humano utilizou-se de microrganismos que surgem naturalmente e crescem em condições específicas para a produção de alimentos e bebidas alcóolicas, iogurtes, queijos, vegetais fermentados por ácido lático, molho de soja, molho de peixe, entre tantos outros.

Ao longo da sua história, o homem adquiriu habilidades de fermentação e desenvolveu tecnologias adequadas ao meio ambiente específico, bem como às matérias-primas disponíveis em diferentes lugares do mundo. Isso explica por que na atualidade há produtos fermentados específicos em diversas partes do mundo para derivados fermentados de leite, conforme mostra o Quadro 1.

• **QUADRO 1** Produtos fermentados derivados do leite

Produtos	Local	Bactérias
Acidophilus	Europa e América do Norte	*Lactobacillus acidophilus, Bifidobacterium bifidum*
Leitelho búlgaro	Europa	*Lactobacillus bulgaricus*
Leitelho	América do Norte, Europa, Oriente Médio, norte da África, subcontinente indiano e Oceania	*Lac. lactis* subsp. *cremoris, Lac. lactis* subsp. *diacetylactis, Leuconostoc cremoris*
Filmjölk	Europa	*Lactococcus lactis* subsp. *cremoris, L. lactis, L. lactis* subsp. *diacetylactis, Leuc. cremoris, Alcaligenes viscosus, Geotrichum candidum*

(continua)

• **QUADRO 1**   Produtos fermentados derivados do leite (*continuação*)

Produtos	Local	Bactérias
Flummery	Europa e sul da África	Bactérias láticas naturalmente presentes
Ghee	Subcontinente indiano, Oriente Médio, sul da África e sudeste da Ásia	*Streptococcus, Lactobacillus* e *Leuconostoc* sp.
Junket	Europa	*Lactococcus* e *Lactobacillus* sp.
Kefir	Oriente Médio, Europa e norte da África	*Streptococcus, Lactobacillus* e *Leuconostoc* sp., *Candida kefyr, Kluyveromyces fragilis*
Kishk	Norte da África, Oriente Médio, Europa, subcontinente indiano e leste da Ásia	*Streptococcus, Lactobacillus* e *Leuconostoc* sp.
Kolatchen	Oriente Médio e Europa	*Lac. lactis, Lac. lactis* subsp. *diacetylactis, Lactococcus lactis* subsp. *cremoris, Saccharomyces cerevisiae*
Koumiss	Europa, Oriente Médio e leste da Ásia	*Lac. lactis, Lb. bulgaricus, Candida kefyr, Torulopsis*
Kurut	Norte da África, Oriente Médio, subcontinente indiano e leste da Ásia	*Lactobacillus* e *Lactococcus* sp., *Saccharomyces lactis, Penicillium*
Lassi	Subcontinente indiano, leste da Ásia, Oriente Médio, norte da África, sul da África e Europa	*S. thermophilus, Lb. bulgaricus,* algumas vezes leveduras
Prokllada	Europa	*Streptococcus* e *Lactobacillus* sp.
Creme azedo	Europa, América do Norte, subcontinente indiano e Oriente Médio	*Lactococcus lactis* subsp. *cremoris, Lac. lactis* subsp. *diacetylactis*
Yakult	Leste da Ásia	*Lactobacillus casei*
Iogurte	No mundo todo	*S. thermophilus, Lb. bulgaricus*

Fonte: Campbell-Platt, 1994.

De acordo com Vasconcelos e Melo Filho (2010), a fermentação é um processo de conservação baseado no abaixamento do pH do alimento, por meio da produção de ácidos orgânicos (acético, lático, entre outros) ou pela produção de álcool. Nem sempre a fermentação é o único método de conservação utilizado no alimento; produtos derivados do leite, por exemplo, precisam de refrigeração. De acordo com os mesmos autores, a fermentação envolve aspectos favoráveis para seu uso industrial, como:

▪ Condições brandas de pH e temperatura, o que contribui para a manutenção dos nutrientes e as características sensoriais.

- Obtenção de alimentos com sabor único, diferente do sabor do alimento original.
- Baixo consumo de energia por causa das condições brandas exigidas para a fermentação.
- Tecnologia simples.
- Custos de investimento e operação relativamente baixos.

Os últimos três fatores dessa lista são especialmente importantes na produção industrial, diminuindo o custo do produto final, enquanto os primeiros dois fatores tornam a fermentação uma opção interessante para utilização em ambiente doméstico/caseiro. Para Sniesko (2019), o resgate da culinária ancestral está na moda, o que inclui o consumo de alimentos fermentados. Estes podem ser obtidos por meio de culturas puras de bactérias, leveduras e mofos, como normalmente é feito na indústria (MONEY, 2018), ou ser resultado de fermentações naturais, também chamadas de espontâneas ou selvagens, em que cada cultura produz um alimento ou bebida único, com isso refletindo seu *terroir* (KATZ, 2012; CAPOZZI *et al.*, 2015).

Steinkraus (1996) e Katz (2016) consideram que os alimentos fermentados vão além da conservação, pois enriquecem a dieta humana, contribuindo com novos sabores, aromas, cores e texturas, bem como a melhora de alimentos fermentados com proteínas, ácidos graxos e aminoácidos essenciais e vitaminas. Além dessas características, a fermentação pode tornar os alimentos mais digeríveis para o ser humano, como ocorre com a lactose presente no iogurte, onde ela se encontra em concentração bem menor do que no leite. Por outro lado, pela fermentação os alimentos podem se transformar em nutrimentos funcionais, discutidos no Capítulo 2. Outra contribuição importante das fermentações no consumo de determinados alimentos é a detoxificação, como ocorre na mandioca, que é fermentada em água para retirar o ácido cianídrico, tóxico para o ser humano.

De acordo com Campbell-Platt (1994), a biotecnologia tradicional evoluiu de processos "naturais" nos quais a disponibilidade de nutrientes e as condições ambientais selecionaram microrganismos específicos, por meio do uso de culturas iniciadoras, melhoria de cepas e, mais recentemente, tecnologia genética. Bactérias láticas, bolores, como *Aspergillus* spp., *Penicillium* spp. e *Mucorales,* além de leveduras, como *Saccharomyces* spp., são os microrganismos mais importantes. Alimentos fermentados fazem parte da dieta no mundo todo, com predominância de laticínios, bebidas e cereais, que representam normalmente cerca de um terço da ingestão – uma grande contribuição nutricional e de sabores –, bem como tornam o nosso consumo alimentar mais atraente.

Chisti (1999) explica que a fermentação utiliza microrganismos para converter substratos sólidos ou líquidos em vários produtos diferentes. Os substratos variam bastante, pois qualquer material que favoreça o crescimento de microrganismos (bactérias, leveduras e bolores) pode ser utilizado como substrato. Dessa forma, a fermentação também pode ser utilizada na produção de medicamentos e produtos de uso industrial. Os produtos alimentícios obtidos também variam muito, incluindo pão, queijo, linguiça, picles, vinho, cerveja, cacau, ácido cítrico, glutamato e molho de soja, apenas para citar alguns.

Segundo Marshall e Mejia (2011), o prolongamento da vida útil dos alimentos é um dos principais objetivos da fermentação, incluindo aspectos de salubridade, aceitação e qualidade geral. Alimentos fermentados representam uma grande contribuição para dietas em vários países da África, Ásia e América Latina, e a tecnologia da fermentação em pequena escala contribui substancialmente para a segurança alimentar e a nutrição, sobretudo em regiões vulneráveis à escassez alimentar.

Para entender melhor as diferentes fermentações que podem ocorrer em alimentos, é possível classificá-las de acordo com alguns critérios (VASCONCELOS; MELO FILHO, 2010):

- Pelo substrato utilizado: microrganismos podem utilizar diversos açúcares (p. ex., glicose, frutose, lactose), além de celulose e pectina, entre outros. Essa classificação é utilizada com menos frequência do que as seguintes.
- Pelo produto formado durante a fermentação: fermentação lática (produção de ácido lático), fermentação alcoólica (produção de álcool), fermentação butírica (produção de ácido butírico), produção de vitaminas (riboflavina, ergosterol, cobalamina), além de várias outras.
- Pelo microrganismo responsável pela fermentação: esta pode ser provocada por bactérias (lática, acética etc.), por leveduras (alcoólica etc.) ou por bolores (cítrica etc.).

Na produção de alimentos, as fermentações mais comuns são as descritas a seguir.

Fermentação alcoólica

A fermentação alcoólica é utilizada na produção da cerveja e de outras bebidas alcoólicas, com a levedura *Saccharomyces cerevisiae* hidrolisando moléculas de açúcar e produzindo álcool etílico (etanol) e gás carbônico. Também é importante para a fabricação de pães, já que a liberação de dióxido de carbono possibilita o crescimento da massa. A fermentação alcoólica ocorre de acordo com a equação a seguir (SENAC SANTA CATARINA, 2020):

$$\text{Glicose} + 2\text{ADP} + 2\text{Pi} \rightarrow 2 \text{ etanol} + 2\text{CO}_2 + 2\text{ATP} + 2\text{H}_2\text{O}^4$$

Fermentação lática

A fermentação lática é responsável pela produção de ácido lático em produtos derivados do leite, como o iogurte. Nesse processo, utilizam-se os lactobacilos (*Lactobacillus*), bactérias que, além de fermentar o leite, auxiliam no funcionamento do nosso intestino, regulando a flora intestinal. A fermentação lática ocorre de acordo com a seguinte equação (SENAC SANTA CATARINA, 2020):

$$\text{Glicose} + 2\text{ADP} + 2\text{Pi} \rightarrow 2 \text{ lactato} + 2\text{ATP} + 2\text{H}_2\text{O}^4$$

Fermentação acética

Para a ocorrência da fermentação acética, é necessário que já se tenha produzido o álcool pelas leveduras, uma vez que as bactérias responsáveis pela fermentação acética (*Acetobacter* ou *Gluconobacter*) transformam o álcool em ácido acético. Este é o produto responsável pelo sabor ácido do vinagre, tanto que as vinícolas costumam comercializar vinagre feito a partir do vinho produzido, uma forma de reaproveitamento. A fermentação acética ocorre, ao contrário das duas anteriores, na presença de oxigênio, de acordo com a equação a seguir (SENAC SANTA CATARINA, 2020):

$$\text{Etanol} + \text{O}_2 \rightarrow \text{ácido acético} + \text{H}_2$$

Fermentação butírica

Essa fermentação é responsável pela produção do ácido butírico a partir da lactose em produtos derivados do leite, como queijo parmesão e manteiga. A bactéria envolvida no processo é o *Clostridium*, muito comum no solo, em

---

4   Adenosina difosfato ou difosfato de adenosina (ADP) e adenosina trifosfato ou trifosfato de adenosina (ATP) são moléculas orgânicas formadas por uma base purínica (adenina), um açúcar (ribose) e dois ou três radicais fosfato, respectivamente. As moléculas de ATP fornecem energia para todas as reações bioquímicas nos seres vivos por hidrólise, convertendo-se em ADP. A reação de síntese de ATP ocorre pela adição de fosfato inorgânico (Pi) e energia ao ADP.

plantas ou no próprio leite, dando a ele um cheiro desagradável ao iniciar o processo de azedamento. Ela ocorre de acordo com a equação a seguir (SENAC SANTA CATARINA, 2020):

$$\text{Glicose} \rightarrow \text{ácido butírico} + 2CO_2 + 2H_2 + 3ATP$$

Fermentação alcalina

Sarkar e Nout (2015) informam que os alimentos obtidos por fermentação alcalina são bem menos conhecidos no Ocidente do que aqueles de fermentação ácida. No entanto, em países africanos e asiáticos a fermentação alcalina é bastante utilizada na obtenção de alimentos derivados de outros alimentos altamente proteicos, principalmente de soja e de peixe. A fermentação alcalina recebe essa denominação em virtude do aumento do pH, alcançando valores acima de 7, ou seja, alcalinos, ao final da fermentação. O pH alcalino se deve à ação de bactérias do gênero *Bacillus* spp., principalmente *Bacillus subtilis*, que agem sobre as proteínas dos alimentos, transformando-as em aminoácidos e finalmente em amônia, responsável pelo cheiro característico desses produtos, bem como pela elevação do pH. Steinkraus (1996) menciona que o pH alcalino torna o alimento inadequado ao crescimento de microrganismos indesejáveis.

Segundo Vasconcelos e Melo Filho (2012) e Murano (2003), outra possível classificação diz respeito ao tipo de fermentação de acordo com a quantidade de produtos formados: homofermentativas e heterofermentativas.

Nas fermentações homofermentativas, os microrganismos utilizados produzem um único produto principal, como ocorre na produção de iogurte, kefir e queijo, nos quais os microrganismos inoculados produzem apenas ácido lático. Das heterofermentativas, resulta mais de um produto principal, como ocorre com o pão e a cerveja. Nesses exemplos, as leveduras produzem etanol e gás carbônico.

Além dos obrigatoriamente hétero e homofermentativos, existe um terceiro tipo de microrganismo, os lactobacilos, heterofermentativo facultativo que não se restringe a uma via ou outra, mas pode usar ambas. Heterofermentadores facultativos alternam entre as vias homo e heterofermentativas, dependendo de quais açúcares estão disponíveis. Em geral, eles fermentam hexoses pela rota homofermentativa, e pentoses heterofermentativamente (WINK, 2009).

As fermentações também podem ser divididas em contínuas e descontínuas, e na indústria de alimentos ambos os tipos são utilizados com frequência. Ao fazer fermentações caseiras, geralmente se opta pela fermentação descontínua em virtude da facilidade na execução, o que fica evidente a partir da definição de cada uma.

Nas fermentações contínuas, a matéria-prima (substrato) é adicionada em uma vazão constante, igual à vazão de retirada do meio fermentado (produto). No caso das fermentações descontínuas, o substrato é carregado no recipiente no qual ocorrerá a fermentação, e ao final desta o produto é retirado do recipiente (VASCONCELOS e MELO FILHO, 2012).

Embora não se trate de uma classificação propriamente dita, é importante mencionar que as fermentações podem ser divididas em naturais, também chamadas de selvagens, ou cultivadas. Como a própria denominação permite deduzir, as fermentações naturais ocorrem por meio dos microrganismos que se encontram naturalmente presentes no alimento, enquanto nas cultivadas o microrganismo é intencionalmente adicionado ao alimento a ser fermentado. Esse tipo de fermentação é descrito mais detalhadamente no Capítulo 3.

OS LIMITES PRÁTICOS

Para Holzapfel (2002), a fermentação ainda é muito praticada de forma caseira ou em nível de aldeia em muitos países, mas, em comparação, poucas operações são realizadas industrialmente. Na teoria, quase todos os alimentos que apresentem fonte de energia para microrganismos podem ser fermentados, o que fica evidente quando se analisam os inúmeros alimentos fermentados produzidos e consumidos ao redor do mundo (CAMPBELL-PLATT, 1994; MARSHALL; MEJIA, 2011; KATZ, 2016).

Produzir alimentos fermentados pode ser uma atividade *low-tech*, sendo necessário apenas criar condições para que os microrganismos selvagens, que ocorrem naturalmente em alimentos, consigam proliferar (KATZ, 2016).

Por outro lado, na prática, a fermentação é frequentemente confundida com putrefação, sendo esta última definida como deterioração. A diferença está nos microrganismos responsáveis pelo processo, bem como no alimento sobre o qual o microrganismo atua (MURANO, 2003). Por esse motivo, McGee (2012) descreve a fermentação como uma deterioração controlada. Mintz, por sua vez observa que:

> O que é fermentado e o que está podre pode depender se a pessoa foi criada para comer um ou outro. Ambos são considerados deliciosos por algumas pessoas, mas estragados, não comestíveis ou pior por outros. Consequentemente, esses dois alimentos iluminam o poder da cultura e do aprendizado social para moldar a percepção (MINTZ, s. d., *apud* KATZ, 2012, p. 35).

Diante dessa colocação, Katz (2012) alerta que não se deve entender a fronteira entre alimento fermentado e deteriorado como vaga e começar a comer qualquer coisa que teria sido rejeitada anteriormente como estragada. Sem dúvida, embora a percepção do que é comestível esteja intrinsecamente ligada à nossa cultura alimentar, vale ressaltar o uso do bom senso ao provar alimentos fermentados artesanais, principalmente porque a deterioração nem sempre é acompanhada de transformações perceptíveis (REDZEPI; ZILBER, 2018).

REFERÊNCIAS BIBLIOGRÁFICAS

BARHAM, Peter. *A ciência da culinária*. São Paulo: Roca, 2002.

BLOCH-DANO, Évelyne. *A fabulosa história dos legumes*. São Paulo: Estação Liberdade, 2011.

CAMPBELL-PLATT, Geoffrey. Fermented foods: a world perspective. *Food Research International*, v. 27, issue 3, p. 253-257, 1994. Disponível em: https://www.sciencedirect.com/science/article/abs/pii/0963996994900930. Acesso em: 31 jul. 2022.

CAPOZZI, Vittorio; GAROFALO, Carmela; CHIRIATTI, Maria Assunta; GRIECO, Francesco; SPANO, Giuseppe. Microbial terroir and food innovation: the case of yeast biodiversity in wine. *Microbiological Research*, v. 185, p. 75-83, 2015. Disponível em: https://www.sciencedirect.com/science/article/pii/S0944501315300185. Acesso em: 31 jul. 2022.

CHISTI, Yusuf. Fermentation (industrial): basic considerations. *In*: ROBINSON, Richard K.; BLATT, Carl A.; PATEL, Pradip D. (ed.). *Encyclopedia of food microbiology*. London: Academic Press, 1999. p. 663- 674. Disponível em: https://www.massey.ac.nz/~ychisti/FermentInd.PDF. Acesso em: 31 jul. 2022.

CORBIN, Alain. *Saberes e odores*: o olfato e o imaginário social nos séculos XVIII e XIX. São Paulo: Companhia das Letras, 1987.

DAWKINS, Richard. *O gene egoísta*. São Paulo: Companhia das Letras, 2007.

DIAS, Sandro. *Do campo à mesa*: limites e possibilidades de uma gastronomia sustentável. 2016. Tese (Doutorado em Ecologia Aplicada) – Ecologia de Agroecossistemas, Universidade de São Paulo, Piracicaba, 2016. doi:10.11606/T.91.2016.tde-04102016-154736. Acesso em: 31 jul. 2022.

DOMINÉ, André; DITTER, Michael; RÖMER, Joachim. *Culinária*: especialidades europeias. Madrid: Könemann, 2001.

FERNÁNDEZ-ARMESTO, Felipe. *Comida*: uma história. Rio de Janeiro: Record, 2010.

FLANDRIN, Jean-Louis; MONTANARI, Massimo. *História da alimentação*. São Paulo: Estação Liberdade, 1998.

GLEIZES, Serge. *O espírito do chocolate*: Les Marquis de Ladurée. São Paulo: Senac São Paulo, 2015.

GOMES, Mauro. "Revolução verde". *In*: MOTTA, Márcia (org.). *Dicionário da Terra*. Rio de Janeiro: Civilização Brasileira, 2010.

HERCULANO-HOUZEL, Suzana. *A vantagem humana*: como nosso cérebro se tornou superpoderoso. São Paulo: Companhia das Letras, 2017.

HOLZAPFEL, Wilhelm H. Appropriate starter culture technologies for small-scale fermentation in developing countries. *International Journal of Food Microbiology*, v. 75, p. 197-212, 2002. Disponível em: https://www.researchgate.net/publication/11336777_Appropriate_starter_culture_technologies_for_small-scale_fermentation_in_developing_countries/link/5fd9a6d7299bf1408811eb4f/download. Acesso em: 31 jul. 2022.

JACOB, Heinrich Eduard. *Seis mil anos de pão*. São Paulo: Nova Alexandria, 2003.

KATZ, Sandor Ellix. *A arte da fermentação*: explore os conceitos e processos essenciais da fermentação praticados ao redor do mundo. São Paulo: Tapioca, 2014.

KATZ, Sandor Ellix. *The art of fermentation*: an in-depth exploration of essential concepts and processes from around the world. White River Junction: Chelsea Green Publishing, 2012.

KATZ, Sandor Ellix. *Wild fermentation*: the flavor, nutrition and craft of live-culture foods. White River Junction: Chelsea Green Publishing, 2016.

LEE, Cherl-Ho. Biotecnologia de alimentos. *In*: CAMPBELL-PLATT, Geoffrey (ed.). *Ciência e tecnologia de alimentos*. Barueri: Manole, 2015.

LÉVI-STRAUSS, Claude. *O cru e o cozido*. São Paulo: Cosac & Naify, 2004 (Mitológicas, v. 1).

MARSHALL, Elaine; MEJIA, Daniel. *Traditional fermented food and beverages for improved lifelihoods*. Rome: FAO/UN, 2011. Disponível em: http://www.fao.org/3/a-i2477e.pdf. Acesso em: 31 jul. 2022.

MAZOYER, Marcel; ROUDART, Laurence. *História das agriculturas no mundo*: do neolítico à crise contemporânea. São Paulo: Editora Unesp: Nead, 2010.

McGEE, Harold. *Comida e cozinha*: ciência e cultura da culinária. São Paulo: WMF Martins Fontes, 2011.

MONEY, Nicholas P. *The rise of yeast*: how the sugar fungus shaped civilization. New York: Oxford University Press, 2018.

MONTANARI, Massimo. *Comida como cultura*. São Paulo: Senac São Paulo, 2008.

MURANO, Peter S. *Understanding food science and technology*. Belmont: Cengage Learning, 2003.

POLLAN, Michael. *Cozinhar*: uma história natural da transformação. Rio de Janeiro: Intrínseca, 2014.

REDZEPI, René; ZILBER, David. *The Noma guide to fermentation*. New York: Artisan, 2018.

SÁNCHEZ-OCAÑA, Ramón. *Nutrição de A a Z*: tudo o que você precisa saber para entender a alimentação. São Paulo: Senac São Paulo, 2009.

SANTOS, M. M.; MORUZZI, P. E. M. Locavorismo: uma análise de suas contradições à luz de experiências de agricultura urbana em São Paulo. *Revistas da USP/Estudos Avançados*; 35(101):257-268, 2021. Disponível em: https://doi.org/10.1590/s0103-4014.2021.35101.016. Acesso em: 08 nov. 2022.

SARKAR, Prabir K.; NOUT, M. J. Robert. *Handbook of indigenous foods involving alcaline fermentation*. Boca Raton: CRC Press, 2015 (Fermented Foods and Beverages Series).

SENAC SANTA CATARINA. Os principais tipos de fermentação natural para incluir nas suas receitas. *Blog Oficial do Senac Santa Catarina*, 2020. Disponível em: https://blog.sc.senac.br/principais-tipos--de-fermentacao-natural/. Acesso em: 31 jul. 2022.

SINGER, Peter; MASON, Jim. *Ética da alimentação*: como nossos hábitos alimentares influenciam o meio ambiente e o nosso bem-estar. Rio de Janeiro: Elsevier, 2007.

SNIESKO, Ana. Alimentos fermentados naturalmente são aliados da digestão: veja opções. *UOL*, 17 set. 2019. Disponível em: https://www.uol.com.br/vivabem/noticias/redacao/2019/09/17/alimentos-fermentados-naturalmente-sao-aliados-da-digestao.htm?cmpid=copiaecola. Acesso em: 31 jul. 2022.

STEINGARTEN, Jeffrey. *O homem que comeu de tudo*: feitos gastronômicos. São Paulo: Companhia das Letras, 2000.

STEINKRAUS, Keith H. (ed.). *Handbook of indigenous fermented foods*. 2. ed. New York: Marcel Dekker, 1996.

TALLET, Pierre. *História da cozinha faraônica*: a alimentação no Egito Antigo. São Paulo: Senac São Paulo, 2005.

VASCONCELOS, Margarida A. S.; MELO FILHO, Artur B. *Conservação de alimentos*. Recife: EDUFRPE, 2010. Disponível em: http://redeetec.mec.gov.br/images/stories/pdf/eixo_prod_alim/tec_alim/181012_con_alim.pdf. Acesso em: 31 jul. 2022.

VEYRET, Yvette (org.). *Dicionário do meio ambiente*. São Paulo: Senac São Paulo, 2012.

WALLACE, Rob. *Pandemia e agronegócio*: doenças infecciosas, capitalismo e ciência. São Paulo: Elefante, 2020.

WILSON, Bee. *Pense no garfo!* Uma história da cozinha e de como comemos. Rio de Janeiro: Zahar, 2014.

WILSON, Edward Osborne. *A conquista social da Terra*. São Paulo: Companhia das Letras, 2013.

WILSON, Edward Osborne. *Diversidade da vida*. São Paulo: Companhia das Letras, 1994.

WINK, Debra. Lactic acid fermentation in sourdough. *The Fresh Loaf: News & Information for Amateur Bakers and Artisan Bread Enthusiasts*, 2009. Disponível em: https://www.thefreshloaf.com/node/10375/lactic-acid-fermentation-sourdough. Acesso em: 31 jul. 2022.

WOHLLEBEN, Peter. *A vida secreta das árvores*. Rio de Janeiro: Sextante, 2017.

WRANGHAM, Richard. *Pegando fogo*: por que cozinhar nos tornou humanos. Rio de Janeiro: Jorge Zahar, 2010.

2

Benefícios do consumo de prebióticos e probióticos para a saúde humana

Irene Coutinho de Macedo
Tatiane Vanessa de Oliveira

INTRODUÇÃO

Este capítulo discorre sobre os benefícios dos produtos fermentados, à luz dos conhecimentos atuais relativos à ingestão de prebióticos e probióticos, para a saúde humana, bem como sobre as características sensoriais e o valor nutricional de produtos fermentados.

Atualmente, em todo o mundo, diferentes campos profissionais, setores da sociedade e órgãos governamentais têm se dedicado a estudar a relação entre o ser humano e o alimento, conscientes da estreita interferência da alimentação nos benefícios para a saúde e buscando estabelecer um padrão alimentar que reduza o risco de doenças e favoreça a saúde e o bem-estar.

A alimentação é um processo voluntário que se traduz na escolha, preparação e consumo de um ou vários alimentos. Deve ser compreendida em seus diversos sistemas alimentares, os quais são produzidos com base nas relações sociais, culturais, econômicas, ecológicas, geográficas, históricas e filosóficas (BRASIL, 2013, p. 13; MACEDO, 2019).

O alimento é o elemento central da alimentação, e é definido como substância ou mistura de substâncias em estado sólido, líquido ou pastoso, adequada ao consumo humano e capaz de fornecer os elementos necessários ao organismo humano para sua formação, manutenção e desenvolvimento (BRASIL, 2013, p. 16). Esses elementos necessários ao organismo são definidos como nutrientes, compostos químicos indispensáveis ao funcionamento do corpo humano que fornecem energia, contribuindo para o crescimento, desenvolvimento e manutenção da vida e cuja carência ou excesso pode provocar mudanças químicas ou fisiológicas (BRASIL, 2013, p. 32).

Há uma classificação específica para alimentos e ingredientes com alegação de propriedades funcionais e de saúde. Segundo a Resolução n. 18, de abril de 1999 (BRASIL, 1999),

> [...] o alimento ou ingrediente que alegar propriedades funcionais ou de saúde pode, além de funções nutricionais básicas, quando se tratar de nutriente, produzir efeitos metabólicos e ou fisiológicos e ou efeitos benéficos à saúde, devendo ser seguro para consumo sem supervisão médica.

Esses efeitos benéficos são oportunizados pelas substâncias bioativas (nutrientes ou não), que modulam e otimizam algumas funções no organismo. Um exemplo é a fibra alimentar, que ajuda a melhorar o funcionamento do intestino (PIMENTEL; ELIAS; PHILIPPI, 2019).

Dentre os nutrientes e não nutrientes com alegações padronizadas que já foram aprovados e reconhecidos pela Agência Nacional de Vigilância Sanitária (Anvisa), segundo relação disponibilizada no seu portal, destacam-se o grupo dos probióticos e, inseridos no grupo das fibras alimentares, os prebióticos fruto-oligossacarídeos (FOS) e a inulina.

PREBIÓTICOS

Os prebióticos são definidos como substratos seletivamente fermentáveis, utilizados pelo hospedeiro, que permitem alterações positivas na composição e na atividade da microbiota intestinal, proporcionando benefícios para a saúde (FAO/WHO, 2007; GIBSON *et al.*, 2017). Por ser um conceito recente, introduzido há pouco mais de 20 anos, Hutkins *et al.* (2016) defendem que deve haver um alinhamento da conceituação para toda a comunidade científica, agências reguladoras, indústria de alimentos, consumidores e profissionais da saúde a fim de favorecer a evolução e o avanço da ciência e de fortalecer as descobertas que estão por vir.

Segundo a FAO/WHO (2007), para que uma substância seja considerada um prebiótico deverá ter preservadas as seguintes características:

- Consistir em um componente que não seja um organismo ou uma droga possível de ser sintetizada quimicamente, mas que na maioria dos casos será uma substância de grau alimentício.
- Oferecer benefício para a saúde que seja mensurável e superior a qualquer efeito adverso.
- Apresentar efeitos de modulação nas atividades da microbiota.

A principal diferença entre o prebiótico e a fibra alimentar está no fato de o primeiro ter o efeito de modular a composição da microbiota intestinal. Um prebiótico até pode ser uma fibra alimentar, entretanto a fibra nem sempre será um prebiótico (FAO/WHO, 2007). Além dos carboidratos não disponíveis (fibras alimentares), é possível considerar outros compostos como prebióticos (administração oral ou por outros métodos), por exemplo, os polifenóis e o ácido linolênico conjugado, que devem ser colonizados por microrganismos do corpo (GIUNTINI MENEZES, 2019).

Segundo a Anvisa, a alegação funcional da inulina e dos FOS está no fato de ambos contribuírem para o equilíbrio da flora intestinal, devendo seu consumo estar associado a uma alimentação equilibrada e a hábitos de vida saudáveis.

Além dos já aprovados e reconhecidos pela Anvisa (FOS e inulina), atualmente a International Scientific Association for Probiotics and Prebiotics (ISAPP) considera outras substâncias, galacto-oligossacarídeos (GOS) e oligossacarídeos do leite humano como prebióticos. Outros candidatos, em fase de estudo e comprovação, são os polifenóis, o ácido linoleico conjugado e os ácidos graxos de cadeia curta (GIBSON *et al.*, 2017).

Os frutanos, do tipo inulina, apresentam a estrutura química de uma cadeia de unidades de frutose com unidade terminal de glicose (glicose-frutose$_n$), unidas por ligações glicosídicas, razão pela qual não podem ser digeridos com enzimas digestivas humanas. O que diferencia os frutanos é o grau de polimerização entre eles: os FOS apresentam dois a quatro resíduos de frutose; a oligofrutose, até sete; e a inulina, até 60 resíduos. Já os GOS apresentam uma cadeia de unidades de galactose com uma unidade terminal de glicose unida por ligações glicosídicas (TRINDADE; FERNANDES; FONTOURA, 2019). Por não apresentarem sabor adicional, tanto a inulina como os FOS são utilizados pela indústria para enriquecer, com fibras, produtos alimentares (KAUR; GUPTA, 2002).

A inulina apresenta moderada solubilidade e baixa viscosidade, enquanto os FOS têm alta solubilidade e fermentabilidade e baixo poder adoçante (GIUNTINI *et al.*, 2019). A inulina, por ser menos solúvel, quando dispersa em água ou leite forma microcristais, e isso contribui para uma textura mais cremosa no produto em que é empregada. É por isso que a inulina é muito usada pela indústria como substituto da gordura, sendo aplicada em produtos lácteos, sobremesas congeladas, patês, produtos de panificação, molhos e recheios (KAUR; GUPTA, 2002).

O FOS tem propriedades similares às do açúcar e de xaropes de glicose, com menor poder adoçante e maior solubilidade que a sacarose. Por esse motivo é muito utilizado, juntamente com edulcorantes de alto poder adoçante, em substituição ao açúcar. Pode ser usado para conferir maior consistência em produtos lácteos, maciez em produtos de panificação, diminuir o ponto de congelamento de sobremesas congeladas, conferir crocância a biscoitos com baixo teor de gordura e substituir o açúcar em barras de cereais, uma vez que nessa situação ele atua como ligante (KAUR; GUPTA, 2002).

Mecanismos para a manutenção da saúde e a prevenção de doenças

Os prebióticos, comparados a outros carboidratos resistentes à digestão, apresentam-se em destaque devido ao efeito que exercem sobre a microbiota intestinal pelo padrão de fermentação e estímulo seletivo do crescimento de bifidobactérias (efeito bifidogênico), modulador geral para microrganismos probióticos (BARRETO; MOURA, 2019). Além disso, provocam outros efeitos, como:

- Regulação do trânsito intestinal por meio da formação de um gel que retém uma grande quantidade de água e aumenta o volume fecal, favorecendo o peristaltismo.
- Redução do risco de determinadas enfermidades, como infecções intestinais e câncer de colón, uma vez que diminuem a proliferação de bactérias patogênicas.
- Melhor absorção do cálcio, favorecendo a saúde óssea.
- Auxílio na diminuição dos níveis séricos de colesterol em pacientes com hipercolesterolemia, com potencial para a redução da resposta glicêmica (WGO, 2017).

A microbiota intestinal é formada por microrganismos benéficos, patogênicos e neutros, constituídos por sete a nove filos diferentes, sendo 90% pertencentes aos filos *Bacteroidetes* e *Firmicutes,* porém os filos *Proteobacteria, Actinobacteria* e *Verrucomicrobia,* e os cocos Gram-positivos anaeróbios, também fazem parte de cerca de 100 bilhões de bactérias, a maioria presente no cólon. A combinação entre esses diferentes tipos de filos proporciona uma microbiota mais equilibrada, e isso traz diversos benefícios à saúde intestinal, por exemplo: maior resistência a infecções intestinais; maior integridade das células epiteliais intestinais e, com isso, a manutenção da integridade da parede intestinal; e funções imunomoduladoras (MARTINEZ; MULLER; WALTER; 2013; MARTINEZ; BEDANI; SAAD, 2015; VANDENPLAS; HUYS; DAUBE, 2015).

O desequilíbrio da microbiota caracterizado por aumento de bactérias patogênicas e diminuição das benéficas, ou seja, a disbiose intestinal, pode ser ocasionado pelo uso indiscriminado de antibióticos, anti-inflamatórios, laxantes, alimentação pobre em frutas, verduras e legumes e rica em alimentos processados, ultraprocessados, açúcares e gorduras, estresse, doenças, entre outros (UBEDA; PAMER, 2012; LEVY *et al.*, 2017). Esse quadro pode favorecer o desenvolvimento de outras doenças, uma vez que se tem relacionado a saúde intestinal com diversas doenças crônicas não transmissíveis (DCNT). Nesse contexto, tem-se estudado os efeitos de prebióticos e probióticos para a manutenção da saúde e a prevenção de doenças.

Estudos mostram que os benefícios dos prebióticos para a saúde são decorrentes do equilíbrio entre os diferentes microrganismos da microbiota, pilar fundamental para a manutenção da homeostase do sistema imunológico. Os principais prebióticos aplicados na prática clínica são os FOS, a inulina, os GOS, os trans-galacto-oligossacarídeos (TOS) e a lactulose (BONVINI; COQUEIRO; ROGERO, 2019).

Os prebióticos, por ação das bactérias, sofrem um processo de fermentação no intestino, resultando em modificações da microbiota e na produção de ácidos graxos de cadeia curta (AGCC) e outros metabólitos, o que culminará em efeitos fisiológicos. O uso de prebióticos influencia beneficamente o ambiente intestinal, dominado por trilhões de microrganismos comensais, e é indicado em diversas situações clínicas, conforme descrito no Quadro 1 (WGO, 2017; SANDERS et al., 2019).

• **QUADRO 1** Prebióticos: características e indicações

Prebióticos	Características	Indicações
Inulina e FOS	▪ Resistentes à acidez gástrica, enzimas digestivas humanas (sacarase, maltase, isomaltase ou lactase) e à alfa-amilase de secreções pancreáticas ▪ Contribuem para o equilíbrio da flora intestinal ▪ Por meio da fermentação, estimulam a proliferação de bactérias ácido-lácticas e bifidobactérias potencialmente benéficas ▪ Liberam AGCC	Tratamento de constipação intestinal e regularização do funcionamento intestinal, controle glicêmico, controle do colesterol, doenças inflamatórias intestinais, modulação do sistema imune, prevenção de câncer de cólon, entre outros
GOS	▪ Sintetizados a partir da lactose, resistentes à ação das enzimas digestivas ▪ Seu consumo favorece o aumento da população de bifidobactérias, lactobacilos, enterobactérias, bacteroidetes e firmicutes, com a consequente redução da concentração de bactérias putrefativas ▪ Contribuem para a motilidade intestinal, o equilíbrio da flora intestinal e são considerados bifidogênicos ▪ Sua ação é potencializada em associação aos probióticos	Tratamento de constipação intestinal e regularização do funcionamento intestinal, controle glicêmico, controle do colesterol, doenças inflamatórias intestinais, modulação do sistema imune, prevenção de câncer de cólon, entre outros

(continua)

- **QUADRO 1** Prebióticos: características e indicações (*continuação*)

Prebióticos	Características	Indicações
Lactulose	▪ Dissacarídeo formado por uma molécula de galactose e outra de frutose ▪ Não é hidrolisada e absorvida no trato gastrointestinal ▪ Chega praticamente inalterada ao cólon, no qual é fermentada pelas bactérias sacarolíticas, produzindo o ácido lático, bem como pequenas quantidades de ácidos acético e fórmico ▪ A acidificação do meio, que ocorre na degradação da lactulose, eleva a pressão osmótica, a quantidade de líquidos no cólon, aumenta e amolece o bolo fecal, acelerando o trânsito intestinal	Tratamento de constipação intestinal e casos de encefalopatia hepática

AGCC: ácidos graxos de cadeia curta; FOS: fruto-oligossacarídeos; GOS: galacto-oligossacarídeos.
Fonte: Saad, 2006; WGO, 2017; Brosseau *et al.*, 2019; Davani-Davari *et al.*, 2019; Sanders *et al.*, 2019.

Os benefícios da utilização dos prebióticos estão associados a sua capacidade de modificar a flora intestinal por meio da fermentação, a qual diminui o pH intestinal (aumenta a acidez), o que pode contribuir para uma mudança na composição e na população da microbiota intestinal, ou seja, esses substratos induzem atividades antimicrobianas, tornando as condições desfavoráveis a bactérias patogênicas (DAVANI-DAVARI *et al.*, 2019). A alteração do pH também pode favorecer a solubilidade do cálcio, proporcionando maior absorção passiva desse mineral, e auxiliar na saúde óssea (WHISNER; CASTILLO, 2018; SANDERS *et al.*, 2019).

Outro efeito importante dos prebióticos é a produção de AGCC, sendo os principais o acetato, o butirato e o propionato. Trata-se de moléculas com capacidade de se difundir entre os enterócitos intestinais e entrar na circulação sanguínea, favorecendo a produção de moléculas sinalizadoras, células do sistema imune e metabólitos, que promovem também efeitos sistêmicos, auxiliando na prevenção de outras doenças. Os AGCC como butirato e propionato são as principais fontes de energia para os enterócitos e os colonócitos e exercem efeito trófico, pois estimulam a proliferação celular do epitélio, formando, assim, uma barreira contra microrganismos invasores, os quais não conseguem aderir à mucosa. Além disso, potencializam mecanismos de defesa contra patógenos, com melhora da resposta imune (BESTEN *et al.*, 2013).

O butirato pode ainda diminuir a expressão de citocinas pró-inflamatórias e induzir a expressão de moléculas na mucosa intestinal associadas ao sistema imune, reduzindo a resposta alérgica e inflamatória no intestino em outros tecidos, bem como auxiliar na prevenção de DCNT (BROSSEAU *et al.*, 2019).

Os prebióticos e os seus metabólitos (AGCC) estão associados com a prevenção cardiometabólica devido a alguns efeitos fisiológicos, por exemplo:

- Auxiliam no controle da saciedade, por aumentar o estímulo para a produção do hormônio leptina, a partir da interação com receptores específicos nos adipócitos, o que reduz a sinalização no hipotálamo do hormônio grelina e a resposta orexígena, ou seja, aumentam a saciedade e diminuem a fome, podendo auxiliar no controle da ingestão alimentar e no ganho de peso.
- Estimulam a produção de hormônios anorexígenos polipeptídeo YY (PYY) e peptídeo semelhante ao glucagon 1 (GLP1) pelas células L no cólon, o que está relacionado ao controle glicêmico.
- As bactérias produzidas no processo de fermentação auxiliam na conversão do colesterol em coprostanol, cuja eliminação ocorre por via fecal, auxiliando no quadro de hipercolesterolemia (NATH *et al.*, 2018; BROSSEAU *et al.*, 2019; DAVANI-DAVARI *et al.*, 2019; SANDERS *et al.*, 2019).

Vale destacar que os mecanismos de muitos desses efeitos ainda precisam ser mais bem elucidados e qualquer benefício à saúde depende de um conjunto de fatores, ou seja, nenhum componente de forma isolada tem a capacidade de promover saúde ou prevenir doenças. É necessária uma alimentação equilibrada e hábitos de vida saudáveis para a promoção da saúde e do bem-estar.

Fontes alimentares de prebióticos e formas de consumo

Alimentos e suplementos dietéticos têm sido muito buscados por consumidores cada vez mais interessados em manter a saúde, melhorar a qualidade de vida e buscar a longevidade. Assim, a indústria de alimentos tem se dedicado fortemente a desenvolver produtos com alegações funcionais, incluindo os prebióticos.

Além dos alimentos formulados e processados, como cereais matinais, pães e biscoitos integrais, encontram-se frutanos do tipo inulina na melancia, laranja, aspargos, batata yacon, chicória, cebola, alho, alho-poró, alcachofra, banana, centeio, cevada e trigo. Os FOS estão presentes na alcachofra, alho--poró, chicória, cebola, alho, aspargos, tomate, banana, cevada, aveia, trigo, mel e cerveja (TRINDADE, FERNANDES; FONTOURA, 2019; TURATTI; STRUFALDI; CAMPOS, 2019).

Já os GOS são encontrados principalmente no leite e derivados, feijões e grãos integrais, nestes em menores quantidades (TRINDADE; FERNANDES;

FONTOURA, 2019). A quantidade de oligossacarídeos no leite humano é superior à do leite bovino, o que favorece a saúde dos neonatos (GIBSON *et al.*, 2017). Entretanto, o leite de vaca e os demais produtos e derivados dele, como leite fermentado, iogurte e queijos, apresentam menor quantidade de lactose; consequentemente, o papel prebiótico desses alimentos é menos significativo (ROGERO; BONVINI; COQUEIRO, 2019).

Para aumentar o consumo de prebióticos, indica-se a inclusão dos alimentos fonte citados nas refeições e a substituição ou adaptação de receitas culinárias. Uma das adaptações possíveis é a substituição da farinha de trigo branca utilizada no preparo de bolos, pães, tortas e panquecas, por uma composição de aveia e farinha de trigo integral, na seguinte proporção:

$$360 \text{ g de farinha de trigo branca} = 300 \text{ g de aveia } +$$
$$60 \text{ g de farinha de trigo integral}$$

Pode-se realizar testes culinários e variar a proporção de cada farinha. A dica é tentar utilizar proporções de 50 a 80% de farinha de aveia e completar com farinha de trigo integral. É possível substituir total ou parcialmente a quantidade de farinha de trigo branca da receita por outros tipos de farinha.

Dessa forma, aumenta-se a oferta de FOS e inulina, presentes nesses ingredientes. Além disso, sugere-se utilizar nos recheios ou coberturas dessas preparações alimentos como banana, laranja, mel, alcachofra, alho-poró, aspargos, entre outros, por serem importantes fontes de prebióticos.

A receita do bolo de chocolate (Figura 1) é um dos exemplos de utilização desses ingredientes.

É importante considerar que os prebióticos, assim como as fibras alimentares solúveis, quando consumidos, devem ser acompanhados da ingestão adequada de líquidos para a obtenção do efeito de regularização do funcionamento intestinal, pois formam um gel que retém uma grande quantidade de água, aumenta o volume fecal e favorece o peristaltismo intestinal (WGO, 2017).

PROBIÓTICOS

O probiótico é definido como "microrganismo vivo que, quando administrado em quantidades adequadas, confere um benefício à saúde do indivíduo" (FAO/WHO, 2002; BRASIL, 2018). Essa classe de substância tem sido estudada desde o início do século XX e de forma bastante expressiva nos últimos 20 anos, com resultados evidentes em relação aos benefícios para o organismo humano.

Bolo de chocolate

Ingredientes

Farinha de aveia – 2½ xícaras de chá

Farinha de trigo integral – 1/2 xícara de chá

Ovos *in natura* – 4 unidades

Açúcar demerara – 2 xícaras de chá

Óleo de canola – 1 xícara de chá

Cacau em pó – 1/2 xícara de chá

Leite semidesnatado – 1 xícara de chá

Fermento em pó – 1 colher de sopa

Modo de preparo: Aquecer o forno em 160 °C. Juntar as farinhas de aveia e de trigo integral até virar um *mix*. Reservar. Separar as claras e gemas em recipientes separados. Bater, primeiramente, as gemas com o açúcar e o óleo de canola. Em seguida, incorporar o *mix* de farinha com o cacau. Adicionar o leite e bater apenas para homogeneizar a massa. Reserve. Em outro recipiente, bater as claras em neve e, com o auxílio de uma espátula, incorporar levemente à massa; por último, colocar o fermento em pó , misturando-o delicadamente. Tomar cuidado para não perder a aeração da massa. Colocá-la em uma forma redonda untada com manteiga ou em forminhas individuais (preencher cada forminha com 2/3 de massa) e levar ao forno por aproximadamente 35 minutos.

Rendimento: 20 porções

Tempo de preparo: 50 minutos

• **FIGURA 1** Receita de bolo de chocolate com farinha de aveia e farinha de trigo integral.

Fonte: elaborada pelas autoras.

Para que um microrganismo seja considerado um probiótico, deve atender alguns critérios, como (FAO/WHO, 2002; TRINDADE; FERNANDES; FONTOURA, 2019):

▪ Ser reconhecido como seguro e benéfico para a saúde.
▪ Ser viável e ativo no veículo em que for administrado.
▪ Ser resistente a secreções gástricas e intestinais.
▪ Ter capacidade de aderir à mucosa do hospedeiro.
▪ Ter ação antimicrobiana contra patógenos.

Diante das evidências dos benefícios, houve um aumento significativo de consumidores cada vez mais interessados em manter a saúde, o que fomentou um mercado cada vez mais variado de alimentos e suplementos dietéticos, principalmente daqueles contendo probióticos. Isso exigiu dos órgãos regulatórios o estabelecimento de padrões e critérios bem específicos para que um alimento ou produto possa ser denominado probiótico.

No Brasil, a Anvisa estabeleceu os requisitos para a comprovação da segurança e dos benefícios à saúde no uso de probióticos em alimentos (BRASIL, 2018), segundo os quais o fabricante deve comprovar a segurança dos probióticos e os benefícios para a saúde, bem como a caracterização e identificação do microrganismo, por meio da apresentação de documentos técnicos e estudos científicos que comprovem, entre outros, o histórico de uso seguro.

A ISAPP publicou um infográfico para auxiliar os consumidores na escolha de alimentos probióticos seguindo critérios seguros, visto que muitos produtos rotulados como probióticos não o são (BINDA *et al.*, 2020). O infográfico (Figura 2) destaca os principais fatores a serem observados para identificar se o probiótico atende aos critérios de alegação:

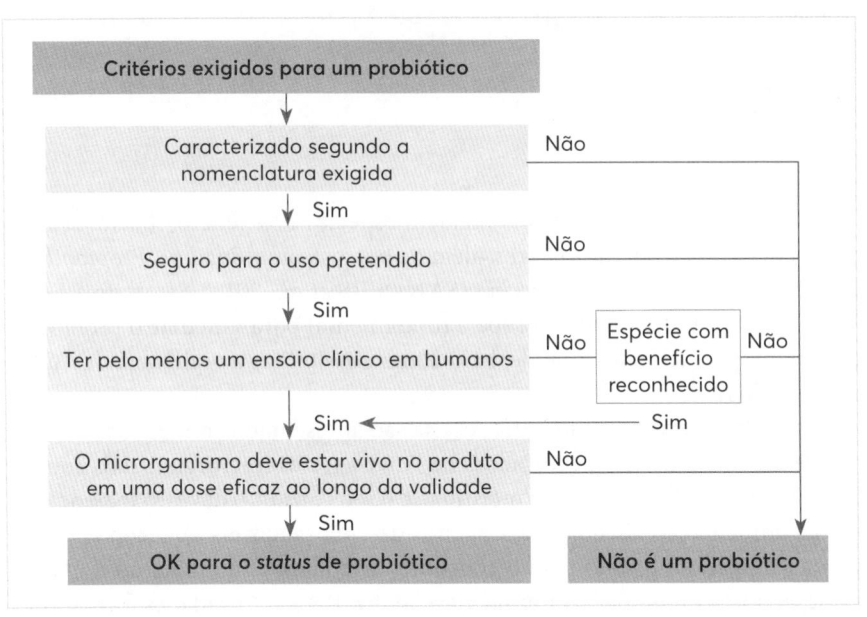

• **FIGURA 2** Fatores a serem observados a fim de determinar se um produto atende aos critérios exigidos para um probiótico.
Fonte: Binda et al., 2020. Traduzido pelas autoras.

- A cepa probiótica deve estar devidamente caracterizada segundo a nomenclatura bacteriana atualmente válida, com base no Código Internacional de Nomenclatura (nome oficial do gênero, da espécie e subespécie, seguidos por uma designação de cepa).
- Deve ser seguro para o uso pretendido (é preciso apresentar a identificação adequada do nível da cepa e a documentação adicional que comprove o uso seguro).
- Deve ter pelo menos um ensaio clínico em humanos, de acordo com os padrões científicos aceitos.
- O microrganismo deve estar vivo no produto em uma dose eficaz ao longo da validade.

Os probióticos compreendem grande número de microrganismos que devem ser descritos por seu gênero, espécie e cepa, conforme o exemplo do Quadro 2.

- **QUADRO 2** Exemplo de descrição de um probiótico, segundo gênero, espécie e cepa

Gênero	Espécie	Subespécie	Denominação de cepas	Denominação internacional das cepas
Bifidobacterium	Animalis	Lactis	BB12	DSM 15954

Fonte: WGO, 2017.

Os probióticos mais comuns incluem espécies dos gêneros *Lactobacillus*, *Bifidobacterium* e *Saccharomyces*, além de outros como *Bacillus*, *Propionibacterium*, *Streptococcus* e *Escherichia* (SANDERS et al., 2018). Segundo a FAO/WHO (2002), a identidade da cepa é fundamental para vincular o probiótico ao efeito específico para a saúde, bem como possibilitar a vigilância e estudos epidemiológicos.

Os probióticos aprovados pela Anvisa são apresentados no Quadro 3.

De acordo com as especificações da Anvisa, esses microrganismos contribuem para o equilíbrio da flora intestinal, e o seu consumo deve estar associado a uma alimentação adequada e a hábitos de vida saudáveis. A recomendação diária do produto pronto para o consumo deve atender à indicação do fabricante, sendo a quantidade mínima viável entre 10^8 e 10^9 unidades formadoras de colônias (UFC).

• QUADRO 3   Probióticos aprovados pela Anvisa, segundo gênero e linhagem (2018)

Gênero	Linhagem
Lactobacillus	*Lactobacillus acidophilus*
	Lactobacillus casei shirota
	Lactobacillus casei variedade *rhamnosus*
	Lactobacillus casei variedade *defensis*
	Lactobacillus paracasei
	Lactobacillus lactis
Bifidobacterium	*Bifidobacterium bifidum*
	Bifidobacterium animallis (inclui a subespécie *B. lactis*)
	Bifidobacterium longum
Enterococcus	*Enterococcus faecium*

Fonte: Anvisa (www.gov.br/anvisa).

Mecanismos para a manutenção da saúde e a prevenção de doenças

Os probióticos afetam o ecossistema intestinal estimulando os mecanismos imunes da mucosa, interagindo com microrganismos comensais ou potencialmente patogênicos, gerando produtos metabólicos finais, como AGCC, e se comunicando com as células do hospedeiro por meio de sinais químicos. Esses mecanismos podem conduzir ao antagonismo de patógenos potenciais, à melhora do ambiente intestinal, ao fortalecimento da barreira intestinal, à regulação negativa da inflamação e à regulação positiva da resposta imune a desafios antigênicos (WGO, 2017).

As bactérias probióticas têm alta capacidade de digestão dos carboidratos não digeríveis por enzimas produzidas pelo intestino dos humanos. Assim, quando presentes no intestino, por meio do processo de fermentação dos carboidratos não digeríveis, produzem AGCC, principalmente acetato, propionato e butirato. Conforme descrito anteriormente, prebióticos e probióticos agem de forma conjunta, um potencializando a ação do outro (TOPPING; CLIFTON, 2001).

O uso de probióticos, associado ou não a prebióticos, pode atuar no tratamento e prevenção de doenças infecciosas, uma vez que exerce efeito terapêutico em casos de disbiose intestinal, síndrome do intestino irritável, diarreias de diferentes etiologias e constipação intestinal crônica. Nas doenças inflamatórias intestinais, como doença de Crohn ou retocolite ulcerativa inespecífica, os benefícios são claros quando a afecção se encontra em remissão, porém na fase de atividade inflamatória instalada existem controvérsias quanto a seu uso.

Já nos casos de disbiose associada ao uso de antibióticos, observa-se o efeito benéfico da utilização dos probióticos (LEVY *et al.*, 2017; FORBES *et al.*, 2017).

Os probióticos funcionam como uma barreira e melhoram a função da mucosa intestinal. O efeito de barreira ocorre por mecanismos como: inibição competitiva com patógenos por sítios de ligação e adesão na mucosa; e produção de bacteriocinas, redução do pH via produção de AGCC e formação de substâncias com atividade antimicrobiana. Além disso, os probióticos estimulam, modulam e regulam a resposta imune inata do hospedeiro por meio de células epiteliais e dendríticas, macrófagos e pela estimulação da produção da imunoglobulina A secretora (IgA), com efeitos locais e sistêmicos (BUTEL, 2014; SANDERS *et al.*, 2019).

Segundo Sanders *et al.* (2019) e Chugh e Kamal-Eldin (2020), diversos mecanismos estão relacionados com os efeitos benéficos dos probióticos sobre a saúde e a prevenção de doenças, e dependem de uma tríade caracterizada pelo consumo do probiótico, a colonização da microbiota e a saúde do hospedeiro, conforme descrito na Figura 3.

Todos esses efeitos podem variar de acordo com o gênero, a espécie, a subespécie e, principalmente, a cepa do probiótico. As recomendações para o uso de probióticos na prática clínica devem ser associadas a cepas específicas com os benefícios declarados a partir de estudos em seres humanos. Algumas cepas têm propriedades únicas que podem explicar certas atividades neurológicas, imunológicas e antimicrobianas. Entretanto, alguns mecanismos de ação do probiótico são compartilhados entre as diferentes cepas, espécies ou gêneros, inclusive.

A WGO (2017) relata que muitos probióticos podem funcionar de maneira similar quanto a sua capacidade de promover resistência à colonização, regular o trânsito intestinal ou normalizar a microbiota alterada. A capacidade de melhorar a produção de AGCC ou reduzir o pH luminal no cólon pode ser o benefício principal expressado por muitas cepas de diferentes probióticos. Os benefícios desses elementos podem surgir de muitas cepas de determinadas espécies de *Lactobacillus* e *Bifidobacterium*.

Pode-se dizer que, se o consumo do probiótico for realizado para melhorar a saúde do aparelho digestivo, provavelmente muitos tipos são capazes de auxiliá-lo, porém em outras situações clínicas é necessário muito cuidado e pesquisa para determinar o probiótico que poderá ser utilizado de forma segura.

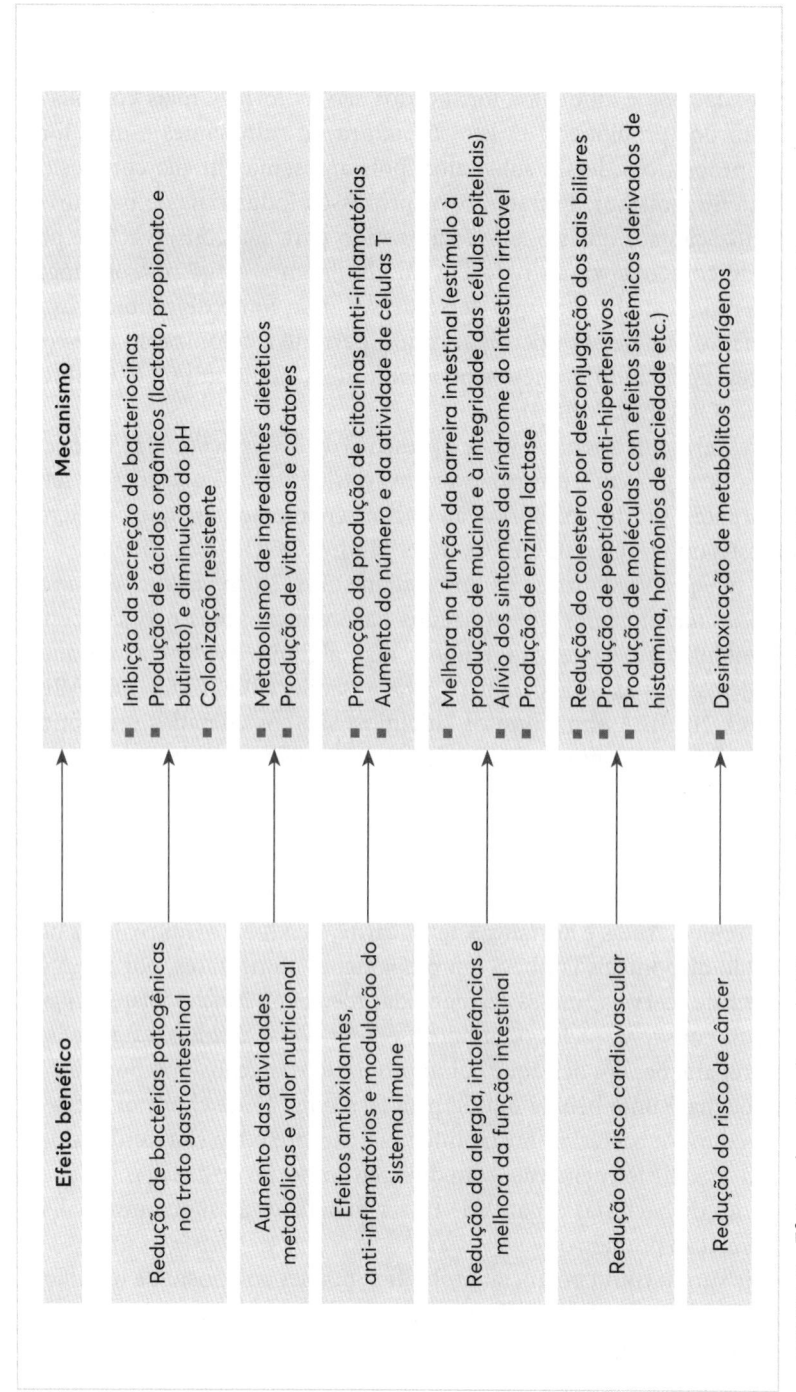

• **FIGURA 3** Efeitos da ação do probiótico na colonização da microbiota e benefícios na saúde do hospedeiro.

Fonte: adaptada de Sanders *et al.*, 2019; Chugh e Kamal-Eldin, 2020.

Fontes alimentares de probióticos e formas de consumo

Produtos lácteos e alimentos fortificados são as formas mais comuns de apresentação dos probióticos. O leite *in natura* de ruminantes é uma fonte natural de probióticos desses substratos, pois apresenta em sua composição diversos microrganismos. Entretanto, os processos industriais de pasteurização e esterilização aos quais o leite é submetido para sua conservação e possibilidade de comercialização reduzem ou eliminam a carga microbiológica desse alimento, fazendo com que deixe de ser uma fonte de probióticos. Já o leite humano, rico nesses microrganismos, permite a colonização intestinal dos lactentes, auxiliando no desenvolvimento do sistema imune (ROGERO; BONVINI; COQUEIRO, 2019).

Nos leites fermentados observa-se a presença de *Lactobacillus* e *Bifidobacterium*, probióticos, porém é preciso levar em consideração as questões de refrigeração durante a produção, fabricação e armazenamento para que os microrganismos estejam viáveis (ROGERO; BONVINI; COQUEIRO, 2019).

Já nos queijos e iogurtes, os microrganismos *Lactobacillus bulgaricus* e *Streptococus thermophilus* são utilizados na produção, mas não são considerados probióticos pela Anvisa, embora haja algumas evidências de que o consumo dessas cepas seja benéfico para a saúde (ROGERO; BONVINI; COQUEIRO, 2019). Assim, entre os laticínios, são considerados probióticos apenas os fermentados e/ou adicionados de microrganismos validados pela Anvisa (BRASIL, 2018).

Outros grupos de alimentos e preparações também são produzidos pela fermentação de bactérias e contêm probióticos. A fermentação é utilizada em todo o mundo para a conservação de várias matérias-primas agrícolas (cereais, raízes, tubérculos, frutas e hortaliças, leite, carne, peixe, entre outros). Os probióticos estão disponíveis também em preparações alimentares, por exemplo, missô, chucrute, cerveja, massa fermentada, *tempeh*, pão, chocolate, *kimchi*, azeitonas em conserva, picles, kombucha e kefir. Estas últimas, kombucha e kefir, são preparações em destaque como probióticos no consumo popular.

O kombucha é uma bebida obtida pela fermentação de chás por meio da ação de leveduras e bactérias, normalmente o chá-preto e o chá-verde adoçados. No processo de fermentação, com duração em torno de dez dias, acontece o crescimento de bactérias capazes de trazer benefícios à saúde intestinal, ou seja, que têm ação probiótica.

Já o kefir surgiu como potencial probiótico por ser composto de leveduras, bactérias ácido-láticas e ácido-acéticas, envoltas por uma matriz de polissacarídeos. Igualado ao iogurte, o kefir possui uma enorme e diversificada escala de microrganismos viáveis, contribuindo para a melhora da saúde do indivíduo. Como potencial funcional, apresenta melhora nos efeitos de intolerância à lactose e imunomodulação, que é o controle das reações imunológicas de um organismo, além de proteger contra microrganismos patogênicos – aqueles que ocasionam as doenças. Ainda, proporciona a modulação dos níveis de colesterol (DINIZ *et al.*, 2003).

Contudo, tanto o kefir quanto o kombucha são produzidos de forma artesanal, sendo assim, não há um controle exato dos tipos de bactérias que se desenvolvem nessas preparações. Considerando que cada indivíduo tem uma microbiota intestinal diferente, a resposta poderá acontecer de formas variadas, acarretando benefícios à saúde ou não. Destaca-se, assim, a importância dos cuidados higiênicos sanitários na produção desses alimentos e a observação da resposta individual ao consumo.

Há, hoje, uma enorme variedade de comprimidos, sachês e cápsulas disponível no mercado que contêm a forma liofilizada da bactéria (OLIVEIRA; PIMENTEL; SIMOMURA, 2019), e também substratos não lácteos fermentados, como os derivados de soja, cereais, legumes, repolho, milho, painço e sorgo, nos quais podem ser encontradas cepas probióticas (OLIVEIRA; PIMENTEL; SIMOMURA, 2019). Contudo, vale ressaltar que a alimentação, por ser um sistema complexo e importante para a manutenção e a preservação da vida, é dotada de sentimentos, memórias, preferências e influências sociais. Cada indivíduo deve ser conhecido e respeitado em suas particularidades, sobretudo nas recomendações de alimentos com alegações funcionais e na indicação de um padrão alimentar (MACEDO; AMADIO; OLIVEIRA, 2020).

CONCLUSÃO

A alimentação variada, composta por alimentos com alegações funcionais, incluindo prebióticos e probióticos, é importante para melhorar a saúde humana por meio de efeitos diretos e indiretos sobre a microbiota colonizadora. As pesquisas têm apresentado progressos importantes na condução de evidências e novas descobertas da ação desses nutrientes e não nutrientes e direcionado a novas políticas e documentos para regulamentar e estabelecer critérios de recomendações clínicas. Entretanto, esses achados ainda não foram alcançados de maneira consistente para estabelecer recomendações voltadas à população e endosso no que diz respeito a políticas de saúde pública, pois devem ser considerados os fatores individuais e o estilo de vida, que podem influenciar os efeitos benéficos dessas substâncias.

Dessa forma, permanecem necessários estudos constantes da comunidade científica e o interesse de população para que se tenha, cada vez mais, a indicação segura do consumo de compostos bioativos como os prebióticos e probióticos.

REFERÊNCIAS BIBLIOGRÁFICAS

BARRETO, B. A. P.; MOURA, C. A. F. Imunidade. *In*: PIMENTEL, C. V. M. B.; ELIAS, M. F.; PHILIPPI, S. T. (org). *Alimentos funcionais e compostos bioativos*. Barueri: Manole, 2019. p. 693-710.

BESTEN, G.; EUNEN, K.; GROEN, A. K.; VENEMA, K.; REIJNGOUD, D. J.; BAKKER, B. M. The role of short-chain fatty acids in the interplay between diet, gut microbiota, and host energy metabolism. *J. Lipid Res.*, v. 54, p. 2325-2340. 2 jul. 2013.

BINDA, S.; HILL, C.; JOHANSEN, E. *et al*. Criteria to Qualify Microorganisms as "Probiotic" in Foods and Dietary Supplements. *Front. Microbiol.*, 24 jul. 2020. Disponível em: https://www.frontiersin. org/articles/10.3389/fmicb.2020.01662/full#B23. Acesso em: 31 jul. 2022.

BONVINI, A.; COQUEIRO, A. Y.; ROGERO, M. M. Sistema imunológico e imunomoduladores: alimentos e preparações regionais. *In*: ROSSI, L.; POLTRONIERI, F. (org). *Tratado de nutrição e dietoterapia*. Rio de Janeiro: Guanabara Koogan, 2019. p. 235-247.

BRASIL. Ministério da Saúde. Agência Nacional de Vigilância Sanitária (Anvisa). Resolução n. 18, de 30 de abril de 1999. *Diretrizes básicas para análise e comprovação de propriedades funcionais e ou de saúde alegadas em rotulagem de alimentos*. Brasília, DF: Ministério da Saúde, 1999. Disponível em: https:// www.gov.br/agricultura/pt-br/assuntos/inspecao/produtos-vegetal/legislacao-1/biblioteca-de-normas- -vinhos-e-bebidas/resolucao-no-18-de-30-de-abril-de-1999.pdf/view. Acesso em: 31 jul. 2022.

BRASIL. Ministério da Saúde. Agência Nacional de Vigilância Sanitária (Anvisa). Diretoria Colegiada. Resolução da Diretora Colegiada RDC n. 241, de 26 de julho de 2018. *Dispõe sobre os requisitos para comprovação da segurança e dos benefícios à saúde dos probióticos para uso em alimentos*. Brasília, DF: Ministério da Saúde, 2018.

BRASIL. Ministério da Saúde. Secretaria-Executiva. *Glossário temático*: alimentação e nutrição. Ministério da Saúde. Secretaria-Executiva. Secretaria de Atenção à Saúde. 2. ed. 2. reimpr. Brasília, DF: Ministério da Saúde, 2013.

BROSSEAU, C.; SELLE, A.; PALMER, D. J.; PRESCOTT, S. L., BARBAROT, S.; BODINIER, M. Prebiotics: mechanisms and preventive effects in allergy. *Nutrients*, v. 11, n. 8, p. 1841, 2019.

BUTEL, M. J. Probiotics, gut microbiota and health. *Médecine et Maladies Infectieuses*, v. 44, n. 2, p. 1-8, jan. 2014.

CHUGH, B.; KAMAL-ELDIN, A. Bioactive compounds produced by probiotics in food products. *Current Opinion in Food Science*, v. 32, p. 76-82, abr. 2020.

DAVANI-DAVARI, D.; NEGAHDARIPOUR, M.; KARIMZADEH, I.; SEIFAN, M.; MOHKAM, M.; MASOUMI, S. J.; BERENJIAN, A.; GHASEMI, Y. Prebiotics: definition, types, sources, mechanisms, and clinical applications. *Foods*, v. 8, n. 3, p. 92, 2019.

DINIZ, R. O.; PERAZZO, F. F.; CARVALHO, J. C. T.; SCHNEENEDORF, J. M. Atividade anti-inflamatória de quefir, um probiótico da medicina popular. *Rev. Bras. Farmacogn.*, v. 13, supl. 1, p. 19-21, 2003. Disponível em: http://www.scielo.br/scielo.php?script=sci_arttext&pid=S0102-695X2003000300008&lng=en&nrm=iso. Acesso em: 31 jul. 2022.

FOOD AND AGRICULTURE ORGANIZATION OF THE UNITED NATIONS (FAO). WORLD HEALTH ORGANIZATION (WHO). *FAO Technical Meeting on Prebiotics*. Food Quality and Standards Service (AGNS). Food and Agriculture Organization of the United Nations (FAO), September 15-16, 2007.

FOOD AND AGRICULTURE ORGANIZATION OF THE UNITED NATIONS (FAO). *Guidelines for the evaluation of probiotics in food*. London, Ontario, Canada 2002. Disponível em: https://www. who.int/foodsafety/fs_management/en/probiotic_guidelines.pdf. Acesso em: 31 jul. 2022.

FORBES, A.; ESCHER, J.; HÉBUTERNE, X.; KŁĘK. S.; KRZNARIC, Z.; SCHNEIDER, S.; SHAMIR, R.; STARDELOVA, K.; WIERDSMA, N.; WISKIN, A. E.; BISCHOFF, S. C. Espen guideline: clinical nutrition in inflammatory bowel disease. *Clin Nutr.*, v. 36, n. 2, p. 321-347, abr. 2017.

GIBSON, G. R.; HUTKINS, R.; SANDERS, M. E. *et al.* Expert consensus document: The International Scientific Association for Probiotics and Prebiotics (ISAPP) consensus statement on the definition and scope of prebiotics. *Nat Rev Gastroenterol Hepatol*, v. 14, p. 491-502, 2017.

GIUNTINI, E. B.; MENEZES, E. W. Fibra alimentar. *In*: ROSSI, L.; POLTRONIERI, F. (org). *Tratado de nutrição e dietoterapia*. Rio de Janeiro: Guanabara Koogan, 2019. p. 210-220.

GIUNTINI, E. B.; MENEZES, E. Wenzel; SARDÁ, F. A. H.; COELHO, K. S. Fibras alimentares. *In*: PIMENTEL, C. V. M. B.; ELIAS, M. F.; PHILIPPI, S. T. (org). *Alimentos funcionais e compostos bioativos*. Barueri: Manole, 2019. p. 33-73.

HUTKINS, R. W.; KRUMBECK, J. A.; BINDELS, L. B.; CANI, P. D.; FAHEY, G.; GOH, Y. H.; HAMAKER, B.; MARTENS, E. C.; MILLS, D. A.; RASTAL, R. A.; VAUGHAN, E.; SANDERS, M. E. Prebiotics: why definitions matter. *Curr Opinion Biotechnol*, v. 37, p. 1-7, 2016.

KAUR, N.; GUPTA, A. K. Applications of inulin and oligofructose in health and nutrition. *J Biosci*, v. 27, p. 703-714, 2002.

LEVY, M.; KOLODZIEJCZYK, A. A.; THAISS, C. A.; ELINAV, E. C. *et al.* Dysbiosis and the immune system. *Nature Reviews Immunology*, v. 17, n. 4, p. 219-232, 2017.

MACEDO, I. C. Alimentos e preparações regionais. *In*: ROSSI, L.; POLTRONIERI, F. (org). *Tratado de nutrição e dietoterapia*. Rio de Janeiro: Guanabara Koogan, 2019. p. 999-1005.

MACEDO, I. C.; AMADIO, M. B.; OLIVEIRA, T. V. Aspectos biopsicossociais da alimentação. *In*: CERVATO-MANCUSO, A. M.; ANDRADE, S. C.; VIEIRA, V. L. (ed.). *Alimentação e nutrição para o cuidado profissional*. Barueri: Manole, 2020. p. 12-21.

MARTINEZ, I.; MULLER, C. E.; WALTER, J. Long-term temporal analysis of the human fecal microbiota revealed a stable core of dominant bacterial species. *PLoS ONE*, v. 8, e69621, 2013.

MARTINEZ, R. C. R.; BEDANI, R.; SAAD, S. M. I. Scientific evidence for health effects attributed to the consumption of probiotics and prebiotics: an update for current perspectives and future challenges. *Br J Nutr*, v. 114, n. 12, p. 1993-2015, 2015.

NATH, A.; MOLNÁR, M. A.; CSIGHY, A.; KŐSZEGI, K.; GALAMBOS, I.; HUSZÁR, K. P.; KORIS, A.; VATAI, G. Biological activities of lactose-based prebiotics and symbiosis with probiotics on controlling osteoporosis, blood-lipid and glucose levels. *Medicina* (Kaunas, Lithuania), v. 54, n. 6, p. 98, 2018.

OLIVEIRA, B. C. G.; PIMENTEL, C. V. M. B.; SIMOMURA, V. L. Probióticos. *In*: PIMENTEL, C. V. M. B.; ELIAS, M. F.; PHILIPPI, S. T. (org). *Alimentos funcionais e compostos bioativos*. Barueri: Manole, 2019. p. 231-261.

PIMENTEL, C. V. M. B.; ELIAS, M. F.; PHILIPPI, S. T. Conceitos e classificação dos compostos bioativos. *In*: PIMENTEL, C. V. M. B.; ELIAS, M. F.; PHILIPPI, S. T. (org). *Alimentos funcionais e compostos bioativos*. Barueri: Manole, 2019. p. 15-29.

ROGERO, M. M.; BONVINI, A.; COQUEIRO, A. Y. Peptídeos bioativos, whey protein e imunoglobulina. *In*: PIMENTEL, C. V. M. B.; ELIAS, M. F.; PHILIPPI, S. T. (org). *Alimentos funcionais e compostos bioativos*. Barueri: Manole, 2019. p. 161-187.

SAAD, S. M. I. Probióticos e prebióticos: o estado da arte. *Revista Brasileira de Ciências Farmacêuticas*, v. 42, n. 1, jan./mar. 2006.

SANDERS, M. E.; MERENSTEIN D.; MERRIFIELD C. A.; HUTKINS, R. W. Probiotics for human use. *Nutrition Bulletin*, v. 43, p. 212-225, 2018.

SANDERS, M. E.; MERENSTEIN, D. J.; REID, G.; GIBSON, G. R.; RASTALL, R. A. Probiotics and pre-biotics in intestinal health and disease: from biology to the clinic. *Nature Reviews Gastroenterology & Hepatology,* v. 16, p. 605-616, 2019.

TOPPING D. L.; CLIFTON, P. M. Short-chain fatty acids and human colonic function: roles of resis-tant starch and nonstarch polysaccharides. *Physiol Rev.,* v. 81, n. 3, p. 1031-1060, 2001.

TRINDADE, E. B. S. M.; FERNANDES, R.; FONTOURA, E. S. Prebióticos, probióticos e simbióticos. *In:* ROSSI, L.; POLTRONIERI, F. (org). *Tratado de nutrição e dietoterapia.* Rio de Janeiro: Guana-bara Koogan, 2019. p. 904-908.

TURATTI, L. A. A.; STRUFALDI, M. B.; CAMPOS, T. B. F. Diabetes. *In:* PIMENTEL, C. V. M. B.; ELIAS, M. F.; PHILIPPI, S. T. (org). *Alimentos funcionais e compostos bioativos.* Barueri: Manole, 2019. p. 657-691.

UBEDA, C.; PAMER, E. G. Antibiotics, microbiota, and immune defense. *Trends in Immunology,* v. 33, p. 459-466, 2012.

VANDENPLAS, Y.; HUYS, G.; DAUBE, G. Probiotics: an update. [Versão em português]. *J Pediatr* (Rio J), v. 91, n. 1, p. 6-21, 2015.

WORLD GASTROENTEROLOGY ORGANISATION (WGO). *Probióticos e prebióticos.* Diretrizes Mundiais da Organização Mundial de Gastroenterologia. World Gastroenterology Organisation, fevereiro, 2017. Disponível em: https://www.worldgastroenterology.org/UserFiles/file/guidelines/probiotics-and-prebiotics-portuguese-2017.pdf. Acesso em: 31 jul. 2022.

WHISNER, C. M.; CASTILLO, L. F. Prebiotics, bone and mineral metabolism. *Calcified Tissue Interna-tional,* v. 102, n. 4, p. 443-479, p. 2018.

3

Conceitos básicos sobre a fermentação em alimentos

Ingrid Schmidt-Hebbel Martens

INTRODUÇÃO

O termo "fermentação" deriva do latim *fervere,* ou seja, ferver, de acordo com Katz (2012). Embora hoje em dia "ferver" seja utilizado de forma diferente e, do ponto de vista técnico, na fermentação não ocorra fervura, a analogia existe em virtude da formação de bolhas observada durante a fermentação, decorrentes da produção de gás. Produzir alimentos fermentados em princípio não é difícil, o que diz respeito à indústria de alimentos, bem como ao ambiente doméstico. No entanto, para que a fermentação resulte em um produto adequado ao consumo humano, com características organolépticas apropriadas ao alimento, é necessário entender alguns conceitos relativos a ela.

Este capítulo tem a finalidade de introduzir o leitor nos conceitos sobre fermentação de alimentos, apresentando a do tipo selvagem comparada àquela com cultivos de microrganismos, bem como as condições necessárias e adequadas para a fermentação, considerando seus diferentes métodos.

FERMENTAÇÃO SELVAGEM
VERSUS FERMENTAÇÃO CONVENCIONAL

Em uma definição mais restrita, porém ainda muito utilizada, a fermentação é o processo anaeróbio (na ausência de oxigênio) de produção de energia que não envolve a cadeia respiratória. Hoje essa definição tem sido mais ampliada em decorrência de alguns processos, conduzidos com o uso de oxigênio e da cadeia respiratória, também serem classificados como processos fermentativos, por exemplo, a produção de enzimas microbianas. Portanto, um novo conceito mais abrangente para fermentação define-a como o processo que ocorre quando o microrganismo se reproduz, a partir de uma fonte apropriada de nutrientes, visando à obtenção de um bioproduto (DAMASO; COURI, [s. d.]).

A fermentação selvagem, também chamada de fermentação natural, diz respeito ao processo que se vale dos microrganismos presentes no alimento, no ambiente, bem como nas mãos de quem o manipula, para dar início à fermentação espontânea do alimento. Baseia-se em criar as condições ambientais para que esses organismos proliferem na matéria-prima a ser fermentada. Uma característica dessa fermentação é o fato de ela não necessitar de alta tecnologia, motivo pelo qual o número de pessoas que têm fermentado seus próprios alimentos vem crescendo no mundo todo. É importante enfatizar que esse tipo de fermentação faz parte até hoje de hábitos alimentares de diversas comunidades, por exemplo, povos indígenas ao redor do mundo, bem como pessoas que, em regiões mais pobres, valem-se dela para suprir suas necessidades de micronutrientes (KATZ, 2012; KATZ, 2016; STEINKRAUS,1996).

Steinkraus (1996) manifesta que, enquanto a população de países desenvolvidos pode se dar ao luxo de enriquecer seus alimentos com vitaminas sintéticas, a dos países em desenvolvimento deve contar com o enriquecimento biológico para obter suas vitaminas e seus aminoácidos essenciais. O mundo desenvolvido faz conservas e congela grande parte de seus alimentos, mas aquele em desenvolvimento conta com a fermentação e a desidratação para preservar e processá-los a um custo ao alcance do consumidor médio. Todos os consumidores hoje têm uma parte considerável de suas necessidades nutricionais satisfeita por meio de alimentos e bebidas fermentadas. É provável que essa situação acabe se intensificando durante o século XXI, quando a população mundial deve atingir entre 8 e 12 bilhões de pessoas.

A fermentação ocorre em meio anaeróbico, ou seja, sem a presença de oxigênio, o que de forma caseira se atinge debaixo da água, geralmente salmoura (água com sal de cozinha). A salmoura garante que somente bactérias e leveduras não nocivas ao ser humano se reproduzam e assim mantenham um ambiente seguro. Esse processo é frequentemente confundido com a putrefação, o processo de degradação dos alimentos na presença de oxigênio (KATZ, 2012; KATZ, 2016).

Em geral, os microrganismos característicos da fermentação indígena são comestíveis. Aqueles com capacidade incomum de produzir enzimas amilolíticas, proteolíticas, lipolíticas, pectinolíticas ou outras, vitaminas, aminoácidos essenciais, ácidos graxos essenciais, antibióticos, ácidos orgânicos, peptídeos, proteínas, gorduras, polissacarídeos complexos, compostos com sabores incomuns ou desejáveis, ou compostos intensificadores de sabor, são de valor potencial para a indústria de alimentos (STEINKRAUS, 1996).

Muitas das fermentações praticadas hoje em dia, tanto para feitura de queijos quanto para bebidas alcoólicas (cervejas, vinhos e champanhes), são produzidas a partir de culturas puras e altamente selecionadas de leveduras e bactérias, que são inoculadas no alimento (substrato) para obter o produto desejado (KATZ, 2012; KATZ, 2016).

Redzepi e Zilber (2018), entusiastas da fermentação selvagem no restaurante Noma, na Dinamarca, criam ambientes que favorecem o crescimento de microrganismos benéficos de ocorrência natural e prejudiciais aos microrganismos indesejados. Na fermentação lática, por exemplo, dependem inteiramente de um amplo conjunto de bactérias de ácido lático (BAL) presentes no ambiente – tanto nas frutas ou vegetais a serem fermentados, nas mãos dos manipuladores de alimentos ou flutuando no ar – para transformar o açúcar em ácido lático e outros metabólitos responsáveis pelo *flavor*. Ao trabalhar com o tipo selvagem, eles obtêm nuances e complexidade nos fermentos utilizados, que não seriam possíveis se escolhessem microrganismos específicos para fermentar os alimentos. A fermentação selvagem é uma fermentação não inoculada e frequentemente muito diversa em relação aos microrganismos presentes, bem como aos metabólitos sintetizados, mas é a forma como os nossos ancestrais realizaram as primeiras fermentações. Ou seja, trata-se de um processo ainda hoje empírico.

Os alimentos fermentados podem ser produzidos a partir de todo tipo de alimento cru, incluindo aqueles de origem vegetal e animal. Para a maioria dos alimentos fermentados, os processos envolvidos em sua produção são inibitórios para muitos microrganismos, especialmente porque a fermentação pode reduzir o pH para menos de 4 por meio da conversão de carboidratos em ácido lático. No entanto, em alguns casos, os patógenos podem sobreviver no ambiente ideal para culturas de fermentação e apresentar riscos significativos à segurança alimentar. As culturas patogênicas potencialmente existentes em alimentos fermentados incluem:

- *Listeria monocytogenes*: podem proliferar em temperaturas de refrigeração e crescer em concentrações relativamente altas de NaCl.
- *Escherichia coli*: podem ocorrer em alimentos fermentados não pasteurizados e ser eliminadas por aquecimento $\geq 60\ °C$ e pela redução da atividade da água.
- *Clostridium* spp.: têm uma temperatura ótima de crescimento de 60 a 75 °C e produzem esporos resistentes ao aquecimento e às hidrolases.
- *Salmonella* spp.: podem residir no trato intestinal humano, embora sejam quase todos mortos em condições normais de cozimento.
- *Staphylococcus* spp.: ocorre na pele e nas mucosas do ser humano.

A falha da cultura inicial durante a fabricação do queijo pode permitir o crescimento de *S. aureus* (O'BRIEN *et al.*, 2009; GORMLEY *et al.*, 2010). A contaminação por micotoxinas representa um importante problema de higiene alimentar para alimentos fermentados. Em particular, a fermentação indígena (que envolve processos ancestrais e condições de trabalho nem sempre totalmente adequadas), ou fermentação descontrolada nas regiões tropicais e subtropicais (que oferecem condições ideais para o crescimento de fungos patógenos ou bolores), apresentam maior risco de contaminação por patógenos de origem alimentar e micotoxinas associadas incluindo aflatoxinas (SCHMIDT, 2019).

As aflatoxinas, um grupo de metabólitos fúngicos tóxicos produzidos por algumas espécies do gênero *Aspergillus* (p. ex., *Aspergillus flavus*, *Aspergillus parasiticus* e *Aspergillus nomius*), podem causar graves danos aos seres humanos. Portanto, os principais desafios do processo de fermentação estão associados à previsibilidade de contaminação causada por microrganismos indesejáveis ou mesmo tóxicos em alimentos fermentados. A grande escala e a alta diversidade dos processos de fermentação comercial tornam os desafios mais graves, devido à dificuldade de monitorar com precisão as vias metabólicas complexas e interdependentes/interativas, bem como o equilíbrio entre a síntese de substâncias-alvo e a fisiologia celular inata (GANGULY, 2013; LEE, 2009). Para a prática milenar de fermentação espontânea, a fermentação descontrolada causada pela microflora epifítica desenvolvida é possível (o que causa propriedades organolépticas indesejáveis ou mesmo consequências microbiológicas/toxicológicas prejudiciais) (WAGNER *et al.*, 2000). Consequentemente, é crucial conhecer as propriedades fisiológicas e metabólicas dos microrganismos desejados antes de seu uso (CHAVES-LÓPEZ *et al.*, 2014).

A padronização dos protocolos de fermentação e o controle adequado sobre o processo de fermentação (especialmente os microrganismos envolvidos) têm sido as abordagens fundamentais para garantir e melhorar a segurança dos alimentos fermentados. Como outros tipos de alimentos, os fermentados devem atender a todos os padrões e requisitos internacionais, incluindo boas práticas de fabricação (GMP) e boas práticas de higiene (GHP), como os princípios básicos; análise de perigos e pontos de controle críticos (HACCP), como as diretrizes práticas delineadas pela Codex Alimentarius Commission (CAC; Alinorm 97/13A) e o Parlamento Europeu (Regulamento EC n. 852/2004); e certificações opcionais, como a ISO 22000, desenvolvida pela CAC, e o esquema de segurança alimentar *British Retail Consortium Global Standard for International Food*, desenvolvido por especialistas da indústria alimentícia de varejistas, fabricantes e organizações de serviços alimentícios. A atualização do processo de fermentação indígena é necessária para resolver problemas da higiene de fabricação e reações descontroladas causadas por microflora inespecífica (ação individual ou combinada de bactérias, leveduras e fungos). Métodos eficientes e precisos para analisar micotoxinas em vários alimentos fermentados são importantes para a higiene alimentar (SHUKLA *et al.*, 2017). Quanto à avaliação de segurança, é importante considerar o efeito da matriz alimentar. As matérias-primas alimentares utilizadas para a produção de alimentos fermentados contêm naturalmente várias espécies de microrganismos, que podem ser desejados ou indesejados, por exemplo, BAL, *Bacillus cereus* e *Vibrio parahaemolyticus* (JUNG *et al.*, 2012). A inibição e a eliminação de patógenos alimentares e outros microrganismos indesejáveis são essenciais para melhorar a higiene dos alimentos fermentados finais. A fermentação pode degradar as aflatoxinas (PARK *et al.*, 2003) devido à ação de certos microrganismos, por exemplo, BAL e *Saccharomyces cerevisiae*, que têm a capacidade de se ligar a aflatoxinas (BUENO *et al.*, 2007; HERNANDEZ-MENDOZA *et al.*, 2009).

Existem diferentes tipos de microrganismos envolvidos nos processos de fermentação, e eles podem diminuir ou melhorar a segurança dos alimentos fermentados. O uso seguro de culturas alimentares microbianas diz respeito não apenas à preparação de culturas microbianas, mas também a suas características em diferentes aplicações (níveis de cepas, condições de processamento e matrizes alimentares fermentadas). Para as cepas recém-descobertas ou desenvolvidas, as avaliações de segurança devem ser realizadas para examinar metabolismo, carcinogênese/mutagenicidade e toxicidade (incluindo toxicidade de curto e longo prazos, desenvolvimento e reprodução do ser humano, imunotoxicidade e neurotoxicidade junto com toxicocinética/toxicodinâmica). Essas avaliações também devem ser aplicadas às novas cepas derivadas de organismos que já têm longo histórico de uso seguro na fermentação de alimentos (p. ex., BAL). Como se trata de alimentos para oconsumo humano, os que são fermentados devem ser submetidos a avaliação microbiológica de rotina, incluindo o controle de *E. coli* O157:H7, *Bacillus cereus*, *Salmonella enteritidis*, *Staphylococcus aureus* e *Listeria monocytogenes* em produtos vegetais fermentados como *kimchi* (KIM *et al.*, 2008; INATSU *et al.*, 2004).

Vários métodos químicos, físicos e biológicos têm sido utilizados para prevenir, reduzir e eliminar a contaminação de alimentos fermentados por aflatoxina. Abordagens eficazes incluem melhorias na produção, embalagem e condições de armazenamento, a aplicação de tratamentos térmicos e não térmicos (p. ex., aquecimento, secagem, torrefação, micro-ondas ou processamento de alta pressão – HPP) e o uso de solventes orgânicos, ozônio, carvão vegetal, vitamina C, fungicidas ou extratos/óleos vegetais contendo antimicrobianos (PERES *et al.*, 2017). Dentre eles, o controle biológico tem atraído atenção especial, devido a sua percepção de naturalidade e eficácia, sobretudo em virtude de certas aflatoxinas apresentarem resistência a altas temperaturas. Abordagens de controle biológico suprimem o crescimento de microrganismos patogênicos ou toxigênicos, por meio da introdução de microrganismos bioprotetores com potentes propriedades antagônicas ao sistema alimentar fermentado (como fungos e bactérias, p. ex., *Lactobacillus, Bacillus, Pseudomonas, Ralstonia* e *Burkholderia*) (VOGEL *et al.*, 2011; HAN *et al.*, 2001). Cepas probióticas como *Lactobacillus, Leuconostoc, Lactococcus, Pediococcus* e *Bifidobacterium* podem auxiliar na degradação de alguns produtos químicos tóxicos que seriam ingeridos junto com os alimentos (DUNN *et al.*, 1998). As cepas LAB são inibidoras de muitos outros microrganismos, incluindo os organismos deteriorantes. Assim, o uso de LAB como parte da cocultura pode melhorar a segurança microbiológica e a vida útil de alimentos fermentados (NOUT *et al.*, 1989).

As quantidades de aminas biogênicas (AB) indicam o grau de frescor/deterioração do produto fermentado. Essas aminas são compostos orgânicos nitrogenados básicos, formados principalmente por descarboxilação de aminoácidos e estão presentes em alimentos como frutas e verduras, carne, peixe, chocolate e leite, e, ocasionalmente, podem se acumular em concentrações elevadas. O consumo de alimentos contendo elevadas quantidades dessas aminas pode ter consequências toxicológicas. A Autoridade Europeia para a Segurança dos Alimentos (EFSA) regula a segurança dos microrganismos iniciadores por meio de uma avaliação de segurança pré-comercialização com base no *status* de "Presunção de Segurança Qualificada" (QPS). A EFSA apontou que histamina e tiramina (Him e Tym) são provavelmente as aminas mais tóxicas e definiu uma quantidade máxima de Him de 200 mg/kg para produtos associados às famílias de peixes Clupeidae (inclui sardinha e arenque*)*, Coryphaenidae (inclui delfins), Pomatomidae (inclui anchova), Scomberesocidae (inclui a cavalinha) e Scombridae (inclui atuns e cavala) (EFSA, 2011). Os regulamentos da União Europeia (UE) permitem uma quantidade máxima de 100 mg/kg em peixes frescos ou enlatados, e de 200 mg/kg nos fermentados ou outros alimentos amadurecidos enzimaticamente (FOOD SAFETY AND STANDARD REGULATIONS, 2011). O Food and Drug Administration (FDA) dos EUA define um alimento como estragado se o nível de Him for 50×10^{-6} e define 50 mg/kg como o limite superior de Him para a maioria dos produtos derivados de peixe (FDA, 2011). Canadá, Suíça e Brasil estabeleceram o limite máximo legal de 100 mg/kg para peixes e produtos pesqueiros. O Código de Padrões Alimentares da Austrália e da Nova Zelândia não permite que o nível de Him de peixes ou produtos derivados seja superior a 200 mg/kg (EZZAT *et al.*, 2015). Para produtos vitivinícolas, os países europeus definem diferentes limites superiores de Him para vinho: 2 mg/L na Alemanha, 3,5 mg/L na Holanda, 5 a 6 mg/L na Bélgica, 8 mg/L na França, 10 mg/L na Áustria, Hungria e Suíça (SARKADY, 2008).

Poutanen (2009) informa que métodos tradicionais de fermentação baseados em conhecimento empírico estão progressivamente sendo substituídos por processos de fermentação com base científica, tecnologias e equipamentos avançados e práticas modernas de segurança na indústria. A fermentação baseada na ciência envolve metabolismo microbiano sob medida e ações enzimáticas.

Badotti *et al.* (2010) estudaram a fermentação espontânea da cachaça, para a qual o caldo de cana-de-açúcar é deixado à temperatura ambiente até que as leveduras indígenas, provenientes do ambiente e do substrato, atinjam altas concentrações. Essas linhagens apresentam características fisiológicas e genéticas variadas, o que tem influência sobre os compostos químicos formados durante a fermentação e, por consequência, no sabor da bebida. A concentração de compostos voláteis varia significativamente de uma bebida para outra, e essa oscilação pode estar relacionada a diversos fatores, dentre eles os microrganismos predominantes na etapa de fermentação. Ao longo do processo fermentativo, diferentes espécies de leveduras podem ser isoladas, mas a *Saccharomyces cerevisiae* é a levedura predominante e responsável pela fermentação alcoólica. Como a maioria das destilarias utiliza fermentação espontânea para iniciar o processo de produção da cachaça, as cachaças tendem a ser de baixa qualidade e de composição muito variada ao longo do período de produção, em virtude do processo fermentativo não controlado.

No caso da fermentação com cultura pura, independentemente do uso de bactérias, leveduras ou bolores como inóculo, ela é muito mais controlada e reproduzível do que a fermentação selvagem. Para quem está iniciando nas fermentações esse aspecto de reprodutibilidade do resultado pode ser uma vantagem, uma vez que não haverá grandes nuances no comportamento do inóculo (tendo em vista que eles são testados), e a indústria fornecedora de inóculos garante a *performance* dos microrganismos, desde que estes sejam conservados dentro dos parâmetros de temperatura e prazo de validade estipulado pelo fornecedor. Como exemplo, a levedura (fermento biológico) utilizada para fazer pão é encontrada na forma fresca ou desidratada no comércio, e ambas apresentam a mesma levedura, ou seja, *Saccharomyces cerevisiae*. No caso da levedura fresca, a conservação deverá ser feita sob refrigeração com prazo de validade de aproximadamente 45 dias. Já o fermento biológico seco terá validade de até 6 meses em temperatura ambiente. É possível estender um pouco o prazo de validade da levedura seca se ela for mantida sob refrigeração depois de aberta.

Em relação à utilização de culturas puras, o resultado da fermentação irá diferir da fermentação selvagem em relação aos microrganismos presentes e por consequência da variedade de metabólitos (substâncias produzidas pelos microrganismos) produzidos. Ou seja, na prática, o alimento produzido na fermentação selvagem terá um sabor mais complexo do que o mesmo alimento feito com cultura pura. Esse fato é facilmente perceptível em relação ao pão de fermentação natural comparado a um pão feito com cultura pura de levedura. Por outro lado, via de regra, a fermentação selvagem ou natural é mais lenta do que aquela feita com cultura pura.

COMUNIDADES E SUBSTRATOS DE MICRORGANISMOS

Magalhães *et al.* (2011) estudaram os grãos de kefir por microscopia eletrônica de varredura (MEV) e notaram um biofilme complexo e bem compactado ao redor dos grãos, enquanto o interior era composto principalmente de material não estruturado. A Figura 1 (FRIQUES *et al.*, 2015) mostra a associação da microbiota do kefir por meio de MEV. Os grãos de kefir brasileiro apresentaram superfície lisa e sua porção externa coberta por um aglomerado de microrganismos. A microbiota na porção externa do grão era dominada por bacilos (curtos e longos curvos) crescendo em associação com células de levedura. As células microbianas na porção interna eram em menor número que na porção externa. Material fibrilar (provavelmente o polissacarídeo kefiran) foi observado na porção externa, bem como na porção interna dos grãos.

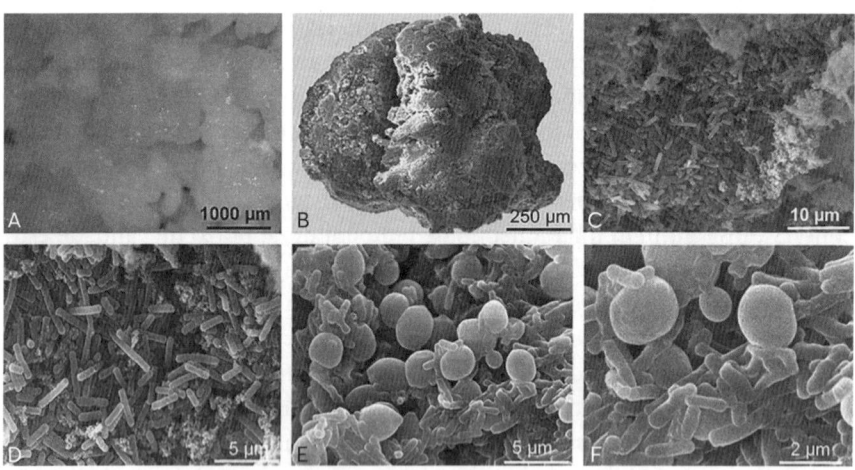

• **FIGURA 1** Fotomicrografias de grãos de kefir obtidas no nível não ampliado (A) e micrografias eletrônicas de varredura da superfície externa (B-D) e interna (E-F) de um grão de kefir. A superfície externa (C-D) mostra a prevalência dos bacilos em estreita associação com uma matriz polissacarídica (kefiran). A superfície interna mostra bacilos em forma de bastonete crescendo em associação com leveduras (E-F).
Fonte: Friques *et al.* (2015).

Os autores verificaram a presença de três microrganismos diferentes durante a fermentação da bebida de kefir brasileiro. As bactérias do ácido lático foram as predominantes, seguidas por leveduras e bactérias Gram-negativas do gênero *Acetobacter*. Na identificação dos microrganismos, *Lactobacillus paracasei* foi a bactéria mais abundante, enquanto *Saccharomyces cerevisiae*, a cepa de levedura predominante. Os grupos distintos de microrganismos identificados na bebida realizaram três tipos diferentes de fermentações, incluindo as lática, alcoólica e acética. O aumento da população de bactérias láticas provocou aumento na concentração de ácido lático na bebida, enquanto o aumento da população de leveduras favoreceu a formação de etanol.

O *Symbiotic Colony of Bacteria and Yeast* (SCOBY), um sistema microbiano utilizado para produção de kombucha, é inerentemente complexo, o que dificulta a determinação das interações bióticas e abióticas desses sistemas (SHADE, 2011). O SCOBY é composto por bactérias e leveduras em uma relação simbiótica dentro de uma película de celulose (MARSH *et al.*, 2013). A proporção entre bactérias e leveduras é importante no desenvolvimento do sabor e no teor de etanol do produto final. As leveduras presentes no SCOBY convertem a sacarose em glicose e frutose, produzindo etanol entre outros produtos; na sequência a bactéria metaboliza o etanol a ácidos orgânicos (GREENWALT *et al.*, 2000; KLEIN, 2017). Se as bactérias estiverem presentes em menor quantidade ou por alguma razão seu metabolismo estiver lento, o teor de etanol aumentará rapidamente (KLEIN, 2017). A composição microbiana do SCOBY muda constantemente, o que leva a uma composição variada do produto e a preocupações com o etanol. Em um estudo de 2013, vários gêneros subdominantes que anteriormente não haviam sido associados ao SCOBY foram descobertos por Marsh *et al.* (2013), os quais também verificaram que, além das bactérias aeróbias, o SCOBY contém até 30% de *Lactobacillus*.

O SCOBY contém diferentes tipos de bactérias, entre as quais podem ser encontradas: *Acetobacter xylinum, A. xylinoides, A. gluconicum, A. ketogenum, A. pasteurianum, Gluconobacter bluconicumy*, entre outras (WACHER-RODARTE, 1993). Esses primeiros, pertencentes ao gênero *Acetobacter*, têm composição semelhante à da "mãe" do vinagre. Inclusive, alguns autores defendem a ideia de que ambas são iguais (HOBBS, 1998). Por outro lado, também podem ser encontradas diferentes espécies de leveduras, como *Brettanomyces bruxellensis, Candida stellata, Schizosaccharomyces pombe, Torulaspora delbrueckii e Zygosaccharomyces bailii* (TEOH *et al.*, 2004).

Embora a composição dos microrganismos que constituem o SCOBY seja altamente variável, alguns microrganismos comuns são encontrados de forma consistente. As bactérias mais comuns incluem os gêneros de bactérias aeróbias *Gluconobacter* e *Acetobacter* (AMARASINGHE *et al.*, 2018).

Schizosaccharomyces pombe, Brettanomyces bruxellensis, Saccharomyces cerevisiae e *Zygosaccharomyces rouxiiare* são algumas das espécies de levedura mais comuns presentes no SCOBY (VILLARREAL-SOTO *et al.*, 2018), enquanto *Zygosaccharomyces* foi encontrado em níveis acima de 95% na maioria de suas amostras (MARSH *et al.*, 2013). A levedura hidrolisa a sacarose, presente no chá, liberando glicose e frutose, e utiliza esses monossacarídeos para produzir etanol e vários outros metabólitos. As bactérias então metabolizam o etanol a ácidos orgânicos. Todas as bactérias e leveduras presentes no SCOBY existem dentro de uma matriz de celulose. *Acetobacter xylinum* e *Komagataeibacter rhaeticus* cepa P1463 são parcialmente responsáveis pela produção da celulose (DE ROOS; DE VUYST, 2018; SEMJONOVS *et al.*, 2017).

St-Pierre (2019) estudou a composição microbiana de três amostras diferentes de SCOBY, obtidos de diferentes fontes, para verificar se a diversidade microbiana variava e produzia diferentes perfis bioquímicos e de sabor na bebida ao longo de várias gerações. Os dois principais microrganismos encontrados nos SCOBY foram *Komagataeibacter xylinus* e *Gluconobacter oxydans*. A diversidade do SCOBY mudou ligeiramente com o tempo; no entanto, ao longo de dez gerações, a mudança na diversidade não foi significativa (valor de p > 0,05). Investigando os dois principais microrganismos da kombucha, *K. xylinus* e *G. oxydans*, a autora determinou as correlações de Pearson entre o microrganismo e os compostos ácido acético, ácido lático, glicose, frutose e sacarose. *K. xylinus* foi negativamente correlacionado com glicose, frutose, ácido láctico e ácido acético, e positivamente correlacionado com a concentração de sacarose (parte da formulação do chá), sugerindo que este domina no início da fermentação. *G. oxydans* foi positivamente correlacionado com as concentrações de glicose, frutose, ácido lático e ácido acético, mas correlacionado de forma negativa com a sacarose, sugerindo que domina mais tardiamente na fermentação. No entanto, esses coeficientes de correlação foram baixos e não significativos.

Os resultados obtidos pela autora mostram que, além de ocorrer simbiose entre os microrganismos, há uma correlação temporal no que diz respeito ao metabolismo de cada um dos microrganismos presentes. Como foram identificados outros microrganismos na kombucha, o estudo da inter-relação dos diferentes microrganismos torna-se bastante complexo, mais ainda porque os SCOBY de origens diferentes podem apresentar diferenças nos microrganismos presentes.

Cabe ressaltar que o teor final de etanol na kombucha é uma preocupação, pois, dependendo da concentração de etanol presente, a bebida se enquadraria como alcoólica para a legislação de diversos países. Daí que algumas autoridades pleiteiam a padronização dessa bebida, para que a classificação dela dentro da legislação seja adequada.

AMBIENTES E CONDIÇÕES DE FERMENTAÇÃO

Para seu crescimento, os microrganismos necessitam de fontes de carbono e nitrogênio, sais minerais, fatores de crescimento e água; além dos fatores nutricionais, são necessários temperatura, pH, aeração etc. adequados a cada espécie de microrganismo. A assimilação dos nutrientes pelos microrganismos ocorre por meio de reações enzimáticas, e as enzimas produzidas são liberadas no substrato, promovendo a decomposição (catabolismo ou decomposição), ou por vias metabólicas de biossíntese (anabolismo). Há apenas alguns microrganismos capazes de realizar a nutrição pela ingestão ou fagocitose.

As principais vias metabólicas são:

- Glicolítica: processo anaeróbio da oxidação da glicose ($C_6H_{12}O_6$) até ácido pirúvico.
- Fermentativa: processo de obtenção de energia no qual a molécula orgânica que está sendo metabolizada não é completamente oxidada, ou seja, não extrai todo o seu potencial energético. Produtos mais frequentes: ácidos acético e lático, álcoois (etanol, metanol e butanol), cetonas (acetona) e gases (dióxido de carbono e hidrogênio molecular).
- Respiração aeróbia: processo de oxidação do piruvato, resultante da glicólise, a dióxido de carbono e água. Neste caso, o oxigênio (O_2) é o aceptor final de elétrons. Essa via metabólica é muito mais eficiente na obtenção de energia do que a via glicolítica ou fermentativa.
- Respiração anaeróbia: os microrganismos são capazes de utilizar diversos outros aceptores finais de elétrons, como o sulfato em bactérias do gênero *Desulfovibrio*. Para isso, os microrganismos anaeróbios multiplicam-se na ausência de oxigênio (NASCIMENTO, 2012).

Em relação à fonte de energia e de carbono, a maioria dos microrganismos utiliza compostos orgânicos para essa finalidade, embora existam ao todo quatro grupos diferentes de microrganismos:

1. Fotolitotróficos ou fotoautotróficos: utilizam a luz como fonte de energia e o dióxido de carbono ou gás carbônico (CO_2) como fonte de carbono. Por exemplo: bactérias fotossintetizantes (cianobactérias), sulfurosas púrpuras (*Chromatium*) e sulfurosas verdes (*Chlorobium*).

2. Fotorganotróficos: utilizam a luz como fonte de energia e compostos orgânicos (álcool, carboidratos, ácidos orgânicos etc.) como fontes de carbono. Por exemplo: bactérias verdes não sulfurosas (*Chloroflexus*) e bactérias púrpuras não sulfurosas (*Rhodopseudomonas*).

3. Quimiolitotróficos: utilizam compostos inorgânicos [gás sulfídrico (H_2S), enxofre elementar (S), amônia (NH_3), gás hidrogênio (H_2), nitrato (NO^{3-}), nitrito (NO^{2-}) e ferro (Fe^{2+})] como fonte de energia, e CO_2 como fonte de carbono.

4. Quimiorganotróficos: utilizam compostos orgânicos como fonte de energia e de carbono, como visto na maioria das bactérias, fungos e protozoários. É nesse grupo que se classificam as bactérias e leveduras fermentadoras (NASCIMENTO, 2012).

Os alimentos apresentam alguns fatores importantes para o crescimento (multiplicação) dos microrganismos, sendo eles a atividade de água, a acidez (pH), a presença ou não de oxigênio, a composição química, eventuais fatores antimicrobianos naturais e a possível interação entre microrganismos.

Qualquer microrganismo precisa de água, na forma disponível, para sua sobrevivência. A água presente no alimento nem sempre está disponível, uma vez que há a possibilidade de ligação a macromoléculas por forças físicas, e a não disponibilidade como solvente ou para participar de reações químicas; nesse caso não poderá ser aproveitada pelos microrganismos. O parâmetro que mede a disponibilidade de água nos alimentos ou em soluções denomina-se atividade de água (Aa) e é definido como a relação entre a pressão parcial de vapor da água contida no alimento ou na solução (P) e a pressão parcial de vapor de água pura (P_0), a dada temperatura:

$$Aa = P / P_0$$

A adição de sais, açúcar e outras substâncias provoca a redução do valor de Aa do alimento, uma vez que reduz P. A redução da Aa depende da natureza da substância adicionada, da quantidade adicionada e da temperatura (FRANCO; LANDGRAF, 2008).

Na prática, isso significa que, ao aumentar a quantidade de sal adicionado à salmoura utilizada nos picles, ou de açúcar adicionado ao chá para fazer kombucha, haverá impacto na Aa. Esse conhecimento é importante, pois os microrganismos têm valor de Aa mínimo, ótimo e máximo para sua multiplicação. O valor de Aa máximo para o crescimento microbiano é ligeiramente inferior a 1, um valor bastante elevado, considerando-se que a escala de Aa vai de 0 a 1. Já em relação à Aa mínima e ótima, os valores encontrados para os diversos microrganismos diferem bastante. Em geral, as bactérias requerem Aa mais alta que os fungos (leveduras e bolores) (FRANCO; LANDGRAF, 2008).

A atividade de água, temperatura e disponibilidade de nutrientes é interdependente. Em determinada temperatura, baixando a Aa, diminui a capacidade dos microrganismos de se multiplicarem. Quanto mais próximo da temperatura ótima de crescimento do microrganismo, mais larga é a faixa de Aa em que ele consegue se multiplicar; a presença de nutrientes também amplia a faixa de multiplicação dos microrganismos (FRANCO; LANDGRAF, 2008).

Em relação ao pH do meio, os microrganismos apresentam valores de pH mínimo, ótimo e máximo para seu crescimento. O pH em torno de 7 (6,5 a 7,5) é o mais favorável para a multiplicação da maioria dos microrganismos, incluindo aqui os patogênicos (que causam doenças no ser humano). Alguns microrganismos são favorecidos por pH ácido, como é o caso das bactérias láticas. Por outro lado, os bolores e as leveduras mostram maior tolerância ao pH do meio do que as bactérias; os bolores são capazes de se multiplicar em pH mais baixo que as leveduras, e estas em pH mais baixo que as bactérias (FRANCO; LANDGRAF, 2008).

Composição química

A composição química do alimento a ser fermentado também é importante para o crescimento de microrganismos, que necessitam de água, fontes de energia e de nitrogênio, vitaminas e sais minerais. Os microrganismos podem utilizar açúcares, álcoois ou aminoácidos como fonte de energia, e alguns deles são capazes de utilizar polissacarídeos, como amidos e celulose, transformando-os em açúcares mais simples. Um número reduzido de microrganismos presentes em alimentos consegue utilizar lipídeos (gorduras) como fonte de energia. Em relação à fonte de nitrogênio, os aminoácidos (constituintes das proteínas) são a fonte de nitrogênio mais importante para a maioria dos microrganismos ; no entanto, uma grande variedade de outras substâncias nitrogenadas pode ser utilizada por eles, como nucleotídeos, peptídeos e mesmo proteínas complexas. As vitaminas são importantes fatores de crescimento para os microrganismos, as quais estão envolvidas em várias reações metabólicas. As vitaminas do complexo B, a biotina e o ácido pantotênico são as mais importantes. As bactérias Gram-positivas são mais exigentes em relação à necessidade de vitaminas do que as bactérias Gram-negativas, as quais, da mesma forma que os bolores, têm capacidade de sintetizar todos os seus fatores de crescimento. Os minerais são necessários em quantidades muito reduzidas para o metabolismo microbiano, porém indispensáveis. Os mais importantes são sódio, potássio, cálcio e magnésio. Mas também podem ser necessários ferro, cobre, manganês, molibdênio, zinco, cobalto, fósforo e enxofre (FRANCO; LANDGRAF, 2008).

Alguns alimentos apresentam fatores antimicrobianos naturais, que os protegem do ataque de microrganismos. Essas substâncias têm a capacidade de retardar, ou mesmo impedir, a multiplicação microbiana e estão naturalmente presentes nos alimentos. Os condimentos, como alho, cravo, canela, orégano, dentre outros, apresentam óleos essenciais com atividade antimicrobiana em sua composição. Os ovos, o leite, as frutas e verduras também apresentam fatores antimicrobianos naturais, de naturezas diversas, mas sempre com a função de proteger o alimento. As frutas contêm ácidos orgânicos e óleos essenciais, importantes para a inibição microbiana, enquanto os taninos, encontrados em frutas e sementes, têm ação sobre bactérias e alguns fungos. Os fatores antimicrobianos naturais também incluem as estruturas biológicas que têm a função de barreira mecânica, por exemplo, a casca das frutas, dos ovos, das nozes, a pele dos animais, bem como a película que envolve as sementes (FRANCO; LANDGRAF, 2008).

Microrganismos produzem metabólitos quando se multiplicam em um alimento, e podem afetar a capacidade de sobrevivência e multiplicação de outros microrganismos presentes nele. Dessa forma, as bactérias láticas podem diminuir o pH do alimento a ponto de torná-lo ácido demais para o crescimento de muitos outros microrganismos (FRANCO; LANDGRAF, 2008). É nesse princípio que se baseia a fermentação lática, que, além da diminuição do pH, necessita de refrigeração para manter o alimento seguro. Por outro lado, os lactobacilos e os estreptococos produzem água oxigenada, a qual inibe muitas bactérias, entre elas *Pseudomonas* spp., *Bacillus* spp. e *Proteus* spp. Os lactobacilos também são capazes de produzir bacteriocinas, substâncias com atividade bactericida, como a nisina, produzida por *Lactobacillus lactis* spp. *lactis,* que impede o crescimento de Gram-positivos e a germinação de seus esporos, e é a única bacteriocina com o uso liberado em alimentos pela FDA (FRANCO; LANDGRAF, 2008).

Os fatores relacionados com o meio ambiente que afetam o crescimento (multiplicação) dos microrganismos são a temperatura, a composição gasosa e a umidade relativa.

Temperatura ambiente

A temperatura ambiental na qual o microrganismo é mantido também é fator importante para seu crescimento. Microrganismos têm temperatura ótima de crescimento, situada em uma faixa de temperatura em que o microrganismo cresce e se multiplica. No entanto, se a fermentação está ocorrendo em temperatura abaixo da faixa de crescimento, isso não necessariamente significa que ele deixará de se multiplicar, mas que o crescimento ocorrerá de forma muito lenta. Portanto, é possível retardar o crescimento do microrganismo, bem como o andamento da fermentação pelo abaixamento da temperatura. Em relação ao aumento da temperatura, acontecerá o crescimento acelerado do microrganismo, até determinado nível, quando o microrganismo morrerá. Isso significa que a temperatura elevada é muito mais nociva ao microrganismo do que a baixa. Em condições favoráveis, os microrganismos podem ser inclusive submetidos ao congelamento e, mais tarde, reativados. Em relação à temperatura de crescimento, eles são divididos nas categorias a seguir:

- Psicrófilos: crescimento ótimo entre 10-15 °C, porém toleram temperaturas entre 0-20 ºC; são encontrados em ambientes glaciais.
- Psicrotróficos: crescimento ótimo a 20 ºC, porém toleram temperaturas entre 0-30 °C; são encontrados em ambientes refrigerados.
- Mesófilos: crescimento ótimo entre 25-40 °C, porém toleram temperaturas entre 5-50 °C; são característicos do ambiente e da microbiota humana e de animais. O microrganismos utilizados em fermentações se enquadram nessa categoria.
- Termófilos: crescimento ótimo entre 45-65 ºC, porém toleram temperaturas entre 35-90 ºC; são encontrados na compostagem ou em processos térmicos, bem como em ambientes de temperatura extrema – vulcões, regiões termais e gêiser (FRANCO; LANDGRAF, 2008).

Baixar a temperatura em que determinada fermentação é conduzida pode trazer algumas vantagens e desvantagens. Se por um lado a fermentação irá ocorrer de forma mais lenta, por outro, o aumento do tempo de fermentação permitirá a síntese de metabólitos secundários, que irão enriquecer o sabor final do produto obtido. Essa constatação é especialmente válida em fermentações nas quais há diversos microrganismos em simbiose, por exemplo, no caso do SCOBY da kombucha, do pão feito por fermentação selvagem ou natural, do grão de kefir, entre outras, nas quais um microrganismo depende da produção de metabólitos de outro microrganismo.

Umidade relativa

A umidade relativa (UR) do ar do ambiente está em estreita correlação com a Aa de um alimento. Quando o alimento está em equilíbrio com o ambiente, vale a relação:

$$UR = Aa \times 100$$

Alimentos conservados em UR superior a sua Aa tendem a absorver umidade, aumentando sua Aa; um alimento conservado em UR inferior a sua Aa irá perder umidade, diminuindo a Aa. Como já mencionado, a Aa é um fator que afeta diretamente o crescimento de microrganismos (FRANCO; LANDGRAF, 2008).

Composição gasosa

A composição gasosa envolvendo um alimento pode determinar os microrganismos que irão se multiplicar neles. Em relação à presença de oxigênio, os microrganismos também são classificados em grupos de acordo com a capacidade ou não de crescimento na presença de oxigênio do ar:

- Aeróbios: crescem apenas na presença de oxigênio livre.
- Anaeróbios: crescem apenas na ausência de oxigênio livre.
- Microaeróbios: crescem sob baixa tensão de oxigênio livre.
- Anaeróbios facultativos: são anaeróbios, porém crescem em condições aeróbias (NASCIMENTO, 2012).

Fica evidente que a presença de oxigênio favorece o crescimento de microrganismos aeróbios, enquanto a ausência favorecerá a predominância dos anaeróbios, embora estes apresentem bastante variação na sensibilidade à presença de oxigênio (FRANCO; LANDGRAF, 2008).

MÉTODOS

De acordo com Damaso e Couri ([s. d.]), o processo de fermentação pode ser classificado em dois tipos: fermentação submersa (FS) e fermentação em meio semissólido ou estado sólido (FMSS ou FES). A FS ocorre em meio com presença de água livre e normalmente com substratos solúveis; um exemplo característico é a produção da kombucha.

A FMSS é definida como um processo fermentativo que ocorre na ausência ou quase ausência de água livre, e o crescimento do microrganismo e a formação de produtos ocorrem na superfície de substratos sólidos. Nesses casos, a matéria-prima funciona como um suporte do microrganismo, dos substratos, do produto e da água adicionada para umedecer o suporte. A produção de salame, queijo brie, *koji* e *tempeh* são exemplos desse tipo.

O uso da técnica de FMSS oferece vantagens distintas sobre a FS, e a facilidade de controle de contaminação microbiana proporcionada pela pouca quantidade de água no sistema é uma das maiores vantagens.

Outra classificação para os processos fermentativos se refere ao modo de operação. Os processos podem ser:

- Batelada: em determinado momento o processo é interrompido para retirada de todo o produto. A produção de kefir, vinho, picles e chucrute, dentre outras fermentações, representa exemplo desse processo, uma vez que o microrganismo é retirado do meio para, em seguida, ser adicionado novo substrato (leite).
- Batelada alimentada: uma corrente de alimentação é adicionada à fermentação, sem que efluente e células sejam removidos do sistema. Em determinado momento o processo é interrompido e todo produto, recuperado. Essa operação é recomendada para contornar/minimizar/evitar os clássicos fenômenos de inibição por substrato ou produto. A primeira fermentação da kombucha pode ser produzida por batelada alimentada, tanto na indústria quanto no âmbito doméstico. Em casa, para esse tipo de produção, é necessário utilizar um recipiente de boca larga, por meio do qual será feita a alimentação, provido de uma torneira por onde será feita a retirada da kombucha. O processo deve ser interrompido no momento em que o SCOBY tenha crescido demais e esteja limitando demais a alimentação do sistema com chá.
- Contínuo: durante todo o tempo desse modo de operação ocorre entrada de uma corrente de alimentação e saída de produto. A inexistência de intervalos improdutivos leva o processo a permanecer muito mais tempo em atividade, e, sendo maior também o volume total processado em um longo período, aumenta a produtividade do processo. Este pode ser realizado em diferentes escalas de produção, desde a bancada, passando por piloto até chegar à escala industrial, com volumes de trabalho que variam muito entre uma e outra escala. Os equipamentos utilizados podem ser desde pequenos frascos cônicos com poucos mililitros de capacidade até biorreatores de hectolitros (DAMASO; COURI, [s. d.]).

REFERÊNCIAS BIBLIOGRÁFICAS

ALBERTS, Bruce; JOHNSON, Alexander; LEWIS, Julian; ROBERTS, Keith; RAFF, Martin; WALTER, Peter. *Molecular biology of the cell*. New York: Garland Science, 2008.

AMARASINGHE, Hashani; WEERAKKODY, Nimsha S.; WAISUNDARA, Viduranga Y. Evaluation of physicochemical properties and antioxidant activities of kombucha "Tea Fungus" during extended periods of fermentation. *Food Science and Nutrition*, v. 6, p. 659-665, 2018. Disponível em: https://onlinelibrary.wiley.com/doi/epdf/10.1002/fsn3.605. Acesso em: 31 jul. 2022.

BADOTTI, Fernanda; BELLOCH, Carmela; ROSA, Carlos A.; BARRIO, Eladio; QUEROL, Amparo. Physiological and molecular characterisation of *Saccharomyces cerevisiae* cachaça strains isolated from different geographic regions in Brazil. *World Journal of Microbiology and Biotechnology*, v. 26,

n. 4, p. 579-587, 2010. Disponível em: https://www.researchgate.net/publication/226553189_Physiological_and_molecular_characterisation_of_Saccharomyces_cerevisiae_cachaca_strains_isolated_from_different_geographic_regions_in_Brazil. Acesso em: 31 jul. 2022.

BUENO, Dante J.; CASALE, César H.; PIZZOLITTO, Romina P.; SALVANO, Mario A.; OLIVER, Guillermo. Physical adsorption of aflatoxin B1 by lactic acid bacteria and *Saccharomyces cerevisiae*: a theoretical model. *Journal of Food Protection*, v. 70, n. 9, p. 2148-2154, 2007. Disponível em: https://meridian.allenpress.com/jfp/article/70/9/2148/171591/Physical-Adsorption-of-Aflatoxin-B1-by--Lactic-Acid. Acesso em: 31 jul. 2022.

CHAVES-LÓPEZ, Clemencia; SERIO, Annalisa; GRANDE-TOVAR, Carlos David; CUERVO-MULET, Raul; DELGADO-OSPINA, Johannes; PAPARELLA, Antonello. Traditional fermented foods and beverages from a microbiological and nutritional perspective: the Colombian heritage. *Comprehensive Review in Food Science and Food Safety*, v. 13, n. 5, p. 1031-1048, 2014. Disponível em: https://onlinelibrary.wiley.com/doi/full/10.1111/1541-4337.12098. Acesso em: 31 jul. 2022.

DAMASO, Mônica Caramez Triches; COURI, Sonia. Árvore do conhecimento (tecnologia de alimentos): fermentação. Ageitec – Agência Embrapa de Informação Tecnológica. S. d. Disponível em: https://www.embrapa.br/agencia-de-informacao-tecnologica/tematicas/tecnologia-de-alimentos/processos/tipos-de-processos/fermentacao. Acesso em: 26 out. 2022.

DE ROOS, Jonas; DE VUYST, Luc. Acetic acid bacteria in fermented foods and beverages. *Current Opinion in Biotechnology*, v. 49, p. 115-119, 2018. Disponível em: https://www.sciencedirect.com/science/article/abs/pii/S0958166917300873?via%3Dihub. Acesso em: 20 nov. 2020.

DUNN, Stephen R.; SIMENHOFF, Michael L.; AHMED, Kamal E.; GAUGHAN, William J.; ELTAYEB, Babikar O.; FITZPATRICK, Mary-Ellen D.; EMERY, Susan M.; AYRES, James W.; HOLT, Kris E. Effect of oral administration of freeze-dried *Lactobacillus acidophilus* on small bowel bacterial overgrowth in patients with end stage kidney disease: reducing uremic toxins and improving nutrition. *International Dairy Journal*, v. 8, n. 5-6, p. 545-553, 1998. Disponível em: https://www.sciencedirect.com/science/article/abs/pii/S0958694698000818. Acesso em: 10 nov. 2020.

EFSA Panel on Biological Hazards (BIOHAZ). Scientific opinion on risk-based control of biogenic amine formation in fermented foods, *Efsa Journal*, v. 9, n. 10, p. 2393-24 2011. Disponível em: https://efsa.onlinelibrary.wiley.com/doi/abs/10.2903/j.efsa.2011.2393. Acesso em: 31 jul. 2022.

EZZAT, Mohamad A.; ZARE, Davoud; KARIM, Roselina; GHAZALI, Hasanah M. Trans- and cis-urocanic acid, biogenic amine and aminoacid contents in *ikan pekasam* (fermented fish) produced from Javanese carp (*Puntius gonionotus*) and black tilapia (*Oreochromis mossambicus*). *Food Chemistry*, v. 172, n. 8, p. 893-899, 2015. Disponível em: https://www.sciencedirect.com/science/article/abs/pii/S0308814614015477#!. Acesso em: 10 nov. 2020.

FOOD AND DRUG ADMINISTRATION (FDA). Public Health Service, US Department of Health And Human Services. Food and Drug Administration recommends against the continued use of propoxyphene, *Journal of Pain and Palliative Care Pharmacotherapy*, v. 25, n. 1, p. 80-82, 2011. Disponível em: https://www.tandfonline.com/doi/abs/10.3109/15360288.2010.549553. Acesso em: 31 jul. 2022.

FOOD SAFETY AND STANDARDS (CONTAMINANTS, TOXINS AND RESIDUES) REGULATIONS, 2011. Disponível em: https://www.fssai.gov.in/upload/uploadfiles/files/Compendium_Contaminants_Regulations_20_08_2020.pdf. Acesso em: 31 jul. 2022.

FRANCO, Bernadette D. G. M; LANDGRAF, Mariza. *Microbiologia dos alimentos*. São Paulo: Atheneu, 2008.

FRIQUES, Andreia G. F.; ARPINI, Clarisse M.; KALIL, Ieda C.; GAVA, Agata L.; LEAL, Marcos A.; PORTO, Marcella L.; NOGUEIRA, Breno V.; DIAS, Ananda T.; ANDRADE, Tadeu U.; PEREIRA, Thiago Melo C.; MEYRELLES, Silvana S.; CAMPAGNARO, Bianca P.; VASQUEZ, Elisardo C. Chronic administration of the probiotic kefir improves the endothelial function in spontaneously hypertensive rats. *Journal of Translational Medicine*, v. 13, p. 390, 2015. Disponível em: https://www.researchgate.net/publication/288856241_Chronic_administration_of_the_probiotic_kefir_improves_the_endothelial_function_in_spontaneously_hypertensive_rats. Acesso em: 31 jul. 2022.

GANGULY, Subha. Application of fermentation in food processing including its industrial aspects. *International Journal of Processing and Post Harvest Technology*, v. 4, n. 2, p. 138-139, 2013. Disponível em: https://www.cabdirect.org/cabdirect/abstract/20153009055. Acesso em: 20 nov. 2020.

GORMLEY, J.; LITTLE, C. L.; GRANT, Kathie; de PINNA, E.; McLAUCHLIN, J. The microbiological safety of ready-to-eat specialty meats from markets and specialty food shops: a UK wide study with a focus on Salmonella and Listeria monocytogenes. *Food Microbiology*, v. 27, n. 2, p. 243-249, 2010. Disponível em: https://www.semanticscholar.org/paper/The-microbiological-safety-of-ready-to-eat-meats-a-Gormley-Little/e022b31dec18a4e9d10236adc7987c1c7ce2b195. Acesso em: 31 jul. 2022.

GREENWALT, C. J.; STEINKRAUS, K. H.; LEDFORD, R. A. Kombucha, the fermented tea: microbiology, composition, and claimed health effects. *Journal of Food Protection*, v. 63, n. 7, p. 976-981, 2000. Disponível em: https://meridian.allenpress.com/jfp/article/63/7/976/168061/Kombucha-the-Fermented-Tea-Microbiology. Acesso em: 31 jul. 2022.

HAN, Bei-Zhong; BEUMER, Rijkelt R.; ROMBOUTS, Frans M.; NOUT, M. J. Robert. Microbiological safety and quality of commercial sufu: a Chinese fermented soybean food. *Food Control*, v. 12, n. 8, p. 541-547, 2001. Disponível em: https://www.sciencedirect.com/science/article/abs/pii/S0956713501000640#!. Acesso em: 31 jul. 2022.

HERNANDEZ-MENDOZA, Adrián; GARCIA, Hugo S.; STEELE, James L. Screening of *Lactobacillus casei* strains for their ability to bind aflatoxin B1. *Food and Chemical Toxicology*, v. 47, n. 6, p. 1064-1068, 2009. Disponível em: https://www.sciencedirect.com/science/article/abs/pii/S0278691509000532#!. Acesso em: 31 jul. 2022.

HOBBS, Betty C.; ROBERTS, Diane. Toxinfecções e controle higiênico-sanitário de alimentos. São Paulo: Livraria Varela, 1998.

INATSU, Y.; BARI, M. L.; KAWASAKI, S.; ISSHIKI, K. Survival of *Escherichia coli* O157:H7, *Salmonella enteritidis*, *Staphylococcus aureus*, and *Listeria monocytogenes* in kimchi. *Journal of Food Protection*, v. 67, n. 7, p. 1497-1500, 2004. Disponível em: https://meridian.allenpress.com/jfp/article/67/7/1497/171165/Survival-of-Escherichia-coli-O157-H7-Salmonella. Acesso em: 31 jul. 2022.

JUNG, Ji Young; LEE, Seung Hyeon; LEE, Se Hee; JEON, Che Ok. Complete genome sequence of *Leuconostoc mesenteroides* subsp. *mesenteroides* strain J18, isolated from kimchi. *Journal of Bacteriology*, v. 194, n. 3, p. 730-731, 2012. Disponível em: https://jb.asm.org/content/jb/194/3/730.full.pdf. Acesso em: 31 jul. 2022.

KATZ, Sandor Ellix. *The art of fermentation:* an in-depth exploration of essential concepts and processes from around the world. White River Junction: Chelsea Green Publishing, 2012.

KATZ, Sandor Ellix. *Wild fermentation*: the flavor, nutrition and craft of live-culture foods. White River Junction (VT): Chelsea Green Publishing, 2016.

KIM, Yong-Suk; ZHENG, Zian-Bin; SHIN, Dong-Hwa. Growth inhibitory effects of kimchi (Korean traditional fermented vegetable product) against *Bacillus cereus*, *Listeria monocytogenes* and *Staphylococcus aureus*. *Journal of Food Protection*, v. 71, n. 2, p. 325-332, 2008. Disponível em: https://meridian.allenpress.com/jfp/article/71/2/325/172775/Growth-Inhibitory-Effects-of-Kimchi-Korean. Acesso em: 31 jul. 2022.

KLEIN, Daniela. How to raise the pH of your kombucha. 2017. Disponível em: http://kombuchahome.com/raise-ph-kombucha/. Acesso em: 31 jul. 2022.

LEE, Jin Young; JANG, Yu-Sin; LEE, Joungmin; PAPOUTSAKIS, Eleftherios T.; LEE, Sang Yup. Metabolic engineering of *Clostridium acetobutylicum* M5 for highly selective butanol production. *Biotechnology Journal*, v. 4, n. 10, p. 1432-1440, 2009. Disponível em: https://onlinelibrary.wiley.com/doi/abs/10.1002/biot.200900142. Acesso em: 31 jul. 2022.

MAGALHÃES, Karina Teixeira; PEREIRA, Gilberto Vinícius de Melo; CAMPOS, Cássia Roberta; DRAGONE, Giuliano; SCHWAN, Rosane Freitas. Brazilian kefir: structure, microbial communities and chemical composition. *Brazilian Journal of Microbiology*, v. 42, n. 2, p. 693-702, 2011. Disponível em: https://www.scielo.br/scielo.php?pid=S1517-83822011000200034&script=sci_arttext. Acesso em: 31 jul. 2022.

MARSH, Alan J.; O'SULLIVAN, Orla; HILL, Colin; ROSS, R. Paul; COTTER, Paul D. Sequencing-based analysis of the bacterial and fungal composition of kefir grains and milks from multiple sources. PLoS ONE, v. 8, n. 7, p. e69371, 2013. Disponível em: https://doi.org/10.1371/journal.pone.0069371. Acesso em: 31 jul. 2022.

NASCIMENTO, José Soares. Biologia de microrganismos. Unidade 1: Introdução à microbiologia. 2012. Disponível em: http://portal.virtual.ufpb.br/biologia/novo_site/Biblioteca/Livro_4/6-Biologia_de_Microrganismos.pdf. Acesso em: 31 jul. 2022.

NOUT, M. J. R.; ROMBOUTS, F. M.; HAUTVAST, J. G. A.J. Accelerated natural lactic fermentation of infant food formulations. Food and Nutrition Bulletin, v. 11, n. 1, 1989. Disponível em: https://journals.sagepub.com/doi/pdf/10.1177/156482658901100102. Acesso em: 31 jul. 2022.

O'BRIEN, Martina; HUNT, Karen; McSWEENEY, Sara, JORDAN, Kieran. Occurrence of foodborne pathogens in Irish farmhouse cheese. Food Microbiology, v. 26, n. 8, p. 910-914, 2009. Disponível em: https://www.sciencedirect.com/science/article/abs/pii/S0740002009001592. Acesso em: 31 jul. 2022.

PARK, Kun-Young; JUNG, Keun-Ok; RHEE, Sook-Hee; CHOI, Yung Hyun. Antimutagenic effects of doenjang (Korean fermented soy paste) and its active compounds. Mutation Research/Fundamental and Molecular Mechanisms of Mutagenesis, v. 523, n. 1, p. 43-53, 2003. Disponível em: https://www.sciencedirect.com/science/article/abs/pii/S0027510702003202. Acesso em: 31 jul. 2022.

PERES, C. M.; PERES, C.; MALCATA, F. Xavier. Chapter 22 – Role of natural fermented olives in health and disease. Fermented Foods in Health Disease Prevention, p. 517-542, 2017. Disponível em: https://www.sciencedirect.com/science/article/pii/B9780128023099000224#!. Acesso em: 31 jul. 2022.

POUTANEN, Kaisa; FLANDER, Laura; KATINA, Kati. Sourdough and cereal fermentation in a nutritional perspective. Food Microbiology, v. 26, n. 7, p. 693-699, 2009. Disponível em: https://www.sciencedirect.com/science/article/abs/pii/S0740002009001749. Acesso em: 31 jul. 2022.

REDZEPI, René; ZILBER, David. The Noma Guide to Fermentation. 1ª ed. New York: Artisan, 2018.

SARKADY, Livia S. Biogenic amines. In: STADLER, Richard H.; LINEBACK, David R. Process-induced food toxicants: occurrence, formation, mitigation and health risks. 2008. p. 321-361. Disponível em: https://onlinelibrary.wiley.com/doi/book/10.1002/9780470430101#page=16. Acesso em: 31 jul. 2022.

SCHMIDT, Thomas M. (ed). Encyclopedia of microbiology. 4. ed. [S. l.]: Academic Press, 2019.

SEMJONOVS, Pavels; RUKLISHA, Maija; PAEGLE, Longina; SAKA, Madara; TREIMANE, Rita; SKUTE, Marite; ROZENBERGA, Linda; VIKELE, Laura; SABOVICS, Martins; CLEENWERCK, Ilse. Cellulose synthesis by Komagataeibacter rhaeticus strain P1463 isolated from kombucha. Applied Microbiology and Biotechnology, v. 101, n. 3, p. 1003-1012, 2017. Disponível em: https://link.springer.com/article/10.1007%2Fs00253-016-7761-8. Acesso em: 31 jul. 2022.

SHADE, Ashley. The kombucha biofilm: a model system for microbial ecology. 2011. Disponível em: https://research.kombuchabrewers.org/wp-content/uploads/kk-research-files/the-kombucha-biofilm-a-model-system-for-microbial-ecology.pdf. Acesso em: 27 out. 2022.

SHUKLA, S.; KIM, D. H.; CHUNG, S. H.; KIM, M. Chapter 28 – Occurrence of aflatoxins in fermented food products. Fermented Foods in Health and Disease Prevention, p. 653-674, 2017. Disponível em: https://www.sciencedirect.com/science/article/pii/B9780128023099000285#!. Acesso em: 31 jul. 2022.

STEINKRAUS, K.eith H. (ed.) Handbook of indigenous fermented foods. 2. ed. New York: Marcel Dekker, 1996.

ST-PIERRE, Danielle L. Microbial diversity of the symbiotic colony of bacteria and yeast (SCOBY) and its impact on the organoleptic properties of Kombucha. 2019. Electronic Theses and Dissertations. 3063. Disponível em: https://digitalcommons.library.umaine.edu/etd/3063. Acesso em: 31 jul. 2022.

TEOH, Ai Leng; HEARD, Gillian; COX, Julian. Yeast ecology of kombucha fermentation. *International Journal of Food Microbiology*, v. 95, n. 2, p. 119-126, 2004. Disponível em: https://www.sciencedirect.com/science/article/abs/pii/S0168160504001072. Acesso em: 31 jul. 2022.

VILLARREAL-SOTO, Silvia A.; BEAUFORT, Sandra; BOUAJILA, Jalloul; SOUCHARD, Jean-Pierre; TAILLANDIER, Patricia. Understanding kombucha tea fermentation: a review. *Journal of Food Science*, v. 83, n. 3, p. 580-588, 2018. Disponível em: https://onlinelibrary.wiley.com/doi/pdf/10.1111/1750-3841.14068. Acesso em: 31 jul. 2022.

VOGEL, Rudi F.; HAMMES, Walter P.; HABERMEYER, Michael; ENGEL, Karl-Heinz; KNORR, Dietrich; EISENBRAND, Gerhard. Microbial food cultures: opinion of the Senate Commission on Food Safety (SKLM) of the German Research Foundation (DFG). *Molecular Nutrition and Food Research*, v. 55, n. 4, p. 654-662, 2011. Disponível em: https://onlinelibrary.wiley.com/doi/abs/10.1002/mnfr.201100010. Acesso em: 31 jul. 2022.

WACHER-RODARTE, Carmen; GALVAN, Marcia V.; FARRES, Amelia; GALLARDO, Francisco; MARSHALL, Valerie M. E.; GARCIA-GARIBAY, Mariano. Yogurt production from reconstituted skim milk powders using different polymer and non-polymer forming starter cultures. *Journal of Dairy Research*, v. 60, n. 2, p. 247-254, 1993. Disponível em: https://www.cambridge.org/core/journals/journal-of-dairy-research/article/abs/yogurt-production-from-reconstituted-skim-milk-powders-using-different-polymer-and-nonpolymer-forming-starter-cultures/F9EAEA23783590B-C8A23BB365993A556. Acesso em: 31 jul. 2022.

WAGNER, R. Doug; PIERSON, Carey; WARNER, Thomas; DOHNALEK, Margaret; HILTY, Milo; BALISH, Edward. Probiotic effects of feeding heat-killed *Lactobacillus acidophilus* and *Lactobacillus casei* to *Candida albicans*-colonized immunodeficient mice, *Journal of Food Protection*, v. 63, n. 5, p. 638-644, 2000. Disponível em: https://meridian.allenpress.com/jfp/article/63/5/638/169787/Probiotic-Effects-of-Feeding-Heat-Killed. Acesso em: 31 jul. 2022.

4

Cuidados e equipamentos na preparação de alimentos fermentados

Ingrid Schmidt-Hebbel Martens

INTRODUÇÃO

Alimentos fermentados não são os mais frequentemente relacionados a surtos de doenças transmitidas por alimentos (DTA), embora a possibilidade de ocorrer não esteja totalmente excluída; portanto, ao prepará-los, é importante seguir as regras básicas de manipulação de qualquer alimento. Os equipamentos e utensílios utilizados também têm importância na obtenção de resultado adequado, merecendo alguns cuidados básicos antes de serem utilizados.

O preparo de qualquer tipo de alimento pressupõe sempre uma boa higiene alimentar, e compreende aspectos relacionados com o próprio alimento, o manipulador, os utensílios e equipamentos utilizados no preparo e o ambiente. Esses aspectos se aplicam à indústria alimentícia, bem como ao âmbito doméstico.

Este capítulo tem como objetivo conscientizar o leitor sobre os cuidados higiênico-sanitários para garantir o bom andamento da fermentação, com o intuito de evitar a contaminação cruzada. Também serão abordados os equipamentos adequados e aqueles que deverão ser evitados para a obtenção de resultados adequados para a fermentação.

PASTEURIZAÇÃO E ESTERILIZAÇÃO

Em relação ao alimento a ser fermentado, independentemente de ser de origem animal ou vegetal, deverá ser de boa qualidade e procedência. De acordo com a Secretaria de Vigilância em Saúde do Ministério da Saúde (BRASIL, 2018), no período de 2000 a 2017, 36,4% das DTA notificadas ocorreram nas residências dos infectados/intoxicados, e os agentes mais frequentes foram *Salmonella, Escherichia coli* e *Staphylococcus aureus*.

O emprego de temperaturas elevadas na conservação de alimentos baseia--se no efeito deletério do calor sobre os microrganismos, uma vez que provocam a desnaturação de proteínas, bem como a inativação de enzimas do metabolismo microbiano. O tratamento térmico necessário para destruir os microrganismos e/ou seus esporos depende da forma em que o microrganismo se encontra (vegetativa ou esporulada) e do ambiente durante o tratamento (FRANCO; LANDGRAF, 2008; BROWN, 2011).

Em relação aos tratamentos térmicos adotados para alimentos, podem ser divididos em duas categorias: pasteurização e esterilização.

A pasteurização tem como finalidade a destruição de todos os microrganismos patogênicos (causadores de doenças), bem como a destruição ou redução do número de microrganismos deteriorantes. A pasteurização do leite é um exemplo da destruição de microrganismos patogênicos, enquanto a pasteurização do vinagre é exemplo da eliminação daqueles deteriorantes (MURANO, 2003; FRANCO; LANDGRAF, 2008; BROWN, 2011; CHEN; ROSENTHAL, 2015).

Basicamente, utiliza-se o processo de pasteurização em alimentos ácidos ou muito ácidos, os quais apresentam pH abaixo de 4,5 e são conservados sob refrigeração ou congelamento, bem como naqueles que serão concentrados e desidratados. Dessa forma, com o tratamento duplo, não haverá condições de multiplicação das formas microbianas que resistirem à pasteurização (FRANCO; LANDGRAF, 2008; BROWN, 2011; CHEN; ROSENTHAL, 2015).

A pasteurização do leite especificamente pode ocorrer sob diferentes condições de tempo/temperatura, e os binômios tempo/temperatura utilizados nesse processo são suficientes para destruir os microrganismos patogênicos, incluindo *Mycobacterium tuberculosis* (causador da tuberculose) e *Coxiella burnetti*, ambos com elevada resistência térmica, além de todas as leveduras, bolores, bactérias Gram-negativas e muitas Gram-positivas. Após a pasteurização é provável a presença microrganismos termófilos, aqueles que se multiplicam em temperaturas na faixa de 50 e 68 °C, como *Bacillus* spp, *Clostridium* spp, *Streptococcus thermophilus*, *Lactobacillus delbrueckii* (subsp. *bulgaricus* e subsp. *delbrueckii*) e *Enterococcus durans/E. faecium* e termodúricos, resistentes a altas temperaturas, porém sem se multiplicar, como é o caso dos gêneros *Lactobacillus* e *Streptococcus* (FRANCO; LANDGRAF, 2008; BROWN, 2011).

A esterilização representa a destruição de todas as células viáveis. Em alimentos utiliza-se o termo "esterilização comercial", indicando que não é possível detectar qualquer microrganismo viável pelos métodos usuais, ou o número de sobreviventes é tão baixo que se torna insignificante. Esse método é chamado de ultrapasteurização em países de língua inglesa (CHEN; ROSENTHAL, 2015). Murano (2003) menciona que o termo "esterilização comercial" se refere ao grau de esterilização no qual todos os microrganismos patogênicos e produtores de toxina, bem como aqueles deteriorantes, foram destruídos. Isso significa que o alimento ainda pode conter esporos bacterianos termorresistentes incapazes de se multiplicar ali. No entanto, ao serem colocados em condições adequadas fora dos alimentos, estes poderão se tornar viáveis. A maioria dos alimentos submetidos à esterilização comercial tem prazo de validade de dois anos ou mais. Ainda de acordo com o mesmo autor, a esterilização de alimentos se refere à destruição total de microrganismos, o que requer calor úmido à temperatura de 121 °C durante 15 minutos ou seu equivalente. Vale lembrar que todo o alimento deve atingir e manter a temperatura de 121 °C pela totalidade do tempo de tratamento térmico, o que em alguns não é fácil de atingir devido à baixa transferência de calor. No entanto, os alimentos não precisam ser submetidos a esterilização total para que sejam adequados ao consumo humano, basta a ocorrência de esterilização comercial.

O Quadro 1 mostra as temperaturas e os tempos de pasteurização/esterilização utilizados no leite.

- **QUADRO 1** Temperaturas de pasteurização/esterilização do leite

Temperatura (°C)	Tempo	Tipo de tratamento	Refrigeração
63	30 minutos	Pasteurização (LTLT)	Sim
72	15 segundos	Pasteurização (HTST)	Sim
140 a 150	2 a 6 segundos	Esterilização(UHT)	Após a abertura da embalagem

HTST: *high temperature, short time*; LTLT: *low temperature, longer time*; UHT: *ultra-high temperature*.
Fonte: adaptado de Franco e Landgraf, 2008; Brown, 2011.

ACIDIFICAÇÃO

Murano (2003) observa que a acidificação dos alimentos, quer seja por fermentação ou adição de ácidos, baseia-se no abaixamento de seu pH. No entanto, a acidificação necessária para eliminar microrganismos do alimento os tornaria impalatáveis, motivo pelo qual normalmente se utiliza a acidificação, o tratamento térmico (quando possível) e a refrigeração para esses alimentos. Os naturalmente ácidos, com pH ≤ 4,5, como algumas frutas e vegetais, apresentam pH baixo por conta da presença de ácido cítrico, málico ou tartárico. Já na fermentação, o ácido lático e outros são produzidos durante o processo a partir de açúcares pelos microrganismos responsáveis pela fermentação.

Alimentos ácidos não precisam de tratamento térmico tão severo para atingir a esterilização comercial, uma vez que a presença de ácido representa um estresse ambiental para os microrganismos e esporos presentes, que se tornam mais termolábeis, devido à maior facilidade para desnaturação de proteínas e o efeito do ácido sobre a membrana celular. Bactérias formadoras de esporos geralmente não têm capacidade de crescer em alimentos com pH igual ou abaixo de 4,5.

Sendo assim, alimentos fermentados apresentam prazo de validade maior do que o alimento original, como acontece com o iogurte em relação ao leite, ou o chucrute em relação ao repolho. Por essa razão, os seres humanos produziram alimentos fermentados ao longo da história, embora no início fosse um processo totalmente empírico.

CONTAMINAÇÃO CRUZADA

Entende-se por contaminação cruzada aquela oriunda da matéria-prima, nesse caso, alimentos a serem fermentados, utensílios e equipamentos utilizados durante o preparo, o próprio ambiente em que o alimento é manipulado, bem como as mãos do manipulador.

Um dos fatores mais importantes na contaminação de alimentos de modo geral são as mãos de quem os manipula (OLIVEIRA, 2010). Por outro lado, Sirtoli e Camarella (2018) alertam para o fato de que a preparação com antecedência ou em quantidades excessivas, exposição prolongada à temperatura ambiente e descongelamento inadequado influenciam na proliferação dos agentes, enquanto aquecimento, cocção ou reaquecimento insuficientes favorecem a sobrevivência dos microrganismos patogênicos (aqueles que provocam DTA).

Os principais locais de ocorrência de surtos, em ordem de importância, são as residências, seguidas de restaurantes, instituições de ensino, refeitórios, festas, unidades de saúde e comércios ambulantes (FERRAZ *et al.*, 2015). Nunes *et al.* (2017) complementam que a maioria desses eventos ocorre em domicílios em decorrência de falhas higiênicas na manipulação e contaminação cruzada por meio de utensílios ou ambientes contaminados.

Ao longo da cadeia produtiva dos alimentos fermentados, pode ocorrer contaminação cruzada oriunda de matéria-prima, equipamentos e utensílios, bactérias com efeito negativo sobre o alimento, como os coliformes termotolerantes, que são indicadores de deficiência no controle da qualidade sanitária, contaminação fecal e provável presença de patógenos entéricos (SOUZA *et al.*, 2016). Essas considerações se aplicam ao ambiente industrial, mas também ao doméstico, para quem produz seu próprio alimento fermentado em pequena ou média escala.

A contaminação cruzada de superfícies de trabalho e utensílios é uma das causas mais comuns de doenças relacionadas com *E. coli*. A lavagem adequada e completa de vegetais em água fria pode reduzir muito as populações do patógeno, caso estejam presentes. Para produtos como *garum* bovino, concentrações de sal de 10%, ou mais, matam os microrganismos. Além disso, a temperatura elevada em que é feita a fermentação do *garum* oferece um nível adicional de proteção (REDZEPI; ZILVER, 2018).

Mitakakis *et al.* (2004) e Green *et al.* (2005), em estudo feito na Austrália e nos EUA, respectivamente, chegaram à conclusão de que a maioria da população associa a ocorrência de DTA ao consumo de alimentos fora dos domicílios, embora as evidências epidemiológicas sugiram que muitos casos estão associados a falhas no processamento domiciliar deles.

Katz (2012) utiliza o termo "contaminação cruzada" em um contexto diferente, referindo-se a ela como a possibilidade de contaminação entre as diversas culturas de quem fermenta diversos alimentos. Ou seja, se em um mesmo ambiente são fermentados alimentos diferentes, por microrganismos diversos, haveria possibilidade de uma fermentação contaminar a outra. No entanto, o autor, que tem longa experiência com fermentações diversas, manifesta que essa possibilidade não é algo preocupante. Segundo ele, não se pode garantir que a contaminação cruzada entre culturas não aconteça, mas não é uma ocorrência provável, e ele incentiva os entusiastas da fermentação a fermentar o quanto quiserem sem se preocupar com a contaminação cruzada. No entanto, há algumas precauções a serem tomadas, comuns à manipulação de alimentos em geral, a fim de manter a probabilidade de uma fermentação contaminar a outra em níveis baixos, de acordo com o item anterior.

Os alimentos fermentados podem ser produzidos a partir de grande variedade de alimentos, incluindo os de origem vegetal e animal. Para a maioria dos alimentos fermentados, os processos envolvidos em sua produção são inibitórios para muitos microrganismos, principalmente porque a fermentação pode reduzir o pH para menos de 4 por meio da conversão de carboidratos em ácido lático. No entanto, em alguns casos, os patógenos podem sobreviver no ambiente ideal para culturas de fermentação e apresentar riscos significativos à higiene alimentar. As culturas patogênicas potencialmente existentes em alimentos fermentados incluem (XIANG et al., 2019):

- *Listeria monocytogenes*: pode proliferar em temperaturas de refrigeração e crescer em concentrações relativamente altas de NaCl).

- *Escherichia coli*: pode ocorrer em alimentos fermentados não pasteurizados e ser eliminada por aquecimento em temperatura acima de 60 °C e com a redução da atividade da água (Aa).
- *Clostridium spp.*: tem temperatura ótima de crescimento de 60-75 °C e produz esporos resistentes ao aquecimento e às hidrolases.
- *Salmonella* spp.: pode residir no trato intestinal humano, embora quase todas as espécies de salmonela sejam mortas em condições normais de cozimento.
- *Staphylococcus* spp.: ocorre na pele e nas membranas mucosas dos seres humanos.

A contaminação por micotoxinas (toxinas produzidas por bolores) representa um importante problema de higiene alimentar para alimentos fermentados. Em particular, a fermentação indígena (que envolve processos ancestrais e condições de trabalho nem sempre adequadas), ou fermentação espontânea nas regiões tropicais e subtropicais (que oferecem condições ideais para o crescimento de fungos patogênicos ou bolores), representam maior risco de contaminação por patógenos de origem alimentar e micotoxinas associadas, incluindo aflatoxinas. As aflatoxinas, um grupo de metabólitos tóxicos produzidos por algumas espécies de bolores do gênero *Aspergillus* (entre elas, *Aspergillus flavus, A. parasiticus e A. nomius*), podem causar danos graves aos seres humanos. Portanto, os principais desafios do processo de fermentação estão associados à previsibilidade da contaminação causada por microrganismos indesejáveis ou mesmo tóxicos em alimentos fermentados. A grande escala e a alta diversidade dos processos de fermentação comercial tornam os desafios maiores, devido à dificuldade de monitorar precisamente as vias metabólicas complexas e interdependentes/interativas, bem como o equilíbrio entre a síntese de substâncias-alvo e a fisiologia celular inata. Para a prática milenar de fermentação espontânea, a fermentação descontrolada causada pelo desenvolvimento da microflora epifítica (microrganismos com capacidade de viver e se multiplicar continuamente na superfície de seu hospedeiro) é possível, o que causa propriedades organolépticas indesejáveis ou mesmo consequências microbiológicas/toxicológicas prejudiciais. Por conseguinte, é crucial conhecer as propriedades fisiológicas e metabólicas dos microrganismos desejáveis antes de seu uso (CHAVES-LÓPEZ *et al.*, 2014). A presença potencial de nematoides e outras espécies de vermes (p. ex., larvas e trematódeos Anisakis L3) em frutos do mar crus utilizados para fermentação merece atenção especial, uma vez que alimentos marinhos fermentados são produzidos sem processamento térmico. Portanto, esses parasitas são perigosos para a segurança alimentar desses produtos fermentados. A salga (em salmoura com concentração de sal igual ou acima de 15% NaCl durante sete dias) sozinha ou em combinação com o congelamento (p. ex., a −20 °C por 48 horas ou a −40 °C por 24 horas) ou irradiação pode inativar parasitas de forma eficaz (OH *et al.*, 2014).

A descrição das principais bactérias e bolores presentes em alimentos fermentados é apresentada a seguir.

Bactérias

Clostridium botulinum

De acordo com Franco e Landgraf (2008) e Aldsworth *et al.* (2015), o *Clostridium botulinum* (*C. botulinum*) é uma bactéria (bacilo) Gram-positiva, formadora de esporos. Anaeróbia estrita, ou seja, ela se reproduz sob condições de ausência de oxigênio, sendo capaz de produzir toxinas quando em circunstâncias adequadas. As toxinas, descritas como A, B, C_1, C_2, D, E, F e G, têm natureza proteica. As A, B, E e F causam botulismo no homem, enquanto as C e D são patogênicas para animais, embora os tipos A, B e E também possam estar envolvidos. O tipo G ainda é pouco conhecido, e até o momento não houve relato de associação com quadros clínicos.

Barbosa (2019) informa que o botulismo representa uma doença de extrema gravidade e de evolução aguda, provocando distúrbios digestivos e neurológicos paralisantes dos músculos ao evitar que os nervos liberem um mensageiro químico (neurotransmissor) chamado acetilcolina, o qual interage com receptores nos músculos e estimula sua contração.

Santiago (1972) relatou a primeira epidemia de botulismo do Brasil, ocorrida no Estado do Rio Grande do Sul em 1958, em que nove pessoas morreram após o consumo de conserva caseira de peixe. Por sua vez, Serrano (1987) descreveu um surto de botulismo de origem alimentar, em que duas pessoas foram acometidas, das quais uma morreu, ocorrido no Estado do Rio de Janeiro em 1982. Neste caso, o alimento causador do surto foi patê de galinha, mantido em condições inadequadas de refrigeração. Os autores Gelli *et al.* (2002) descreveram um surto de botulismo tipo A no Estado de Minas Gerais em 1987, com sete vítimas de uma mesma família, após a ingestão de carne suína conservada sob a forma de enlatado caseiro. Onze meses após o surto mencionado, ocorreu um novo caso, e este passou a ser considerado a segunda epidemia de botulismo ocorrida no Brasil.

Os esporos do *C. botulinum* são as formas mais resistentes entre os agentes bacterianos, podendo sobreviver por mais de 30 anos em meio líquido e provavelmente mais tempo ainda em estado seco, conforme mencionam Radostits *et al.* (2002). Os esporos são capazes de tolerar temperaturas de 100 °C por horas, e, para destruição destes, os alimentos contaminados devem ser aquecidos a 120 °C durante 30 minutos. Por outro lado, os esporos do tipo E podem germinar em temperaturas inferiores a 3 °C, sendo frequentemente associados com frutos do mar refrigerados (KETCHAM; GOMEZ, 2003). É importante salientar que a germinação dos esporos nos alimentos se dá sob condições anaeróbias, ou seja, em alimentos embalados ou lacrados, com pH acima de 4,5 e Aa elevada. Dessa forma, as células vegetativas produzem a toxina dentro do recipiente durante o armazenamento, conforme Scarcelli e Piatti (2002).

De acordo com Pinillos *et al.* (2003) e Franco e Landgraf (2008), as toxinas de *C. botulinum* são termolábeis, perdendo sua atividade quando expostas à temperatura de 80° C durante 30 minutos ou a 100 °C por 5 minutos, à luz solar por 1 a 3 horas, à temperatura ambiente por 12 horas, ou à água clorada por 20 minutos (destruição de 84%). Os esporos e as células vegetativas são bastante resistentes ao calor, havendo necessidade de tratamento térmico severo para sua destruição. A eliminação das células vegetativas e dos esporos de *C. botulinum* impede que o alimento cause botulismo, o que é alcançado com tratamento térmico severo. A resistência térmica dos esporos dependerá de fatores como o pH, Aa, composição do alimento, entre outros.

A contaminação dos alimentos com *C. botulinum* ocorre por meio de fezes de animais, contato com o solo contaminado e até pela própria água utilizada para sua higienização ou preparo (GERMANO, 2015; BRASIL, 2005; BRASIL, 2006), e os reservatórios naturais são os mamíferos, as aves e os peixes. De acordo com Hobbs e Roberts (1998) e Brasil (2006), estão envolvidos na cadeia de transmissão o solo e as águas, principalmente as estagnadas.

Eduardo *et al.* (2002) e Frean *et al.* (2002) informam que o *C. botulinum* é encontrado com frequência no solo, em legumes, verduras, frutas, sedimentos aquáticos e fezes humanas. O bacilo também aparece como habitante natural do trato intestinal de equinos, bovinos e aves, no qual se multiplica e é excretado em grandes quantidades nas fezes por mais de 8 semanas após a infecção.

Para que o alimento não seja causador de botulismo, é necessário impedir a formação da neurotoxina, o que na prática significa a necessidade de se impedir a germinação dos esporos, bem como a proliferação das células vegetativas do *C. botulinum* (FRANCO; LANDGRAF, 2008).

Conforme já mencionado, os esporos de *C. botulinum* contidos nos alimentos inadequadamente preparados podem germinar e o bacilo passar a se multiplicar e produzir toxinas. Inúmeros fatores extrínsecos (relativos ao alimento) e intrínsecos (relativos ao microrganismo) podem afetar o desenvolvimento da bactéria nos alimentos: o *Clostridium botulinum* não é um bom competidor na presença de outros microrganismos; pH inferior a 4,5 impede sua multiplicação; Aa menor que 0,93 é limitante; concentrações de cloreto de sódio (NaCl;

sal de cozinha) maiores que 8% impedem a produção da toxina (GELLI *et al.*, 2002; BARBOSA, 2019).

Os microrganismos competitivos têm um papel de grande importância na inibição da multiplicação e da produção de toxinas pelo *C. botulinum*, e os microrganismos fermentativos produzem ácido suficiente para impedir a proliferação do clostrídio. Dentro desses microrganismos fermentativos, podem ser mencionadas as bactérias láticas, que, além de baixarem o pH do meio, produzem bacteriocinas, água oxigenada e antibióticos (FRANCO; LANDGRAF, 2008).

É importante enfatizar que nem sempre ocorrem alterações aparentes nos alimentos, como odor, sabor, cor e textura, bem como nem sempre as latas contendo alimentos contaminados estão estufadas (JAY, 2005; BARBOSA, 2019). As conservas caseiras representam o maior risco para o ser humano, em razão de procedimentos inadequados para a preparação dos alimentos.

Escherichia coli

Diversas cepas de *Escherichia coli* (*E. coli*) são inofensivas e inclusive fazem parte do intestino saudável do ser humano. No entanto, há também as cepas que podem causar infecções alimentares severas, que normalmente são transmitidas em decorrência da má higiene dos alimentos ou de quem os manipula (REDZEPI; ZILVER, 2018).

A *E. coli* é a espécie predominante entre os diversos microrganismos anaeróbios facultativos que fazem parte da flora intestinal do homem e de animais de sangue quente. A sua presença em alimentos tem dois significados importantes: tratando-se de uma enterobactéria, significa que ele foi contaminado por fezes e, portanto, está em condições higiênicas inadequadas (FRANCO; LANDGRAF, 2008). Por outro lado, existem diversas linhagens patogênicas de *E. coli* para o homem e os animais, que atualmente são agrupadas em cinco classes, descritas brevemente a seguir:

1. *E. coli* enteropatogênica clássica (EPEC).
2. *E. coli* enteroinvasora (EIEC).
3. *E. coli* enterotoxigênica (ETEC).
4. *E. coli* entero-hemorrágica (EHEC).
5. *E. coli* enteroagregativa (EAggEC).

E. coli *enteropatogênica clássica (EPEC)*

Essa linhagem é conhecida há muito tempo como o microrganismo causador de gastroenterite em crianças (FRANCO; LANDGRAF, 2008). Para Ochoa e Contreras (2011), a EPEC provoca mais comumente diarreia aguda, embora também possa causar diarreia persistente. A diarreia continua sendo a segunda principal causa de morte em crianças menores de 5 anos em todo o mundo, sendo responsável por 1,3 milhão de mortes anualmente (BLACK *et al.*, 2010).

A diarreia provocada por EPEC é mais grave do que as provocadas pelas outras linhagens, geralmente acompanhada de dores abdominais, febre e vômitos. Ainda de acordo com os mesmos autores, surtos de EPEC em países desenvolvidos são esporádicos e com frequência muito baixa em quadros de diarreia endêmica. Por outro lado, em países menos desenvolvidos, especialmente aqueles situados na zona tropical, ela é um dos principais agentes enteropatogênicos, respondendo por cerca de 30% dos casos de diarreia em crianças pobres abaixo de 6 meses de idade, com índices de mortalidade relativamente altos (FRANCO; LANDGRAF, 2008).

Escherichia coli *enteroinvasora (EIEC)*

As cepas de EIEC são capazes de penetrar as células do trato gastrointestinal (TGI), provocando disenteria, cólicas abdominais, febre e mal-estar geral, com eliminação de sangue e muco nas fezes. Essas cepas acometem mais frequentemente crianças maiores e adultos, e a ingestão de água ou alimentos contaminados foi apontada por alguns estudos como causa da doença. Acredita-se que a via interpessoal também esteja relacionada com a transmissão da EIEC (FRANCO; LANDGRAF, 2008).

Escherichia coli *enterotoxigênica (ETEC)*

Esse grupo de *E. coli* é representado por aquelas cepas capazes de produzir enterotoxinas, provocando diarreia aquosa, acompanhada de febre baixa, dores abdominais e náuseas. As bactérias pertencentes a esse grupo são muito recorrentes em países em desenvolvimento, onde as condições de saneamento são precárias, principalmente nos países tropicais, atingindo todas as faixas etárias. A ETEC também é considerada um das responsáveis pela "diarreia do viajante", a qual acomete pessoas que se locomovem de áreas desenvolvidas para aquelas em desenvolvimento com problemas de saneamento básico (FRANCO; LANDGRAF, 2008).

Escherichia coli *entero-hemorrágica (EHEC)*

A doença provocada pela EHEC caracteriza-se por dores abdominais severas e diarreia aguda, seguida do tipo sanguinolenta, diferenciando-se dos outros agentes causadores de diarreia, pela grande quantidade de sangue eliminada nas fezes, bem como pela ausência de febre. O gado é reconhecidamente o reservatório natural de EHEC, e a carne bovina parece ser o principal veículo desse patógeno. Diversos surtos dessa linhagem têm sido descritos em países desenvolvidos, como EUA, Canadá e Japão, e comprovadamente relacionados com EHEC, motivo pelo qual a síndrome provocada por essa linhagem tem sido denominada "doença do hambúrguer" (FRANCO; LANDGRAF, 2008).

Escherichia coli *enteroagregativa (EAggEC)*

Essa linhagem patogênica de *E. coli* é a que foi descrita mais recentemente, de modo que ainda há pouca informação disponível sobre ela. Alguns trabalhos indicam que a EAggEC é capaz de produzir toxinas, denominadas LT e ST de acordo com a resistência térmica. Essa linhagem parece estar relacionada com quadros crônicos de diarreia, embora sua ocorrência em alimentos ou em casos de surtos de origem alimentar ainda não tenha sido descrita (FRANCO; LANDGRAF, 2008).

A Secretaria de Saúde do Rio Grande do Sul (2011) sugere algumas medidas para prevenir a contaminação de alimentos por *E. coli*, como a lavagem adequada das mãos antes de preparar, servir ou tocar os alimentos, após o uso do banheiro, após manipular alimentos crus e após contato com animais. No caso do preparo de vegetais a serem consumidos crus, como saladas e sucos naturais, esses devem ser selecionados, retirando-lhes as partes deterioradas e, em seguida, lavando-os em água corrente (vegetais folhosos folha por folha, e frutas e legumes um por um), sem esquecer de colocá-los de molho por 15 minutos em água clorada, utilizando produtos próprios para a higienização de hortaliças. No caso de água sanitária, é importante verificar se o produto tem indicação para esse uso específico no rótulo, salientando que o vinagre não é recomendado para descontaminação de alimentos, pois não tem o poder de eliminar bactérias patogênicas. Os alimentos cozidos devem atingir em seu centro a temperatura de 70 °C, para a eliminação segura de *E. coli* daqueles que estiverem contaminados.

Salmonella

De acordo com Costalunga e Tondo (2002), *Salmonella* spp. foi a principal causa de doenças transmitidas por alimentos no período de 1997 a 1999 no Estado do Rio Grande do Sul, sul do Brasil. Os autores avaliaram dados epidemiológicos de salmoneloses ocorridas durante o período determinado, fornecidos pela Divisão de Vigilância Sanitária do Rio Grande do Sul, e investigaram os fatores: número total de surtos confirmados, quantidade de pessoas envolvidas, incidência dos surtos de acordo com a estação do ano, idade e sexo do acometidos, principais alimentos envolvidos e sua armazenagem e local de ocorrência dos surtos e suas causas prováveis. Os resultados demonstraram 8.217 pessoas envolvidas, das quais 1.557 foram hospitalizadas. Os autores descobriram que o maior número de surtos ocorreu na primavera, afetando principalmente pessoas na faixa etária de 16 a 50 anos. Outros resultados obtidos mostraram que o alimento mais frequentemente relacionado aos surtos foi a maionese caseira (42,45%), enquanto as principais causas das salmoneloses foram a matéria-prima utilizada sem inspeção (22,92%), na grande maioria ovos, e os alimentos mantidos à temperatura ambiente por mais de 2 horas (20,55%). A maioria dos surtos ocorreu dentro de residências (43,70%) e estabelecimentos comerciais (25,21%).

Welker *et al.* (2010) investigaram 186 surtos de DTA, dos quais 104 (56%) apresentaram amostras contaminadas com os microrganismos pesquisados. Considerando as amostras com contaminações maiores que 1×103 UFC/g ou NMP/g (ou presença em 25g de alimento, no caso de *Salmonella* spp.), os principais microrganismos identificados foram *Salmonella* spp. (37%), estafilococos coagulase positiva (28%) e *E. coli* (22%). *Bacillus cereus* e clostrídios sulfito-redutores a 46 °C também foram identificados, mas com menor frequência. Os autores observaram que os principais alimentos envolvidos nos surtos investigados foram os produtos cárneos (36%), os pratos preparados (20%) e as saladas (15%), e as residências foram o principal local de ocorrência dos surtos (43%), seguidas de estabelecimentos comerciais (18%) e refeitórios de empresas (14%). Os resultados obtidos nesse trabalho demonstram a necessidade de orientar e educar a população quanto aos cuidados necessários na conservação, manipulação e consumo dos alimentos, às boas práticas de fabricação e aos riscos associados aos alimentos contaminados.

Listeria monocytogenes

Trata-se de um bacilo Gram-positivo, que não forma esporos, anaeróbio facultativo, móvel devido à presença de flagelos peritríquios. Esse microrganismo cresce bem na faixa de 2,5-44 °C, embora também possa crescer em temperatura de 0 °C, de acordo com alguns relatos, e suporta sucessivos ciclos de congelamento/descongelamento. O pH ótimo de crescimento da bactéria está na faixa de 6-8, embora em determinadas circunstâncias a faixa de pH de crescimento pode variar entre 5-9 – fora dessa faixa o pH é considerado inadequado para o crescimento de *Listeria monocytogenes* (*L. monocytogenes*) A bactéria é relativamente resistente à presença de NaCl (sal de cozinha). Na temperatura de 37 °C, e concentração de sal de 10,5 e 13%, sobrevive 15 e 10 dias respectivamente. Diminuindo a temperatura de incubação para 4 °C, a bactéria é capaz de sobreviver por mais de 100 dias em concentrações de NaCl de 10,5-30,5% (FRANCO; LANDGRAF, 2008).

A *L. monocytogenes* encontra-se amplamente distribuída na natureza, sendo o homem, os animais e a natureza reservatórios naturais. Já foi isolada de uma grande variedade de animais, como mamíferos (carneiros, gado bovino, cabras, porcos, cavalos, cachorros e lebres), aves (gansos, gaivotas, pombas, perus e galinhas), além de peixes, artrópodes, larvas de insetos e rãs (FRANCO; LANDGRAF, 2008; LETCHUMANAN *et al.*, 2018). Em alimentos, a *L. monocytogenes* tem sido isolada em leite cru e pasteurizado, queijos, carne bovina, suína e de aves, peixes, embutidos, carne moída de diferentes animais, produtos cárneos crus e termoprocessados, produtos de origens vegetal e marinha e refeições prontas (FRANCO; LANDGRAF, 2008; LETCHUMANAN *et al.*, 2018). Nas últimas duas décadas, *L. monocytogenes* tem sido associada com DTA em humanos (CDC, 1999; WALSH *et al.*, 2001). Seres humanos que consomem alimentos contaminados, sobretudo aqueles prontos para o consumo, laticínios, carnes e aves, posteriormente desenvolverão listeriose (SHOHAM; BARTLETT, 2018).

Staphylococcus aureus

As bactérias do gênero *Staphylococcus* são Gram-positivas, em formato de cocos, que, vistos ao microscópio, apresentam-se no formato de cacho de uva. São bactérias facultativas anaeróbias, crescendo melhor em condições aeróbias. Das 32 espécies de *Staphylococcus* descritas, cinco são capazes de produzir a enzima extracelular coagulase. Por isso são classificadas como coagulase-positivas e consideradas patogênicas, uma vez que podem produzir toxina estafilocócica (SANTANA *et al.*, 2010). Quatro delas apresentam interesse potencial em alimentos, dos quais *Staphylococcus aureus* (*S. aureus*) é o mais importante. A espécie *S. aureus* é a que mais frequentemente está associada às doenças estafilocócicas, de origem animal ou não (FRANCO; LANDGRAF, 2008), representando, em média, 98% dos surtos de intoxicação alimentar por esse gênero (SANTANA *et al.*, 2010). Geralmente as espécies coagulase-positivas produzem enterotoxinas; no entanto, as do tipo *S. epidermidis* e *S. saprophyticus* coagulase-negativas são produtoras de enterotoxinas e já foram encontradas em alimentos como embutidos cárneos e mexilhão *Perna perna* no sul do Brasil (ARASAKI, 2002).

As enterotoxinas estafilocócicas são proteínas extracelulares de baixo peso molecular e pertencem à família das toxinas pirogênicas (FREITAS *et al.*, 2008). Essas toxinas são produzidas por 30-50% das cepas de *S. aureus*, sendo resistentes ao aquecimento a 100 °C por 30 minutos, o que significa que processos térmicos como pasteurização e ultrapasteurização não provocam sua inativação, bem como resistem aos processos de hidrólise por enzimas gástricas e intestinais (MURRAY; ROSENTHAL; PFALLER, 2014). As enterotoxinas estafilocócicas podem ser divididas em cinco grupos distintos: A, B, C, D e E (SEA, SEB, SEC, SED e SEE); destas, a SEA é a toxina mais comumente associada às intoxicações causadas pelo gênero *Staphylococcus*, sendo responsável por cerca de 77% dos casos (FORSYTHE, 2013). Ou seja, o agente causador do quadro clínico de intoxicação não é a bactéria em si, mas as toxinas produzidas por ela (FRANCO; LANDGRAF, 2008).

O gênero *Staphylococcus* (bactérias mesófilas) apresenta temperatura de crescimento de 7-47,8 °C, produção de toxina na faixa de 10-46 °C, com condição ótima entre 40-45 °C. Os surtos de intoxicação alimentar são decorrentes de alimentos que permaneceram na faixa de temperatura de produção de toxina por tempo variável, dependendo do nível do inóculo e da temperatura de incubação. Em condições ótimas, bastam 4-6 horas para que a enterotoxina se torne evidente (FRANCO; LANDGRAF, 2008; SANTANA *et al.*, 2010). Jordá *et al.* (2012) lembram que, referente à temperatura de crescimento, essas bactérias são frágeis a processos em que se utiliza calor, como pasteurização, ultrapasteurização e esterilização.

As bactérias desse gênero toleram concentrações entre 10-20% de cloreto de sódio (sal de cozinha, NaCl), bem como nitratos. A produção de enterotoxina acontece em concentrações de sal de até 10%, o que torna os alimentos curados uma potencial fonte para essas bactérias. Em relação ao pH, elas crescem na faixa de 4-9,8, com ótimo entre 6-7 (FRANCO; LANDGRAF, 2008; SANTANA *et al.*, 2010).

O Centro de Vigilância Epidemiológica do Estado de São Paulo (CVE, 2013) e Forsythe (2013) listam como principais alimentos envolvidos: carnes e derivados; aves e ovos; saladas com ovos, atum, frango, batata, macarrão; patês, molhos, produtos de panificação (tortas de cremes, bombas de chocolate e outros); sanduíches com recheios; e produtos lácteos e derivados. Acrescentando que alimentos de alto risco requerem considerável manipulação para seu preparo e permanecem à temperatura ambiente elevada por muito tempo após sua preparação.

Em um levantamento feito no período entre 2007-2016, as bactérias foram responsáveis por 95% dos surtos de DTA ocorridos no Brasil, e o *S. aureus* se apresentou como a terceira bactéria mais prevalente, com um percentual de 5,7% dos casos (BRASIL, 2016).

Embutidos crus curados, como as linguiças, são produtos elaborados com carnes e gorduras cortadas e picadas, com ou sem miúdos, aos quais se incorporam especiarias, aditivos e condimentos autorizados. Antes do embutimento há uma etapa crítica de descanso por 24 horas, e a temperatura deve ser 4 °C para evitar a multiplicação de microrganismos. Tanto a fermentação quanto a defumação são etapas opcionais, não deixando de representar um risco, uma vez que a defumação tradicional a frio (com temperaturas de 20-25 °C e umidade relativa de 70-80%) por horas ou dias proporciona as condições para que ocorram a multiplicação microbiana e a produção de toxinas (ORDÓÑEZ *et al.*, 2005).

No leite cru, os microrganismos presentes decorrem de três fontes principais: interior e exterior do úbere, equipamentos e utensílios utilizados na ordenha. A coleta (na qual a contaminação externa ocorre por meio dos pelos do animal), o armazenamento e o transporte do leite são operações que devem ser realizadas com a máxima higiene para minimizar a carga microbiana inicial, uma vez que são evidentes as diferenças na qualidade final de amostras de leite com elevados níveis de contaminação inicial (PERIN *et al.*, 2012). Diversos autores (EUTHIER *et al.*, 1998; ORDÓÑEZ *et al.*, 2005; SILVA *et al.*, 2010) mencionam que atualmente a contaminação dos equipamentos (ordenhadeiras, tanques, caminhões de transporte, tubulações e silos) é a mais relevante quando os animais são sadios, concluindo-se que a incidência de *Staphylococcus* em leite pode ser proveniente de animais com mastite ou de más condições higiênicas de manipulação.

Os queijos, de qualquer tipo, são um dos alimentos com maior incidência de *S. aureus* em praticamente todas as regiões do Brasil. A ocorrência de *Staphylococcus* spp. nesse alimento pode ocorrer no processamento com leite cru, prática permitida no Brasil a partir de 2013 para queijos artesanais, tradicionalmente elaborados a partir de leite cru, e maturados por um período inferior a 60 dias, após estudos técnico-científicos comprovarem que a redução do período de maturação não compromete a qualidade e a inocuidade do produto (BRASIL, 2018). No entanto, Franco e Landgraf (2008) alertam que a ocorrência desse microrganismo pode acontecer no pós-processamento mesmo em queijo produzido com leite pasteurizado ou pela utilização de culturas *starters* contaminados com *S. aureus*.

Silva *et al.* (2015), ao compilarem dados levantados por outros pesquisadores, verificaram que havia uma distribuição regional na incidência de *S. aureus*. Na região Norte, havia maior prevalência de *S. aureus* em peixes de água doce, bem como em alimentos à base de carne bovina. Na região Nordeste, a maior incidência recaiu sobre alimentos típicos da região, como carne de sol e queijo coalho, além de leite pasteurizado tipo C, hortaliças minimamente processadas, cachorro quente, coxinha de frango e churrasquinho de carne. Já na região Sudeste foram encontrados *S. aureus* em todo tipo de leite e seus derivados, embutidos e carne suína. Os frutos do mar têm maior incidência de *Staphylococcus* sp. nas regiões Sul e Nordeste. No Estado de Santa Catarina, foram reportados *S. aureus* produtor de enterotoxina A, D e AB em mariscos e em queijo "colonial".

Bolores

São microrganismos utilizados com frequência na produção de alimentos, especialmente queijos e embutidos, desempenhando um papel fundamental na obtenção de *flavor*, textura, prazo de validade, entre outros.

No entanto, alguns bolores são indesejáveis por causa de sua capacidade para deteriorar os alimentos por meio da produção de enzimas e o desenvolvimento de metabólitos tóxicos (micotoxinas) ao se multiplicarem nos alimentos (FRANCO; LANDGRAF, 2008; SILVA JÚNIOR, 2014). Intoxicações por micotoxinas são conhecidas desde a Idade Média; atualmente há mais de 100 toxinas descritas (FERNANDEZ PINTO; VAAMONDE, 1996; FRANCO; LANDGRAF, 2008), cuja presença em alimentos está relacionada a fatores intrínsecos (relativos ao alimento, como pH, Aa, composição, dentre outros), bem como ao processamento que o alimento sofre (FILTENBORG *et al.*, 1996). Das toxinas fúngicas identificadas até hoje, algumas têm importância em alimentos fermentados (REDZEPI; ZILBER, 2018).

Alimentos como cereais (trigo, arroz, cevada e aveia), milho, leite, queijos, carne suína, frutas diversas, feijão, cacau, café, cerveja e vinho, entre outros, já têm sido identificados como fontes de micotoxinas de diversas espécies de fungos (CAST, 2003). Como as micotoxinas são termoestáveis, ou seja, resistem ao calor, uma vez presentes no alimento, muito provavelmente elas também estarão no alimento fermentado.

Copetti (2009) analisou a qualidade do cacau ao final do seu processamento, e verificou que a mesma depende de diversos fatores, dentre os quais os microrganismos desempenham um papel fundamental. A autora observou a presença de fungos em várias fases do processamento do cacau, sendo que em sua tese ela apresenta os resultados para a presença de fungos e duas micotoxinas bastante potentes (ocratoxina A e aflatoxinas) e que causam sérios prejuízos à saúde humana, após analisar 494 amostras de cacau, provenientes de diferentes fases do processamento. A maior quantidade e diversidade de fungos foram encontradas em amostras dos processos de secagem e estocagem das amêndoas. A autora isolou 1.132 espécies potencialmente toxigênicas do gênero *Aspergillus*: *A. flavus, A. parasiticus, A. niger, A. carbonarius*, além do grupo dos *A. ochraceus*. Com relação à presença de micotoxinas, as amostras da secagem e estocagem foram as que apresentaram maiores níveis de ocratoxina A (OTA) e aflatoxinas na fazenda, enquanto nas amostras coletadas em indústrias processadoras de cacau os maiores níveis de OTA foram detectados na casca, torta e cacau em pó, e os de aflatoxina, nos nibs e no líquor. Nas amostras de chocolate, observou-se a relação direta entre a quantidade de cacau no produto e os níveis de aflatoxinas e ocratoxina A, sendo estes mais elevados nos chocolates em pó e meio amargo.

O primeiro relato da presença de OTA em vinhos foi feito por Zimmerli e Dick (1996), que verificaram a maior concentração da micotoxina, de 0,4 mcg/L, em vinhos tintos provenientes do sul da Europa. No Brasil, o primeiro trabalho apontando a sua presença em vinhos e sucos foi conduzido por Rosa *et al.* (2004). Nesse trabalho, os autores relataram a ocorrência dessa micotoxina em 28,75% dos vinhos analisados, com concentrações entre 0,0283-0,0707 mcg/L, ressaltando que os maiores níveis foram encontradas em vinhos tintos. Shundo *et al.* (2006) avaliaram a concentração de OTA em vinhos brasileiros e importados de Argentina, Chile, Uruguai, França, Itália, Portugal, Espanha e África do Sul. A contaminação em vinhos brasileiros variou de concentrações entre 0,1-1,33, representando 31% das amostras nacionais. A maior concentração de OTA encontrada nas amostras importadas foi de 0,32 mcg/L em vinhos italianos.

EQUIPAMENTOS RECOMENDADOS E NÃO RECOMENDADOS

A produção de alimentos fermentados não exige grande investimento em equipamentos; ainda assim, há materiais dos quais são feitos os recipientes que não devem ser utilizados e aqueles recomendados para fermentações específicas. O material que constitui o recipiente no qual será feita a fermentação é, do ponto de vista higiênico-sanitário e químico, um dos aspectos mais importantes a se considerar em sua escolha. Além do material do qual é composto, o próprio formato do recipiente tem influência no andamento da fermentação e, portanto, na qualidade do produto obtido, bem como em seu rendimento.

Além de recipientes, conforme a quantidade e a variedade de fermentações produzidas vão aumentando, vale a pena investir em alguns utensílios que podem reduzir o seu tempo de pré-preparo, principalmente quando há necessidade de picar ou fatiar vegetais em grandes quantidades.

Materiais recomendados

Vidro

Os potes de vidro são provavelmente os recipientes mais fáceis e econômicos para fermentar. Eles não retêm nenhum odor de conteúdos anteriores, e podem ser reutilizados inúmeras vezes, precisando apenas ser higienizados/esterilizados antes de cada uso. Os potes de conservas são baratos e fáceis de encontrar em diversos tamanhos em lojas especializadas, mas também podem ser reaproveitados os potes de produtos industrializados. A vantagem dos recipientes de vidro é que eles vêm com tampas, embora estas nem sempre sejam de alta qualidade e algumas possam ser difíceis de limpar adequadamente (WASSERMANN; JEANROY, 2019).

Ao escolher o recipiente de vidro a ser utilizado na fermentação, é importante observar a largura da boca. Ao fermentar alimentos mais sólidos, como repolho, é importante que o recipiente tenha a boca larga. Esse aspecto irá facilitar o enchimento do pote e, principalmente, permitirá a colocação de um peso em cima do vegetal a ser fermentado, de modo que ele fique submerso na salmoura utilizada. Considerando-se a produção de kombucha, ou vinagre, ambas as fermentações aeróbias, e que, portanto, ocorrem de forma mais intensa na superfície do líquido, devido à presença do oxigênio do ar, também é importante a utilização um vidro largo (KATZ, 2012). Ainda de acordo com o mesmo autor, no caso da produção de vinho ou hidromel, em vigoroso borbulhamento, se houver a intenção da fermentação até o ponto de esgotamento dos açúcares, o ideal é colocá-los em um recipiente de gargalo estreito, razoavelmente cheio, de modo a minimizar a área na qual poderá ocorrer a produção aeróbia de vinagre.

Cerâmica

Usar recipientes de cerâmica (também chamados de grés) pode ser uma boa escolha. No entanto, eles podem ser pesados, o que irá tornar difícil o manuseio, principalmente se houver necessidade de mudá-los de lugar. Ao optar por recipientes de cerâmica para fermentar alimentos, é importante se certificar de que o esmalte não contenha substâncias tóxicas, que possam contaminar o alimento, como é o caso do chumbo, bastante utilizado em esmaltes de cerâmica. Outro cuidado diz respeito a eventuais rachaduras no esmalte ou até mesmo na peça, o que torna o vasilhame impossível de ser limpo e, inclusive, pode fazer o líquido vazar durante o processo de fermentação (WASSERMANN; JEANROY, 2019). Recipientes de cerâmica sem esmalte não devem ser utilizados para fermentar alimentos, em virtude da porosidade do material e da consequente dificuldade de higienização.

Materiais não recomendados

Metal

Basicamente os recipientes de metal devem ser evitados em fermentações ácidas, uma vez que o ácido produzido pode corroê-los. Fermentações nas quais se utiliza sal também devem ser evitadas em recipientes metálicos pela mesma razão, uma vez que os produtos da corrosão do metal contaminam o alimento que está sendo fermentado. O único metal que, de fato, resiste à fermentação ácida ou à adição de sal é o aço inoxidável (Inox®). Na indústria alimentícia, utilizam-se equipamentos desse material para a produção de alimentos fermentados, porém os de uso doméstico são recobertos por apenas uma camada de Inox® ou este pode ser de qualidade inferior, o que levaria à corrosão do material (KATZ, 2012).

Equipamentos e utensílios de metal esmaltados podem ser utilizados, desde que o esmalte esteja intacto, sem fissuras, o que permitiria o contato do ácido produzido durante a fermentação com o equipamento e/ou utensílio (KATZ, 2012).

Recipientes revestidos com Teflon® (politetrafluoretileno) ou outros revestimentos antiaderentes não devem ser utilizados para o processo de fermentação. O revestimento começa a descascar quase imediatamente, contaminando o alimento. Esses recipientes frequentemente têm metal sob o seu revestimento, que, por sua vez, é reativo ao ambiente ácido da fermentação, resultando em sabores ou cores estranhos no alimento fermentado (WASSERMANN; JEANROY, 2019).

Plástico

A primeira preocupação em relação aos equipamentos e utensílios de plástico diz respeito ao tipo utilizado, uma vez que os componentes desse material podem migrar para os alimentos fermentados. Um dos componentes mais problemáticos em recipientes e/ou utensílios de plástico são os ftalatos, presentes no tipo PET ou PETE (KATZ, 2012). Resultados crescentes de estudos científicos realizados mostraram a correlação entre ftalatos e obesidade, resistência à insulina, diminuição de hormônios sexuais, bem como outras consequências sobre o sistema reprodutor feminino e masculino (SAX, 2010; MUNCKE, 2009).

Os plásticos conhecidos como polietilenos de alta densidade (HDPE, sigla em inglês) não contêm ftalatos nem bisfenol A (BPA, sigla em inglês), outra substância perigosa encontrada em alguns plásticos (KATZ, 2012; WASSERMANN; JEANROY, 2019). Portanto, ao utilizar equipamentos e utensílios de plástico é preciso verificar se eles são adequados para uso em alimentos, incluindo os ácidos e os salgados.

Outro aspecto importante a ser lembrado na utilização de equipamentos e/ou utensílios de plástico diz respeito à higienização. Em estudo realizado para caracterização dos microrganismos presentes no biofilme de recipientes plásticos usados na fermentação da azeitona verde ao estilo espanhol, Grounta *et al.* (2015) submeteram os recipientes de fermentação anteriormente utilizados no processamento dessa azeitona à amostragem em três locais diferentes, dois na lateral e um no fundo do recipiente. Dois tratamentos de limpeza foram aplicados aos recipientes, incluindo (1) lavagem com água quente potável (60 °C) e detergente doméstico (tratamento A) e (2) lavagem com água quente potável, detergente doméstico e água sanitária (tratamento B). Os resultados mostraram que, independentemente do tratamento de limpeza, não foram observadas diferenças significativas entre os diversos locais de amostragem no recipiente. A população microbiana inicial variou entre 3-4,5 log UFC/cm^2 para bactérias ácido-láticas (BAL) e 4-4,6 log UFC/cm^2 para leveduras. Os tratamentos de limpeza exibiram o maior efeito sobre B, que foram reduzidas a 1,5 log UFC/cm^2 após o tratamento A e 0,2 log UFC/cm^2 após o tratamento B, enquanto as leveduras foram reduzidas a aproximadamente 1,9 log UFC/cm^2, mesmo após o tratamento B. Observou-se alta diversidade de leveduras entre os diferentes tratamentos e pontos de amostragem. As espécies mais abundantes recuperadas pertenciam ao gênero *Candida*, enquanto *Wickerhamomyces anomalus, Debaryomyces hansenii* e *Pichia guilliermondii* foram frequentemente detectadas. Dentre as BAL, *Lactobacillus pentosus* foi a espécie mais abundante presente na superfície dos recipientes.

Esses resultados mostram a importância de uma boa higienização dos equipamentos e utensílios usados na fermentação, bem como a necessidade de ter recipientes separados para os diferentes tipos de fermentação, no caso de esses processos ocorrerem paralelamente, com o intuito de impedir a contaminação cruzada.

Madeira

Tonéis de madeira costumam ser utilizados para a fermentação de vinho ou cerveja, mesmo a madeira sendo um material poroso (em maior ou menor grau, dependendo do tipo utilizado), o que torna a higienização do material muito difícil. Por essa razão, são pouco recomendados para a fermentação de alimentos (WASSERMANN; JEANROY, 2019).

No entanto, Katz (2012) menciona utilizar barris de madeira, adquiridos de destilarias, para fermentação de vegetais. As fibras de madeira abrigam diversos microrganismos, mas as bactérias do ácido lático presentes nos alimentos a serem fermentados acabam dominando o ambiente protegido na salmoura. Durante a longa e lenta fermentação de inverno, desenvolvem-se bolores superficiais, que ele retira e descarta, junto com quaisquer vegetais descoloridos ou pastosos nas bordas expostas, e os vegetais protegidos sob a salmoura permanecem adequados ao consumo. Ainda assim, segundo o autor, o restante do vegetal protegido pela salmoura se mantém adequado.

Outros materiais

Existem diversas outras possibilidades de "recipientes" que podem ser utilizados para fermentar alimentos, empregados por povos indígenas ou tradicionais de determinadas regiões do planeta. Entre elas, podemos citar: "canoas", troncos de árvore ocos, deitados de lado, utilizados para fermentação de bebidas alcoólicas; cabaças secas; cestas de fibra de trama tão fechada que podem reter líquidos; buracos na terra, usados para fermentação de peixe no Ártico, ou verduras (*gundruk*) e rabanetes (*sinki*) no Himalaia, mas também repolhos inteiros na região da Styria, na Áustria; ou o costume de conservar repolhos em valas especiais, que tinham as laterais cobertas por tábuas de madeira na Polônia (KATZ, 2012). De acordo com a Organização das Nações Unidas (ONU) para Alimentação e Agricultura (FAO), a fermentação em buracos é um método ancestral de preservação de vegetais amiláceos no Pacífico Sul e outras regiões tropicais, e Steinkraus (1996, *apud* KATZ, 2012) menciona que alimentos fermentados em buracos podem se manter durante meses ou anos sem sofrer deterioração, o que serve como reserva para evitar a fome em tempos de seca, guerra e furacões, e como alimento durante expedições marítimas.

REFERÊNCIAS BIBLIOGRÁFICAS

ALDSWORTH, Tim; DODD, Christine E. R.; WAITES, Will. Microbiologia de alimentos. *In*: CAMPBELL-PLATT, Geoffrey (ed.). *Ciência e tecnologia de alimentos*. Barueri: Manole, 2015.

ARASAKI, Karine M. *Efeito da atividade antimicrobiana de substância produzida por* Bacillus amyloliquefaciens *no controle da microbiota do mexilhão Perna perna (Linnaeus, 1758)*. 2002. 61 f. Dissertação (Mestrado) – Universidade Federal de Santa Catarina, Santa Catarina. Disponível em: https://repositorio.ufsc.br/xmlui/handle/123456789/84410. Acesso em: 31 jul. 2022.

BARBOSA, Juliana. *Botulismo alimentar:* o perigo das conservas caseiras. 2019. Disponível em: https://foodsafetybrazil.org/botulismo-o-perigo-das-latas-amassadas/. Acesso em: 31 jul. 2022.

BLACK, Robert E.; COUSENS, Simon; JOHNSON, Hope L.; LAWN, Joy E.; RUDAN, Igor; BASSANI, Diego G.; JHA, Prabhat; CAMPBELL, Harry; WALKER, Christa Fischer; CIBULSKIS, Richard; EISELE, Thomas; LIU, Li; MATHERS, Colin. Global, regional, and national causes of child mortality in 2008: a systematic analysis. *The Lancet*, v. 375, n. 9.730, p. 1969-1987, 2010. Disponível em: https://www.sciencedirect.com/science/article/abs/pii/S014067361060549 Acesso em: 31 jul. 2022.

BRASIL. Ministério da Saúde. Secretaria de Vigilância em Saúde. Departamento de Vigilância epidemiológica. *Manual integrado de vigilância epidemiológica do botulismo*. Brasília, DF: Ministério da Saúde, 2006. p. 88. Disponível em: http://bvsms.saude.gov.br/bvs/publicacoes/manual_integrado_vigilancia_epidemiologica_botulismo.pdf. Acesso em: 31 jul. 2022.

BRASIL. Ministério da Saúde. Secretaria de Vigilância em Saúde. *Guia de vigilância epidemiológica*. 6. ed. Brasília, DF: Ministério da Saúde, 2005. p. 170-186. Disponível em: https://bvsms.saude.gov.br/bvs/publicacoes/Guia_Vig_Epid_novo2.pdf. Acesso em: 31 jul. 2022.

BRASIL. Ministério da Saúde. Secretaria de Vigilância em Saúde. *Surtos de doenças transmitidas por alimentos no Brasil*. Disponível em: https://portalarquivos2.saude.gov.br/images/pdf/2018/janeiro/17/Apresentacao-Surtos-DTA-2018.pdf. Acesso em: 30 set. 2020.

BRASIL. Ministério da Saúde. *Sistema de Informação de Agravos de Notificações*. Surto Doenças Transmitidas por Alimentos – DTA. 2016. Disponível em: http://portalsinan.saude.gov.br/surto-doencas-transmitidas-por-alimentos-dta. Acesso em: 31 jul. 2022.

BROWN, Amy. *Understanding food*: principles and preparation. 4. ed. Wadsworth: Cengage Learning, 2011.

CARDOSO, Teresa; COSTA, Manuela; ALMEIDA, H. Cristina; GUIMARÃES, Mário. Food-borne botulism: review of five cases. *ACTA Médica Portuguesa*, v. 17, p. 54-58, 2004. Disponível em: https://www.researchgate.net/publication/8094066_Food-borne_botulism_-_Review_of_five_cases. Acesso em: 31 jul. 2022.

CDC. Update: multistate outbreak of listeriosis – United States, 1998-1999. *Morbidity and Mortality Weekly Report*, v. 47, n. 51, p. 1117-1118, 1999. Disponível em: https://www.cdc.gov/mmwr/preview/mmwrhtml/00056169.htm. Acesso em: 31 jul. 2022.

CENTRO DE VIGILÂNCIA EPIDEMIOLÓGICA (CVE). Doenças transmitidas por alimentos e água. *Staphylococcus aureus*/Intoxicação alimentar. 2013. Disponível em: http://saude.sp.gov.br/resources/cve-centro-de-vigilancia-epidemiologica/areas-de-vigilancia/doencas-transmitidas-por-agua--e-alimentos/doc/bacterias/201316staphylo.pdf. Acesso em: 10 nov. 2022.

CHAVES-LÓPEZ, Clemencia; SERIO, Annalisa; GRANDE-TOVAR, Carlos David; CUERVO-MULET, Raul; DELGADO-OSPINA, Johannes; PAPARELLA, Antonello. Traditional fermented foods and beverages from a microbiological and nutritional perspective: the Colombian heritage. *Comprehensive Review in Food Science and Food Safety*, v. 13, n. 5, p. 1031-1048, 2014. Disponível em: https://onlinelibrary.wiley.com/doi/full/10.1111/1541-4337.12098. Acesso em: 31 jul. 2022.

CHEN, Jianshe; ROSENTHAL, Andrew. Processamento de alimentos. *In*: CAMPBELL-PLATT, Geoffrey (ed.). *Ciência e tecnologia de alimentos*. Barueri: Manole, 2015.

COPETTI, Marina Venturini. *Micobiota do cacau*: fungos e micotoxinas do cacau ao chocolate. 2009. Tese (Doutorado) – Faculdade de Engenharia de Alimentos, Universidade Estadual de Campinas, Campinas, 2009.

COSTALUNGA, Suzana; TONDO, Eduardo Cesar. Salmonellosis in Rio Grande do Sul, Brazil, 1997 to 1999. *Brazilian Journal of Microbiology*, v. 33, p. 342-346, 2002. Disponível em: https://www.scielo.br/pdf/bjm/v33n4/v33n4a13.pdf. Acesso em: 31 jul. 2022.

COUNCIL FOR AGRICULTURAL SCIENCE AND TECHNOLOGY (CAST). Mycotoxins: risks in plant, animal and human systems. *Task force report*, 139. 2003. Disponível em: https://www.cast-science.org/wp-content/uploads/2002/11/CAST_R139_Mycotoxins_Risks_Plant_Animal_Health_Systems.pdf. Acesso em: 31 jul. 2022.

EDUARDO, M. B. P. *et al. Manual das doenças transmitidas por alimentos e água: Clostridium botulinum* / botulismo. São Paulo: Secretaria de Saúde do Estado de São Paulo, 2002.

EUTHIER, S. M. F.; TRIGUEIRO, I. N. S.; RIVERA, F. Condições higiênico-sanitárias do queijo de leite de cabra "tipo coalho", artesanal elaborado no Curimataú paraibano. *Ciência e Tecnologia de Alimentos*, v. 18, n. 2, p. 176-178, 1998. Disponível em: http://www.scielo.br/scielo.php?pid=S0101-20611998000200006&script=sci_abstract&tlng=pt. Acesso em: 31 jul. 2022.

FERNÁNDEZ PINTO, Virginia Elena; VAAMONDE, Graciela. Mycotoxin-producing fungi in foods. *Revista Argentina de Microbiología*, v. 28, n. 3, p. 147-162, 1996.

FERRAZ, Renato Ribeiro Nogueira; SANTANA, Fernanda Torres; BARNABÉ, Anderson Sena; FORNARI, João Victor. Investigação de surtos de doenças transmitidas por alimentos como ferramenta de gestão em saúde de unidades de alimentação e nutrição. *RACI Getúlio Vargas*, v. 9, n. 19, p. 1-10, 2015. Disponível em: https://www.bage.ideau.com.br/wp-content/files_mf/caac2655456404a794b-8fb2390d1bde9269_1.pdf. Acesso em: 31 jul. 2022.

FILTENBORG, O.; FRISVAD, J. C.; THRANE, U. Moulds in food spoilage. *International Journal of Food Microbiology*, v. 33, n. 1, p. 85-102, 1996. doi:10.1016/0168-1605(96)01153-1. Acesso em: 31 jul. 2022.

FORSYTHE, Stephen. J. *Microbiologia da segurança dos alimentos*. Porto Alegre: Artmed, 2013.

FRANCO, Bernadette Dora Gombossy de Melo; LANDGRAF, Mariza. *Microbiologia dos alimentos*. São Paulo: Atheneu, 2008.

FREAN, John; ARNTZEN, Lorraine; HEEVER, Johann van der; PEROVIC, Olga. Type A botulism in South Africa, 2002. *Transactions of the Royal Society of Tropical Medicine and Hygiene*, v. 98, p. 290-295, 2004. Disponível em: https://pubmed.ncbi.nlm.nih.gov/15109552/. Acesso em: 31 jul. 2022.

FREITAS, Manuela F.L.; LUZ, Isabelle da S.; SILVEIRA-FILHO, Vladimir da M.; JÚNIOR, José W.P.; STAMFORD, Tânia L.M.; MOTA, Rinaldo A.; SENA, Maria J.; de ALMEIDA, Alzira M.P.; BALBINO, Valdir de Q.; LEAL-BALBINO, Tereza C. Staphylococcal toxin genes in strains isolated from cows with subclinical mastitis. *Pesq. Vet. Bras.* 28(12):617-621, 2008. Disponível em: https://www.scielo.br/j/pvb/a/3pXc8VZkhv9GknWwyDMdK7h/?format=pdf&lang=en. Acesso em 29 out. 2022.

GELLI, Dilma Scala; JAKABI, Miyoko; SOUZA, Aldo de. Botulism: a laboratory investigation on biological and food samples from cases and outbreaks in Brazil (1982-2001). *Revista do Instituto de Medicina Tropical*, São Paulo, v. 44, n. 6, p. 321-324, 2002. Disponível em: https://www.scielo.br/scielo.php?script=sci_arttext&pid=S0036-46652002000600005. Acesso em: 31 jul. 2022.

GERMANO, Pedro Manuel Leal. *Clostridium botulinum. In*: GERMANO, Pedro Manuel Leal; GERMANO, Maria Izabel Simões (ed.). *Higiene e vigilância sanitária de alimentos*. 4. ed. São Paulo: Varela, 2015. p.225-230.

GREEN, Laura R.; SELMAN, Carol; SCALLAN, Elaine; JONES, Timothy F.; MARCUS, Ruthanne. Beliefs about meals eaten outside the home as source of gastrointestinal illness. *Journal of Food Protection*, v. 68, n. 10, p. 2184-2189, 2005. Disponível em: https://pubmed.ncbi.nlm.nih.gov/16245727/. Acesso em: 31 jul. 2022.

GROUNTA, Athena; DOULGERAKI, Agapi I.; PANAGOU, Efstathios Z. Quantification and characterization of microbial biofilm community attached on the surface of fermentation vessels used in green table olive processing. *International Journal of Food Microbiology*, v. 203, p. 41-48, 2015. Disponível em: https://www.sciencedirect.com/science/article/abs/pii/S0168160515001282. Acesso em: 31 jul. 2022.

HOBBS, Betty C.; ROBERTS, Diane. *Toxinfecções e controle higiênico-sanitário de alimentos*. São Paulo: Livraria Varela, 1998.

JAY, James M. *Microbiologia de alimentos*. Porto Alegre: Artmed, 2005.

JORDÁ, Graciela B.; MARUCCI, Raúl S.; GUIDA, Adriana M.; PIRES, Patricia S.; MANFREDI, Eduardo A. Portación y caracterización de *Staphylococcus aureus* en manipuladores de alimentos. *Revista Argentina de Microbiología*, v. 44, n. 2, p. 101-104, 2012. Disponível em: https://pesquisa.bvsalud.org/portal/resource/pt/lil-657619. Acesso em: 31 jul. 2022.

KETCHAM, Eric M.; GOMEZ, Hernán F. Infant botulism: a diagnostic and management challenge. *Air Medical Journal*, v. 22, n. 5, p. 6-11, 2003. Disponível em: https://www.airmedicaljournal.com/article/S1067-991X(03)00016-6/abstract. Acesso em: 31 jul. 2022.

LETCHUMANAN, Vengadesh; WONG, Peh-Chee; GOH, Bey-Hing; MING, Long Chiau; PUSPARAJAH, Priyia; WONG, Sunny Hei; MUTALIB, Nurul-Syakima Ab; LEE, Learn-Han. A review on the characteristics, taxanomy and prevalence of *Listeria monocytogenes. Progress in Microbes and Molecular Biology*, v. 1, n. 1, p. 1-8, 2018. Disponível em: https://journals.hh-publisher.com/index.php/pmmb/article/view/43. Acesso em: 31 jul. 2022.

MITAKAKIS, Tereza Z.; SINCLAIR, Martha I.; FAILEY, Christopher K.; LIGHTBODY, Pamela K.; LEDER, Karin; HELLARD, Margaret E. Food safety in family homes in Melbourne, Australia. *Journal of Food Protection*, v. 67, n. 4, p. 818-822, 2004. Disponível em: https://meridian.allenpress.com/jfp/article/67/4/818/170070/Food-Safety-in-Family-Homes-in-Melbourne-Australia. Acesso em: 31 jul. 2022.

MUNCKE, Jane. Exposure to endocrine disrupting compounds via the food chain: is packaging a relevant source? *Science of the Total Environment*, v. 407, n. 16, p. 4549-4559, 2009. Disponível em: https://www.sciencedirect.com/science/article/abs/pii/S0048969709004598. Acesso em: 31 jul. 2022.

MURANO, Peter S. *Understanding food science and technology*. Belmont (USA): Cengage Learning, 2003.

MURRAY, Patrick R.; ROSENTHAL, Ken S.; PFALLER, Michael A. *Microbiologia médica*. 7. ed. Rio de Janeiro: Elsevier, 2014.

NUNES, Silene Maria; CERGOLE-NOVELLA, Maria Cecília; TIBA, Monique Ribeiro; ZANON, Cirlei Aparecida; BENTO, Iria Silvério da Silva; PASCHUALINOTO, Ana Luiza; THOMAZ, Irineu; SILVA, Aline Aparecida da; WALENDY, Claudia Helena. 2017. Surto de doença transmitida por alimentos nos municípios de Mauá e Ribeirão Pires – SP. *Higiene Alimentar*, v. 32, p. 97-102. Disponível em: https://docs.bvsalud.org/biblioref/2017/04/833113/264-265-sitecompressed-97-102. pdf. Acesso em: 31 jul. 2022.

OCHOA, Theresa J.; CONTRERAS, Carmen A. Enteropathogenic *E. coli* (EPEC) infection in children. *Current Opinion in Infectious Disesease*, v. 24, n. 5, p. 478-483, 2011. Disponível em: https://www. ncbi.nlm.nih.gov/pmc/articles/PMC3277943/. Acesso em: 31 jul. 2022.

OH, Se-Ra; ZHANG, Cheng-Yi; KIM, Tea-Im; HONG, Sung-Jong; JU, In-Sun; LEE, Sun-Ho; KIM, Soon-Han; CHO, Joon-Il; HA, Sang-Do. Inactivation of *Anisakis* larvae in salt-fermented squid and pollock tripe by freezing, salting, and combined treatment with chlorine and ultrasound. *Food Control*, v. 40, n. 1, p. 46-49, 2014. Disponível em: https://www.sciencedirect.com/science/article/ abs/pii/S0956713513005975. Acesso em: 31 jul. 2022.

OLIVEIRA, Ana Beatriz Almeida; PAULA, Cheila Minéia Daniel; CAPALONGA, Roberta; CARDOSO, Marisa Ribeiro de Itapema; TONDO, Eduardo Cesar. Doenças transmitidas por alimentos, principais agentes etiológicos e aspectos gerais: uma revisão. *Revista HCPA*, v. 30, p. 279-285, 2010. Disponível em: https://www.lume.ufrgs.br/bitstream/handle/10183/157808/000837055.pdf?sequence=1&isAllowed=y. Acesso em: 31 jul. 2022.

ORDÓÑEZ, Juan A. *Tecnologia de alimentos*. Porto Alegre: Artmed, 2005. v. 2: Alimentos de origem animal.

PERIN, Luana M.; MORAES, Paula M.; ALMEIDA, Michelle V.; NERO, Luis A. Interference of storage temperatures in the development of mesophilic, psychrotrophic, lipolytic and proteolytic microbiota of raw milk. *Semina: Ciências Agrárias*, Londrina, v. 33, n. 1, p. 333-342, 2012. Disponível em: https://www.bvs-vet.org.br/vetindex/periodicos/semina-ciencias-agrarias/33-(2012)-1/inte-reference-of-storage-temperatures-in-the-development-of-mesophilic/. Acesso em: 10 nov. 2022.

PINILLOS, M. A.; GÓMEZ, J.; ELIZALDE, J.; DUEÑAS, A. Intoxicación por alimentos, plantas y setas. *Anales del Sistema Sanitario de Navarra*, Pamplona, v. 26 (suppl. 1), p. 71-76, 2003. Disponível em: https://www.researchgate.net/publication/28061946_Intoxicacion_por_alimentos_plantas_y_setas. Acesso em: 31 jul. 2022.

RADOSTITS, Otto M.; GAY, Clive, C.; BLOOD, Douglas C.; HINCHCLIFF, Kenneth W. *Clínica veterinária*: um tratado de doenças dos bovinos, ovinos, suínos, caprinos e equinos. Rio de Janeiro: Guanabara Koogan, 2002.

REDZEPI, René; ZILBER, David. *The Noma guide to fermentation*. New York: Artisan, 2018.

ROSA, Carlos A. R.; MAGNOLI, Carina E.; FRAGA, M. E.; DALCERO, A. M.; SANTANA, D. M. N. Occurrence of ochratoxin A in wine and grape juice marketed in Rio de Janeiro, Brazil. *Food Additives and Contaminants*, London, v. 21, n. 4, p. 358-364, 2004. Disponível em: http://dx.doi.org/10. 1080/02652030310001639549. Acesso em: 31 jul. 2022.

SANTANA, Elsa H. W.; BELOTI, Vanerli; ARAGON-ALEGRO, Lina C.; MENDONÇA, M. B. O. C. Estafilococos em alimentos. *Arquivos do Instituto Biológico*, v. 77, n. 3, p. 545-554, 2010. Disponível em: http://www.biologico.agricultura.sp.gov.br/uploads/docs/arq/v77_3/santana.pdf. Acesso em: 31 jul. 2022.

SANTIAGO, Oswaldo. *Toxi-infecções produzidas por alimentos*. Brasília: Departamento Nacional de Inspeção de Produtos de Origem Animal, DIPAC, Ministério da Agricultura, 1972.

SAX, Leonard. Polyethylene terephthalate may yield endocrine disruptors. *Environmental Health Perspectives*, v. 118, n. 4, p. 445-448, 2010. Disponível em: https://ehp.niehs.nih.gov/doi/pdf/10.1289/ehp.0901253. Acesso em: 31 jul. 2022.

SCARCELLI, Eliana; PIATTI, R. M. Patógenos emergentes relacionados à contaminação de alimentos de origem animal. *Biológico*, São Paulo, v. 64, n. 2, p. 123-127, 2002.

SECRETARIA DA SAÚDE – RS. *Cuidados com água e alimentos para a prevenção da contaminação por bactérias*. 2011. Disponível em: https://saude.rs.gov.br/cuidados-com-agua-e-alimentos-para--a-prevencao-da-contaminacao-por-bacterias. Acesso em: 10 nov. 2022.

SERRANO, A. M. Um provável surto de botulismo humano no Brasil. *Higiene Alimentar*, São Paulo, v. 1, n. 2, p. 16-19, 1987. Disponível em: https://higienealimentar.com.br/2-2/. Acesso em: 31 jul. 2022.

SHOHAM, Shmuel; BARTLETT, John G. *Listeria monocytogenes*. *Johns Hopkins ABX Guide*. 2018. Disponível em: Listeria Monocytogenes | Johns Hopkins ABX Guide (hopkinsguides.com). Acesso em: 31 jul. 2022.

SHUNDO, Luzia; ALMEIDA, Adriana P. de; ALABURDA, Janete; RUVIERI, Valter; NAVAS, Sandra A.; LAMARDO, Leda C. A.; SABINO, Myrna. Ochratoxin A in wines and grape juices commercialized in the city of São Paulo, Brazil. *Brazilian Journal of Microbiology*, São Paulo, v. 37, n. 4, p. 533-537, 2006. Disponível em: http://dx.doi.org/10.1590/S1517-83822006000400024. Acesso em: 31 jul. 2022.

SILVA, Janine P. L. da; RIBEIRO, Ana Paula de O.; COSTA, Simone D. O.; MELLO, Vanessa F. de; LINDENBLATT, Clarissa T. *Staphylococcus spp: incidência e surtos*. Brasília, DF: Embrapa, 2015. Disponível em: https://www.embrapa.br/agroindustria-de-alimentos/busca-de-publicacoes/-/publicacao/1034839/staphylococcus-spp-incidencia-e-surtos. Acesso em: 31 jul. 2022.

SILVA, Milene R.; SACANAVACCA, Juliana; GANDRA, Tatiane K. V.; SEIXAS, Flávio Augusto V.; GANDRA, Eliezer A. Avaliação higiênico-sanitária do leite produzido em Umuarama (Paraná). *Boletim do Centro de Pesquisa de Processamento de Alimentos*, v. 28, n. 2, p. 271-280, 2010. Disponível em: https://www.semanticscholar.org/paper/AVALIA%C3%87%C3%83O-HIGI%C3%8A-NICO-SANIT%C3%81RIA-DO-LEITE-PRODUZIDO-EM-Silva-Sacanavacca/246c3b94dd277d-c599aeef3f85458e6244d46874. Acesso em: 31 jul. 2022.

SILVA JÚNIOR, Eneo A. *Manual de controle higiênico-sanitário em serviços de alimentação*. 7. ed. São Paulo: Varela, 2014.

SIRTOLI, Daniela Bezerra; CAMARELLA, Larissa. O papel da vigilância sanitária na prevenção das doenças transmitidas por alimentos (DTA). *Saúde e Desenvolvimento*, v. 12, p. 197-209, 2018. Disponível em: https://www.revistasuninter.com/revistasaude/index.php/saudeDesenvolvimento/article/view/878. Acesso em: 10 nov. 2022.

SOUZA, Eliane Costa; PEREIRA, Dayana Katelly Alves; SILVA, Karla Priscila Santos da. Condição sanitária de leites fermentados comercializados na cidade de Maceió-AL. *Higiene Alimentar*, v. 30, n. 256/257, maio/jun. 2016. Disponível em: https://docs.bvsalud.org/biblioref/2016/08/1534/separata-87-90.pdf. Acesso em: 31 jul. 2022.

WALSH, D.; DUFFY, G.; SHERIDAN, J. J.; BLAIR, I. S.; MCDOWELL, D. A. Antibiotic resistance among *Listeria*, including *Listeria monocytogenes*, in retail foods. *Journal of Applied Microbiology*, v. 90, p. 517-522, 2001. Disponível em: https://sfamjournals.onlinelibrary.wiley.com/doi/epdf/10.1046/j.1365-2672.2001.01273.x. Acesso em: 31 jul. 2022.

WASSERMANN, Marni; JEANROY, Amelia. *Fermenting for dummies*. Hoboken, NJ (USA): John Wiley & Sons, 2019.

WELKER, Cassiano Aimberê Dorneles; BOTH, Jane Mari Corrêa; LONGARAY, Solange Mendes; HAAS, Simone; SOEIRO, Maria Lúcia Tiba; RAMOS, Rosane Campanher. Análise microbiológica dos alimentos envolvidos em surtos de doenças transmitidas por alimentos (DTA) ocorridos no estado do Rio Grande do Sul, Brasil. *Revista Brasileira de Biociências*, Porto Alegre, v. 8, n. 1, p. 44-48, jan./mar. 2010. Disponível em: http://www.ufrgs.br/seerbio/ojs/index.php/rbb/article/view/1322. Acesso em: 31 jul. 2022.

XIANG, Huan; SUN-WATERHOUSE, Dongxiao; WATERHOUSE, Geoffrey I. N.; CUI, Chun; RUAN, Zheng. Fermentation-enabled wellness foods: a fresh perspective. *Food Science and Human Wellness*, v. 8, p. 203-243, 2019. Disponível em: https://www.sciencedirect.com/science/article/pii/S2213453019301053. Acesso em: 31 jul. 2022.

ZIMMERLI, Bernhard; DICK, Rudolf. Ochratoxin A in table wine and grape-juice: occurrence and risk assessment. *Food Additives and Contaminants*, v. 13, n. 6, p. 655-668, 1996. Disponível em: http://dx.doi.org/10.1080/02652039609374451. Acesso em: 31 jul. 2022.

5
Fermentação alcoólica baseada em frutas e mel

Gerson Bonilha Junior
Zenir Aparecida Dalla Costa de Melo Ferreira

INTRODUÇÃO

Dentre as bebidas alcoólicas, as fermentadas são as mais fáceis de produzir e as mais antigas no mundo. Se considerarmos que a fermentação alcoólica é um processo biológico relativamente simples, que consiste na conversão ou transformação dos açúcares por meio da ação de leveduras em dióxido de carbono (CO_2) e álcool etílico, podemos pressupor que, a partir do momento em que o homem começou a colher frutos para consumo posterior, certamente em algum ponto esses frutos se estragaram ou fermentaram. O resultado foi um líquido inebriante, com poderes incríveis de entorpecer a mente, assumindo um papel importante ao atuar como remédio, apaziguar os oprimidos, celebrar nascimentos, homenagear os mortos, servir como moeda de troca ou simplesmente como alternativa mais segura aos suprimentos de água contaminada pelo agrupamento humano.

Este capítulo apresenta quatro produtos importantes resultantes da fermentação alcoólica: vinho, hidromel, sidra e vinagre. Este último era utilizado antes como remédio ou conservante de alimentos e hoje é um tempero, um condimento ou ingrediente em preparações culinárias diversas. Cada um dos produtos referidos tem particularidades, histórias, classificações e estilos.

VINHOS

Quando se fala em fermentados alcoólicos de frutas, o vinho é certamente uma das primeiras bebidas em que pensamos. Apesar de outras bebidas fermentadas de frutas também serem popularmente chamadas de vinho – vinho de morango, vinho de jabuticaba etc. –, podemos dizer que elas são fermentados de frutas. De acordo com o art. 3º da Lei n. 7.678, de 1988, vinho é exclusivamente a bebida resultante da fermentação alcoólica completa ou parcial da uva fresca, esmagada ou não, ou do mosto simples ou virgem, com um conteúdo de álcool adquirido mínimo de 7% (V/V a 20 °C).

Para fazer bebida alcoólica são necessários alguma fonte de açúcar ou amido e fermento. Podemos dizer que fazer vinho é fácil: basta ter as uvas, um recipiente, um pouco de paciência para aguardar alguns dias e pronto. No entanto, a produção do vinho de boa qualidade é muito difícil. Diversos fatores são essenciais para a elaboração de um bom vinho, por exemplo, o tipo da uva, o solo, o clima, o relevo, o que é conhecido como *terroir*, e, ainda, a interferência humana no processo de vinificação e no manejo dos equipamentos e utensílios para esse trabalho.

No que se refere à interferência humana nesse processo, podemos dizer que a ciência conhecida como enologia, que estuda a vinificação, permite a produção de vinhos cada vez melhores. O enólogo é capaz de interpretar as características locais de suas uvas, o potencial delas, e conduzir e controlar a vinificação, obtendo resultados interessantes para cada estilo de vinho.

O vinho tem grande importância religiosa e histórica, com forte simbologia no cristianismo. Para se ter uma ideia, essa bebida é mencionada 215 vezes na Bíblia, das quais, 180 somente no Velho Testamento (JONES, [s. d.]).

Surgido antes da escrita, o vinho passou por diversas civilizações, como o Egito e a Grécia. É difícil saber com exatidão quando foi feito pela primeira vez; acredita-se que tenha sido na verdade descoberto: uvas esquecidas em algum recipiente vieram a fermentar de forma natural e se transformaram em um líquido estranho, embriagante, o qual deixava quem o bebesse com uma sensação relaxante e provavelmente agradável diante da vida árdua que levava. Além disso, de acordo com Henderson e Rex (2012), a fermentação é um processo natural que age para estabilizar o suco de uva e protegê-lo da deterioração, de forma que era estocado para consumo posterior. O álcool também evita o crescimento de microrganismos patogênicos, e isso significa que o vinho sempre foi seguro para beber, mesmo quando o suprimento local de água estava contaminado.

No final da década de 1960, com base no exame de fragmentos de jarras de barro encontradas nas montanhas Zagros, no oeste do Irã, tornou-se claro para os cientistas que a produção de vinho ocorreu, ao menos, entre 5 e 5,5 mil anos antes da era cristã.

Contudo, em 2017, novas evidências mostraram que a elaboração da bebida é ainda mais antiga. Escavando uma elevação de terreno próximo a Tbilisi, capital da Geórgia (país na fronteira com a Rússia, a Turquia, a Armênia e o Azerbaijão), arqueólogos americanos acharam, mais uma vez, pedaços de recipientes usados para guardar vinho. Enterradas no chão de casas que outrora ocuparam o monte Gadachrili Gora, bases redondas de enormes jarros de argila chamados de Kvevri, com traços de ácido tartárico, comprovaram a existência de resíduos de vinho. Combinando os objetos ao exame de pólen encontrado perto dali, os estudiosos comprovaram que os antigos fazendeiros da Idade da Pedra de Gadachrili Gora foram os primeiros vinicultores do mundo, pelo menos 5.800 anos antes da era cristã (CURRY, 2017).

Podemos então dizer que se trata de uma bebida que acompanha a humanidade desde o início. O vinho nasceu no Oriente, espalhou-se por todo o mundo, tornou-se companheiro do homem em momentos de tristeza ou alegria e ainda ocupou significativo papel cultural, político e religioso.

Conforme evidenciam Henderson e Rex (2012), por meio de desenhos de uvas sendo colhidas e esmagadas encontradas nas tumbas dos faraós, pode-se pressupor que o vinho exercia um papel bastante importante no antigo Egito. Egípcios, gregos e romanos foram os grandes impulsionadores da cultura e do desenvolvimento da bebida. Acredita-se que, a partir de 1500 a. C., gregos e fenícios, por colonizarem o Mediterrâneo, tenham espalhado os vinhedos na França, Espanha e Itália, que na época era chamada de Enótria (pátria do vinho) devido à importância da bebida. Os soldados de Roma tinham o hábito de tomar vinho e por isso também ajudaram a disseminar essa cultura plantando a videira pelos territórios que conquistavam.

No Brasil, as primeiras videiras somente foram plantadas com a ocupação dos portugueses, em 1532, por Brás Cubas, que veio com Martim Afonso de Sousa (CATALUÑA, 1984). O plantio ocorreu no litoral paulista, em São Vicente. Após várias tentativas, concluiu-se que o clima litorâneo não era favorável para o cultivo das uvas viníferas, continuando-se, portanto, a beber os vinhos vindos de Portugal.

Foi somente com a chegada dos imigrantes italianos ao Sul do país, em 1870, que o desenvolvimento vitivinícola começou de fato. Italianos vindos das regiões do Trentino e do Vêneto, principalmente, trouxeram mudas de uvas viníferas e as plantaram sobretudo na região nordeste do Rio Grande do Sul, mais especificamente no que hoje conhecemos por Serra Gaúcha (SANTOS, 2006).

Os primeiros vinhos elaborados pelos italianos no Brasil eram aguados e completamente diferentes daqueles aos quais estavam acostumados. O clima era outro. O solo e a chuva em abundância, entre outros fatores, levaram-nos a tentar cultivar outras uvas, variedades americanas como Isabel, Bordô, Niagara e Concord. Essas, sim, adaptaram-se bem ao clima brasileiro e ainda hoje são as uvas mais cultivadas por aqui.

Em 1920, foram dados os primeiros passos em busca de vinhos de qualidade ao diminuir, por exemplo, o rendimento da videira, e surgiram muitas cooperativas que vinificavam as uvas de pequenos produtores. Em 1970, a chegada de multinacionais de bebidas ao Rio Grande do Sul trouxe, além de tecnologia para a vinificação, uvas viníferas europeias que pouco a pouco foram se aclimatando em nosso país.

O cenário atual é bastante diferente. Muitas famílias descendentes dos primeiros imigrantes foram, ao longo dos anos, percebendo a necessidade de se profissionalizar. Investimentos foram feitos na vitivinicultura e atualmente há inúmeros produtores de vinhos de grande qualidade que merecem destaque e são reconhecidos internacionalmente. Produzimos tintos, brancos, rosés e espumantes. Aliás, alguns dos melhores vinhos espumantes do mundo são brasileiros.

No Brasil, há dois tipos de vinho: o fino, produzido exclusivamente com a espécie vítis vinífera ou europeia, e o de mesa, elaborado com a espécie vítis labrusca ou ripária, também chamada uva de mesa ou americana. As uvas americanas são excelentes para consumo *in natura*, preparo de geleias e sucos, mas não são boas para vinhos de alta qualidade. Os vinhos de mesa, além de menos encorpados, costumam ter aroma de uva, o que é indesejável quando se fala de vinho de qualidade. Já as vítis viníferas, após vinificadas, sempre terão outros aromas. Isso principalmente porque, durante o processo químico e físico da fermentação alcoólica, moléculas de aromas variados são formadas naturalmente.

O vinho é composto por mais de 600 substâncias químicas e orgânicas diferentes. Por exemplo: durante a vinificação das castas Cabernet Sauvignon ou Merlot, moléculas de pirazina, um composto orgânico heterocíclico e aromático com a fórmula $C_4H_4N_2$ é liberado. Esse mesmo composto está muito presente no pimentão; por isso, ao degustarmos um vinho dessas uvas é comum os aromas lembrarem pimenta ou pimentão. Podem aparecer aromas dos mais variados tipos e grupos: frutados de maçã, abacaxi, pera, amoras, framboesas. Ou ainda florais, frutas secas, especiarias, herbais, entre outros.

De acordo com Vianna Jr. *et al.* (2015), existem cerca de 5 mil tipos de uvas que podem ser utilizados para fazer vinhos. Entretanto, cerca de 70 espécies viníferas são identificadas como mais importantes e de maior relevância comercial. Podemos destacar entre as tintas: Cabernet Sauvignon, Merlot, Pinot Noir, Tannat, Carménère, Malbec, Syrah etc. Entre as brancas: Chardonnay, Sauvignon Blanc, Riesling, Torrontés, Gewürztraminer, Viognier, Pinot Gris, Moscatel etc. Cada uma delas apresenta particularidades de desenvolvimento quanto ao *terroir* e, consequentemente, às características organolépticas de seus vinhos.

Quanto às cores, os vinhos podem ser tintos, brancos ou rosés. E ainda classificados quanto ao estilo: tranquilo, espumante, fortificado ou doce natural.

A vinificação

A fermentação alcoólica é a transformação do açúcar, por meio da ação de leveduras, em álcool etílico, energia térmica e CO_2. Tudo o que é necessário para elaborar o vinho está presente na uva (SANTOS, 2006). O cacho é composto por um esqueleto de nome engaço, que prende os bagos. Este possui muitos taninos, substância que confere adstringência ao vinho e por isso deve ser removida antes da vinificação. A pele ou casca contém antocianinas, substâncias que conferem cor e aromas, taninos, que são muitas vezes desejáveis, além de outros componentes importantes. A polpa, representante de cerca de 90% da fruta, contém água, açúcares e ácidos. As sementes contêm muitos óleos amargos e taninos desagradáveis, por isso são removidas após a fermentação ainda intactas. Há ainda um elemento fundamental: os fermentos naturais, envoltos em um pó branco chamado pruína, localizados na parte externa da casca.

O momento da colheita é estabelecido de acordo com o estado de maturação das uvas. Quanto mais maduras, menor a acidez e maior a concentração de matéria corante e açúcar, e consequentemente maior o potencial alcóolico. O enólogo, a fim de permitir um equilíbrio desses elementos, mede diariamente, com um instrumento chamado mostímetro ou refratômetro, o teor de açúcar das uvas em graus brix, babo ou baumé. O produtor consegue saber qual porcentagem de álcool terá o vinho antes mesmo de colher as uvas. Dezessete gramas de açúcar por quilo de mosto resultarão em 1% volume alcoólico. Um mosto com 221 g de açúcar, por exemplo, resultará em 13% de álcool (VIANNA Junior et al., 2015).

Chamamos de vinificação o conjunto de operações necessárias para a elaboração do vinho. Depois de colhidas, as uvas são encaminhadas diretamente para a vinícola. Os cachos são pesados e inspecionados – analisam-se as condições sanitárias e novamente sua maturação – antes de serem processados para a elaboração da bebida. Quando o vinho é de alta qualidade, essa seleção é feita manualmente.

Para a elaboração de vinhos tintos, os cachos passam por uma máquina chamada desengaçadeira, equipamento que retira os engaços, separando-os dos bagos da uva. O engaço, como vimos, é a armação do cacho que prende cada bago da uva e geralmente não entra no processo de fermentação, pois pode transferir sabores indesejáveis para o vinho.

Em seguida, o equipamento esmaga os bagos com a casca, pois é nela que se encontram os componentes que darão, principalmente, cor ao vinho. Por isso é necessário que a fermentação ocorra com a casca. Cilindros de borracha, separados cerca de 1 cm, giram em sentidos opostos, pressionando os bagos o suficiente para romper a casca e liberar o suco da uva. No caso dos vinhos brancos, diferentemente dos tintos, é importante que o suco tenha o mínimo de contato com as cascas; por isso, após o desengace, os cachos são delicadamente esmagados para que as cascas se rompam e o suco das uvas seja liberado. Esse suco, de qualidade superior, é levado diretamente ao tanque, por meio de bombas ou pela gravidade (NOVAKOSKI; FREITAS, 2003).

O conteúdo que se forma é chamado mosto, formado pelas partes sólidas da uva (casca e sementes) e pela polpa ou, no caso dos brancos, o suco com as sementes, mas sem as cascas.

Faz-se a "sulfitagem", ou seja, acrescentam-se pequenas quantidades de anidrido sulfuroso (SO_2). Ele evita a degradação enzimática do suco, impede a oxidação do mosto e tem propriedades antimicrobianas, que previnem sua deterioração. Em seguida ocorre a fermentação alcoólica, processo de conversão do açúcar do mosto em álcool e CO_2 por leveduras, liberando calor.

A qualidade de um vinho não depende apenas da natureza e da qualidade da matéria-prima, mas também das leveduras e de suas atividades (CATALUÑA, 1984). As leveduras do vinho são da espécie *Saccharomyces cerevisiae*, as mesmas utilizadas na elaboração do pão, mas de linhagens diferentes. Pode-se usar leveduras selecionadas para maior padrão e controle ou as indígenas, naturais, localizadas na parte externa do bago e chamadas de pruína, aquele pó branco que cobre as cascas.

Os tanques de fermentação podem ser de cimento, madeira ou aço inoxidável (Inox®). Este último é o material mais usado, pois permite maior controle da temperatura e melhor higienização. Os tanques de aço têm cintas com circulação de água fria, que ajuda a controlar a temperatura de fermentação. Os brancos são fermentados em temperaturas mais frias, entre 8-10 °C, e os tintos, entre 24-32 °C (SANTOS, 2006). Tudo dependerá do que o enólogo pretende fazer: para vinhos mais leves e frutados, trabalha-se com temperaturas mais baixas; para os mais concentrados e encorpados, temperaturas mais elevadas.

Geralmente a fermentação dura entre uma ou duas semanas e pode ser interrompida pelo produtor, terminar de forma natural quando todo o açúcar tiver se transformado em álcool ou a graduação alcoólica atingir 15% em volume. O que ocorrer primeiro cessará a fermentação. A temperatura muito baixa ou muito alta pode não somente interferir nos sabores e aromas do vinho, mas também interromper o processo de vinificação, por isso o enólogo preocupa-se muito com seu controle.

Quando a fermentação termina , é feita a "descuba": o líquido é separado das cascas e das sementes por meio da gravidade (SANTOS, 2006). O líquido que flui livremente é um vinho considerado superior, de melhor qualidade. As cascas, em geral, são colocadas em uma prensa para a extração do vinho restante (procedimento mais comum), chamado de vinho de prensa. As cascas ou resíduo são descartadas ou ainda utilizadas na elaboração de grapa ou bagaceira.

Após a prensagem, o vinho ainda turvo é transferido, por meio de bombas, para um tanque ou barril de armazenagem. Depois de alguns dias, os sólidos decantam, formando uma espécie de borra no fundo do tanque. Cerca de uma ou duas semanas depois, o vinho, já límpido, é separado dessa borra, em uma etapa chamada "trasfega". Em alguns lugares costuma-se usar clara de ovo, em um processo chamado colagem, para que as impurezas em suspensão grudem na clara e se precipitem para sua posterior remoção – daí o nome clarificação.

Após a clarificação, pode-se ainda permitir a conversão malolática. Trata-se da transformação do ácido málico, que é mais agressivo e está presente no vinho recém-elaborado, em ácido lático, mais suave e aveludado, por meio da adição de bactérias do gênero *Oenococcus oeni*, que atacam o ácido málico quando o pH do vinho está em torno de 3,23 (CATALUÑA, 1984). Isso ocorre na maioria dos tintos e, em alguns casos, nos vinhos brancos; o Chardonnay, por exemplo, recebe um aroma amanteigado bastante agradável.

De acordo com a decisão do enólogo, o vinho pode ter encaminhamentos diferentes após esse processo, ele pode ser: armazenado em barris de carvalho por meses ou anos; misturado com outros vinhos, para reunir as melhores características de cada um deles, em um processo que chamamos de *assemblage*, *blend* ou corte; ou, ainda, engarrafado e estar pronto para a comercialização e o consumo.

Podemos ainda ter os vinhos espumantes, normalmente obtidos por meio de uma segunda fermentação. A partir de um vinho-base ou de um *assemblage*, o enólogo tem a opção de promover a segunda fermentação dentro da própria garrafa, em um método artesanal e trabalhoso criado na cidade de Champagne (província da França), denominado *champenoise*, ou tradicional, quando aplicado em outros locais, que resultará em uma bebida mais elegante, com bolhas bem pequeninas e aromas que em geral remetem ao pão, principalmente devido ao contato com o fermento dentro da garrafa. É possível fazê-lo também da forma industrial, em um método denominado *charmat*, dentro de autoclaves hermeticamente fechadas, uma espécie de tanque bem grande de aço inoxidável no qual o CO_2 é desenvolvido e impedido de sair. Em ambos os métodos são adicionados mais açúcar e fermento, provocando assim uma segunda fermentação. Como o recipiente está fechado, o CO_2 desenvolvido a partir da fermentação fica incorporado à bebida. Cada um dos métodos resulta em características específicas de visual, aroma e sabor.

Os vinhos doces naturais, também chamados de vinhos de sobremesa, são produzidos com uvas supermaduras. Vinhos de qualidade não recebem açúcar artificialmente. Dentre algumas formas de produção, a mais comum é a "colheita tardia" ou *late harvest*. As uvas ficam amadurecendo além do ponto natural de doçura normalmente usado para outros vinhos, desse modo se consegue obter açúcar suficiente para a produção de álcool e, ainda assim, manter um residual que deixe a bebida com sabor adocicado.

Entre os doces naturais, há os vinhos botritizados, produzidos com uvas atacadas pelo fungo *Botrytis cinerea*, também conhecido como podridão nobre, pois é benéfico para a uva. Esse fungo se desenvolve apenas em algumas partes do mundo, normalmente em regiões com maiores índices pluviométricos e bastante umidade. Ele age fazendo pequenos furos nas cascas das uvas, permitindo que parte de seu líquido evapore. Desse modo, tem-se uma uva com grande concentração de açúcar e acidez que resultará em um vinho bastante complexo, como os famosos Sauternes da França e o Tokaji da Hungria (SANTOS, 2006).

Outro grupo, ou tipo, de vinho é o dos chamados fortificados, que podem ser doces ou secos. É o caso do vinho do Porto, Madeira, Málaga, Marsala e Jerez, para citar os mais conhecidos. A característica principal desses tipos de vinho, como o próprio nome sugere, fortificado, é ter uma concentração de álcool maior. Como as leveduras não resistem a uma graduação acima de 15% em volume, é comum que se acrescente aguardente de uva ou outra bebida destilada ao mosto para interromper a fermentação. O resultado é um vinho forte com teor alcoólico entre 19-21% em volume e também adocicado pelo açúcar residual. Ainda é possível obter um vinho fortificado seco, e, nesse caso, acrescenta-se a bebida destilada no fim do processo de fermentação, quando todo, ou quase todo, açúcar foi convertido em álcool.

VINAGRE

É um dos condimentos mais antigos usados pela humanidade. Acredita-se que a história do vinagre esteja intimamente ligada à do vinho por se tratar dos primeiros produtos de fermentação espontânea empregados na alimentação.

Apesar do uso e difusão do vinagre a partir da vinha, ele pode ser obtido também de outras frutas, tubérculos, cereais e aguardentes. De acordo com a legislação brasileira, vinagre é o produto resultante da fermentação acética do vinho. A expressão "vinagre" usada isoladamente é privativa do fermentado acético do vinho. Os produtos resultantes de outras matérias-primas são denominados fermentados acéticos, seguido do nome do produto de origem.

"O primeiro vinagre de que se tem notícia era feito de tâmaras no Oriente Médio", diz Agustí Torelló, produtor de uma das cavas mais refinadas da Espanha e de um vinagre da mesma bebida (RECEITA DO VINAGRE..., 2011).

O fermentado acético do vinho é algo totalmente indesejável e contaminante na produção do vinho (a bebida), entretanto, um composto muito utilizado no preparo de alimentos. A palavra "vinagre" deriva do latim *vinum acre* e também está relacionada com o termo em francês *vinaigre*, que significa vinho azedo, e nada mais é do que o produto da transformação do álcool em ácido acético por bactérias acéticas. Apesar da ligação histórica do vinagre com o vinho, foi Pasteur (1822-1895) quem determinou as bases científicas da produção industrial do vinagre. Segundo Gonçalves (2019), quando ingerido, o vinagre aumenta a atividade dos fermentos gástricos no organismo humano e, ao mesmo tempo, promove um efeito excitante da glândula pancreática, sendo considerado um produto superior a outros alimentos ácidos pelo fato de conter o ácido acético, que, entre os ácidos orgânicos, é o mais dissociável e favorável à digestão (BORTOLINI et al., 2001; HOFFMANN, 2006).

De acordo com a Associação Nacional das Indústrias de Vinagre (Anav), o vinagre foi considerado uma substância medicinal segundo Hipócrates; há referências ao vinagre que remetem à crucificação de Cristo, no Antigo e no Novo Testamento. No Egito Antigo, já havia indícios do uso do vinagre, muito utilizado como medicamento e aliado no tratamento de doenças respiratórias e até mesmo de úlceras, em razão de suas características anti-inflamatórias e antissépticas (PESSETE; RAMOS, 2016).

O vinagre também foi muito importante para a conservação dos alimentos em épocas mais remotas da civilização, quando não existiam geladeiras.

A Associação Nacional das Indústrias de Vinagre (ANAV, [s. d.]) destaca os seguintes tipos de vinagres:

- Balsâmico (aceto balsâmico): escuro e bastante aromático, é feito com uvas selecionadas da região de Módena, na Itália. O autêntico vinagre balsâmico passa por um longo processo de fermentação, feito em barris de madeira, que deve durar pelo menos 10 anos. É excelente no preparo de molhos para saladas, para temperar legumes ou enriquecer molhos a partir do fundo de cozimento.
- De sidra (ou de maçã): obtido a partir do suco fermentado de uma variedade de maçã, é o menos ácido. Fica ótimo em molhos de saladas, conservas, pratos agridoces e para acentuar o sabor de molhos que acompanham carnes.
- De malte: é um produto escuro e fermentado, feito a partir do malte de cevada. É usado tradicionalmente na Inglaterra para acompanhar o clássico peixe com batatas fritas (*fish and chips*). É também usado em molhos para saladas.
- De arroz: é o vinagre japonês obtido a partir da fermentação do arroz. Mais suave e ligeiramente adocicado, pode ser encontrado em lojas de produtos orientais. É misturado ao arroz cozido para fazer *sushi* e usado em pratos agridoces. O chinês é mais forte e ligeiramente ácido.
- De vinho: é elaborado a partir do vinho tinto ou branco. A qualidade difere de uma marca para outra, e alguns são bem ácidos. Ótimos para temperar qualquer alimento e preparar marinadas.

- De champanhe (ou de cava, na Espanha, ou de espumante, no Brasil): produto de cor pálida e sabor elegante, como a da bebida da qual procede.
- De xerez: produto típico da Espanha, tem sabor delicado e exclusivo. Ideal para saladas e para aromatizar pescados e carnes brancas.
- Aromatizados: podem ser aromatizados com ervas, especiarias, frutas ou alho, e são indicados para molhos de saladas. Os aromatizados com frutas podem ser usados em molhos para sobremesas, musses, sorvetes ou borrifados sobre panquecas e *waffles*.

De acordo com Rizzon (2006), o químico francês Lavoisier (1743-1794) escreveu no livro *Tratado de química elementar* que o vinagre não era nada mais do que o vinho acetificado devido à absorção do oxigênio, portanto, o resultado era simplesmente uma reação química. Pensava-se, na época, que a camada gelatinosa formada na superfície do vinho em acetificação, a "mãe do vinagre", era apenas um produto da transformação, mas não a causa. Somente mais tarde Pasteur mostrou que sem a participação da bactéria acética não há formação do vinagre. E provou: sempre que o vinho se transforma em vinagre, isso se deve à participação de bactérias acéticas que se desenvolvem na superfície formando um véu, afirmação esta categoricamente negada pelos químicos da época.

HIDROMEL

Hidromel, *mead, honeywine, aguamiel, methus* e água-mel são alguns dos nomes desse antigo produto que podemos descrever como uma bebida alcoólica fermentada à base de mel e água.

Apesar de sua fama como a bebida dos *vikings*, o hidromel foi consumido por toda a Europa, desde a Roma e a Grécia antigas aos celtas, saxões e, claro, os *vikings*. Na mitologia nórdica, era tido como a bebida favorita de deuses como Odin e Thor.

Ainda segundo a mitologia nórdica, essa bebida antecedeu o vinho e a cerveja. Não existe nenhuma comprovação disso, porém alguns fatores devem ser considerados, como o fato de sua produção não depender do domínio da agricultura, por exemplo, e o mel estar disponível na natureza.

Algumas pesquisas apontam para o surgimento da bebida na China antiga bem antes da cerveja ou o vinho, e que, na Mesopotâmia, foi encontrada uma tábua de argila do século XIX com a inscrição de um hino a Ninkasi, deusa da fermentação. Tratava-se de uma receita para fazer cerveja, mas o mel é citado entre os ingredientes; então, a bebida em questão era provavelmente uma cerveja de mel. Outras pesquisas indicam o continente africano, precisamente os campos das savanas, como um local onde o processo de fermentação teria surgido de forma acidental, quando as colmeias das árvores eram afogadas nas grandes inundações provocadas pelos deslocamentos de terra na Era Neolítica (PELEGRINI, 2021).

Da África, o hidromel se espalhou por outros continentes, sofrendo modificações em sua produção e consumo ao longo da história. Na Roma antiga, era chamado de água Mulsum; e na Grécia, a bebida preferida dos deuses do Olimpo, batizada de ambrosia, sendo misturado com vinho, água do mar e vinagre para esconder defeitos e amenizar seu sabor. Essa receita se popularizou, ganhando nomes como Melikraton ou néctar dos deuses.

Um fato curioso é que o termo "lua de mel" está relacionado ao consumo dessa bebida. Na Irlanda, existia a tradição de que os recém-casados deveriam consumir hidromel durante o primeiro ciclo lunar após o casamento, a fim de gerar filhos homens.

O Decreto n. 6.871, de 4 de junho de 2009, regulamenta a Lei n. 8.918, de 14 de julho de 1994, e define o hidromel como a bebida obtida pela fermentação alcoólica da solução de mel de abelha, sais nutrientes e água potável, com teor alcoólico variando entre 4-14% em volume. Na Europa, a graduação pode chegar a 18%, dependendo da classificação e do tipo da bebida. Apesar de existir certa variedade de hidroméis no mundo, inclusive alguns acrescidos de frutas e ervas (p. ex., no Brasil), em razão da falta de tradição e conhecimento, eles não são reconhecidos. Quando contiver algum ingrediente ou teor alcoólico que não conste na definição legal, a bebida deverá ser chamada de "bebida alcoólica mista".

Em sua produção normalmente se utiliza uma proporção de 80% de água e 20% de mel para que ocorra de forma adequada a fermentação alcoólica. No início, é provável que isso tenha ocorrido acidentalmente quando certa quantidade de mel foi misturada com água. Os fermentos utilizados também eram selvagens ou espontâneos, disponíveis no meio ambiente. Atualmente, shá um controle maior sobre todo o processo e muitas fábricas que apostam em qualidade e variedade.

Uma classificação internacional moderna, mais divulgada e utilizada em concursos nacionais e internacionais, é a *Beer Judge Certification Program*, conhecido pela abreviação BJCP. Seu guia de estilos (*Mead style guidelines*) classifica o hidromel com base em parâmetros como quantidade de mel residual, teor alcoólico, insumos utilizados, métodos e receitas históricas, nível de carbonatação da bebida, entre outros.

Alguns dos estilos mais conhecidos são:

- Hidromel tradicional: também conhecido por "Show Mead", pelo BJCP é chamado de "Tradicional Mead", cuja classificação, de acordo com a residual doçura, pode ser: seco, meio seco ou doce.

- Melomel: nome dado ao hidromel que recebeu a adição de frutas (maçã, uva, amora e pêssego).
- Metheglyn: com adição de ervas e especiarias. O guia de estilos o enquadra na categoria "Spiced Mead".

Pode-se dizer que é uma bebida ainda não muito consumida, mas pouco a pouco vem ganhando espaço por causa do interesse constante do público em bebidas exóticas e também por meio dos simpatizantes de algumas obras literárias, filmes e séries famosas que apresentam o hidromel e despertam sua curiosidade (O HIDROMEL, ESSE DESCONHECIDO, 2007).

SIDRA

De acordo com a legislação brasileira, a sidra é uma bebida com graduação alcoólica de 4-8% em volume, a 20 °C, obtida pela fermentação alcoólica do mosto de maçã fresca, sã e madura, do suco concentrado de maçã ou de ambos, com ou sem a adição de água. Caso seja feita a partir de outras frutas, deve ser rotulada como bebida mista.

O nome vem da palavra hebraica *shekar*, que significa bebida forte. Variantes dessa palavra foram empregadas em diferentes civilizações: na Babilônia, utilizava--se Sikaru; na Grécia, Sikera; e no Império Romano, Sicera. Como em italiano a bebida é chamada de *sidro* e foi por meio de imigrantes italianos que ela chegou ao Brasil, por aqui recebe o nome de sidra, com S e não com C, o que causa confusão para muitos. Cidra, com C, é o fruto da cidreira, bem diferente da maçã.

É provavel que a sidra seja produzida desde 1300 a. C. no delta do Rio Nilo, onde, na época, segundo os historiadores, já havia macieiras. E, assim como ocorre com as uvas para a elaboração dos vinhos, existem diversos tipos ou variedades de maças para a produção de sidras. Na Normandia, as maças mais apropriadas para a produção dessa bebida foram introduzidas em 1066, bem como os métodos mais modernos de produção.

O Reino Unido é o maior consumidor de sidra, mas a bebida também faz muito sucesso na França, Espanha e EUA. No Brasil, tem baixa reputação, é pouco conhecida e consumida. Para a maioria das pessoas, esse nome está associado ao filtrado doce, uma bebida carbonatada barata, com teor de doçura elevado, que é vendida em grande quantidade principalmente nas festas do fim de ano. Porém, diante do auge das cervejas artesanais, alguns produtores brasileiros estão apostando na sidra. Hoje podemos encontrar tanto produções estrangeiras quanto brasileiras de sidras aromatizadas com os mais variados tipos de ingredientes, além das maças, como hibisco, abacaxi, morango e caju (ARREGUY, 2016).

REFERÊNCIAS BIBLIOGRÁFICAS

ARREGUY, Fabiana. As sidras chegaram, mas será que para ficar? *Pão e Cerveja*, 20 de dez. de 2016. Disponível em: https://paoecerveja.uai.com.br/novidade/as-sidras-chegaram-ao-brasil-para-ficar/#:~:text=Sidra%20%C3%A9%20o%20fermentado%20de,ser%20rotulada%20como%20bebida%20mista. Acesso em: 31 jul. 2022.

Associação Brasileira de Enologia (ABE). *A história do vinho no Brasil*. Rio Grande do Sul, 29 nov. 2020. Disponível em: https://www.enologia.org.br/curiosidade/a-historia-do-vinho-no-brasil. Acesso em: 31 jul. 2022.

Associação Nacional das Indústrias de Vinagre (ANAV). *Os tipos de vinagre*. São Paulo (s. d.). Disponível em: https://www.anav.com.br/index.php. Acesso em: 10 nov. 2022.

BORTOLINI, F.; SANT'ANNA, E. S.; TORRES, R. C. Comportamento das fermentações alcoólicas. *Ciência Tecnologia Alimentos*. Campinas, v. 21, n. 2, p. 236-243, mai./ago. 2001.

BRASIL. *Lei n. 7.678, de 8 de novembro de 1988*. Dispõe sobre a produção, circulação e comercialização do vinho e derivados da uva e do vinho, e dá outras providências. Disponível em: http://www.planalto.gov.br/ccivil_03/leis/1980-1988/l7678.htm. Acesso em: 31 jul. 2022.

BRASIL. Ministério da Agricultura, Pecuária e Abastecimento. *Decreto n. 6.871, de 4 de junho de 2009*. Regulamenta a Lei n. 8.918, de 14 de julho de 1994, que dispõe sobre a padronização, a classificação, o registro, a inspeção, a produção e a fiscalização de bebidas. *Diário Oficial da União*, 5 jun. 2009. Disponível em: http://sistemasweb.agricultura.gov.br/sislegis/action/detalhaAto.do?method=recuperarTextoAtoTematicaPortal&codigoTematica=1265102#:~:text=caramelo%20e%20sacarose.-,Art.,sem%20a%20adi%C3%A7%C3%A3o%20de%20%C3%A1gua. Acesso em: 31 jul. 2022.

BRASIL. Ministério da Agricultura, Pecuária e Abastecimento. *Instrução Normativa n. 14, de 8 de fevereiro de 2018*. Diário Oficial da União, 9 mar. 2018. Disponível em: https://www.in.gov.br/materia/-/asset_publisher/Kujrw0TZC2Mb/content/id/5809096/do1-2018-03-09-instrucao-normativa-n-14-de-8-de-fevereiro-de-2018-5809092. Acesso em: 31 jul. 2022.

CATALUÑA, Ernesto. *Vinhos e uvas*. Rio de Janeiro: Globo, 1984.

CURRY, Andrew. Descoberta evidência do vinho mais antigo do mundo, de 8 mil anos. *National Geographic*, 2017. Disponível em: https://www.nationalgeographicbrasil.com/historia/2017/11/descoberta-evidencia-do-vinho-mais-antigo-do-mundo-de-8-mil-anos#:~:text=As%20pessoas%20que%20viviam%20em,de%20pedra%20e%20de%20ossos. Acesso em: 31 jul. 2022.

GONÇALVES, Adriellen Saraí de Lima *et al. Ciência e tecnologia dos alimentos*. Belo Horizonte: Poisson, 2019. v. 7.

GUARNIER Filho, Irineu. Banana, couro ou petróleo no vinho. *Plant Project*, 6 set. 2019. Disponível em: https://plantproject.com.br/2019/09/coluna-terroir-irineu-banana-couro-ou-petroleo-no-vinho/. Acesso em: 31 jul. 2022.

HENDERSON, J. Patrick; REX, Dellie. *Sobre vinhos*. 2. ed. São Paulo: Cengage Learning, 2012.

HOFFMANN, A. Embrapa Uva e vinho. *Sistema de produção de Vinagre*. Bento Gonçalves, 2006. Disponível em: <http://www.cnpuv.embrapa.br/publica/sprod/Vinagre/legislacao.htm>. Acesso em: 25 ago. 2019.

JONES, David. Fatos bíblicos. *Bebidas Alcoólicas*, [s. d.]. Disponível em: http://www.bible-facts.info/artigos/perbebidasalcoolicas.htm. Acesso em: 31 jul. 2022.

NOVAKOSKI, Deise; FREITAS, Armando. *Vinho*: castas, regiões produtoras e serviço. Rio de Janeiro: Senac Nacional, 2003.

O HIDROMEL, esse desconhecido. *Cervejas do Mundo*, 19 jan. 2021. Disponível em: http://www.cervejasdomundo.com/Hidromel.htm. Acesso em: 31 jul. 2022.

PESSETE, Josiane Regina; RAMOS, Rute de. *Fabricação de vinagre*. Projeto de Conclusão de Curso Técnico de Nível Médio em Química Industrial do Centro de Educação Profissional de Curitiba, Curitiba, 2016. Disponível em: http://www.ceepcuritiba.com.br/wp-content/uploads/2019/05/Projeto-de-fabricacao-de-vinagre.pdf. Acesso em: 31 jul. 2022.

RECEITA do vinagre vem do século XI e tem origem árabe. *Correio Braziliense*, 19 mar. 2011. Disponível em: https://www.correiobraziliense.com.br/app/noticia/diversao-e-arte/2011/03/19/interna_diversao_arte,243572/receita-do-vinagre-vem-do-seculo-xi-e-tem-origem-arabe.shtml. Acesso em: 31 jul. 2022.

RIZZON, Luiz Antenor. Sistema de produção de vinagre: fermentação acética. *Embrapa Uva e Vinho*, dez. 2006. Disponível em: https://sistemasdeproducao.cnptia.embrapa.br/FontesHTML/Vinagre/SistemaProducaoVinagre/fermentacao.htm. Acesso em: 31 jul. 2022.

SANTOS, José Ivan Cardoso dos. *Vinhos*: o essencial. 5. ed. São Paulo: Senac São Paulo, 2006.

SEBRAE. *Lei do vinho sistematizada*: fique por dentro com este manual. São Paulo, 13 dez. 2020. Disponível em: https://www.sebrae.com.br/sites/PortalSebrae/bis/lei-do-vinho-sistematizada-fique-por-dentro-com-este-manual,5f4b43f87dc17410VgnVCM1000003b74010aRCRD. Acesso em: 31 jul. 2022.

VIANNA JUNIOR, Dirceu; SANTOS, José Ivan Cardoso dos; LUCKY, Jorge. *Conheça vinhos*. 3. ed. São Paulo: Senac São Paulo, 2015.

6

Fermentação de vegetais

Luis Fernando Carvalhal de Castro Pimentel
Rafael Cunha Ferro
Claudia Maria de Moraes Santos

INTRODUÇÃO

Quase todas as civilizações consomem vegetais fermentados, os quais são usados em saladas, picles, sopas e acompanhamentos em todo o mundo. Antes de partirmos para os processos de fermentação propriamente ditos, precisamos entender quais tipos de vegetais são apropriados a eles. Katz (2012) afirma que praticamente qualquer vegetal pode ser fermentado, se utilizado o método adequado.

McGee (2004) e Battcock e Azam-Ali (1998) citam categorias e variedades de produtos fermentados a partir de vegetais, de diversas partes do mundo, incluindo:

- Hortaliças folhosas: *sauerkraut* de repolho da Alemanha, *kimchi* de acelga da Coreia, *Pak-sian-dong* de *Pak-sian* (*Gynandropsis gynandra*) da Tailândia, *gundruk* de mostarda e couve-flor do Nepal e *Sayur asin* de mostarda da Indonésia.
- Folhas de vegetais: *Miang* de folhas de chá da Tailândia e *Ombolo wa koba* de folhas de mandioca do Zaire.
- Caules: *Naw-mai-dong* de broto de bambu da Tailândia.
- Raízes: *Kanji* de cenoura do Paquistão, *sinki* de rabanete da Índia e *Свекла* de beterraba da Rússia.
- Bulbos: *Hom-dong* de cebola roxa da Tailândia.
- Frutos: *Tempoyak* da polpa de durião da Malásia, *Lamon Makbous* de limões do norte da África, *Burong Mangga* de manga verde das Filipinas, *Oi sobagi* de pepinos da Coreia e conservas de azeitonas verdes e pretas de várias partes do mundo.

É possível adicionar à lista brócolis, abobrinha, broto de bambu, palmito, maxixe, mandioca, abóbora, berinjela, pimentão, pinhão, tomate, limão, espinafre, aspargo, entre muitos outros. Carvalhaes e Andrade (2020) incluíram com sucesso em suas experiências fermentativas vários vegetais da flora nacional brasileira, como ora-pro-nóbis, bertalha, caruru, jabuticaba, caju, bacupari, umbu, cambuci, bilimbi, mandioca, taioba e pimentas como dedo-de-moça, malagueta, biquinho, fidalga, cumari, murupi, bode e jiquitaia. Entre os alimentos tradicionais com base em vegetais fermentados, temos chucrute (*sauerkraut*), *kimchi*, picles de pepino, *relishes, chutneys, gundruk, sinki, khalpi*, etc., e alguns deles serão tratados ao longo deste capítulo.

Os fermentados são uma categoria de alimentos interessante, não só porque é possível produzi-los com matérias-primas baratas e tecnologia simples, mas também porque eles dão uma importante contribuição para a alimentação humana, principalmente nos grupos sociais mais vulneráveis. Em todas as etnias do mundo existem alimentos fermentados produzidos por receitas passadas de geração em geração. Esses alimentos desempenham um papel importante nas características culturais, na economia local e no prazer alimentar.

As técnicas de refrigeração, congelamento e enlatamento só foram desenvolvidas no século XX para preservar e estender a vida útil dos alimentos. Com o avanço da ciência e da tecnologia, a produção em grande escala de alguns dos alimentos fermentados mais populares tornou-se possível, enquanto outros ainda são produzidos em residências ou indústrias de pequena escala por meio de métodos tradicionais. Mesmo hoje, a maioria das pessoas que vivem em países subdesenvolvidos e em desenvolvimento não pode pagar por enlatados ou congelados, então utilizam a fermentação natural de alimentos como modo de preservá-los. A combinação de fermentação e salga ainda é o método mais prático para conservar e, muitas vezes, melhorar a qualidade sensorial e nutricional de vegetais frescos para o consumo futuro (PEDROCCO, 1998).

As conservas mantêm o mesmo modo de produção há milhares de anos e possuem propriedades sensoriais características: o doce, o salgado e o ácido. Os conservantes utilizados são os mesmos desde então, são eles: o mel, o açúcar, o sal e o vinagre; esses elementos conferem às conservas suas características gustativas. Os produtos de base são os mais diversos, de origem animal ou vegetal, e esses alimentos ganham uma nova identidade ao longo da história da humanidade.

Encontros inesperados com a fermentação certamente ocorreram inúmeras vezes na história da humanidade e ajudaram a desenvolver técnicas que se mostraram valiosas aliadas no preparo e na conservação de alimentos em tempos em que a refrigeração e os métodos industriais de conservação ainda não faziam parte de nossa rotina diária de alimentação (CAPATTI, 1998).

Existem várias maneiras de conservar os alimentos, e uma delas é aumentar a acidez. Isso pode ser feito artificialmente, pela adição de ácido, ou naturalmente, pela fermentação. Atualmente é reconhecido que esse processo pode se desenvolver de forma espontânea por meio da ação da flora natural ou da inoculação de bactérias láticas (BAL).

A fermentação não apenas aumenta a vida útil do produto e a segurança microbiológica dos alimentos, mas também melhora sua digestibilidade e valor nutricional. O consumo de produtos vegetais fermentados proporciona ao organismo nutrientes essenciais, incluindo vitamina C, minerais e fibras. Isso ocorre porque o aquecimento destrói as vitaminas, causa a reação de Maillard e reduz a disponibilidade de aminoácidos livres. A fermentação do ácido lático não requer ou quase não requer nenhuma energia na forma de calorias para que vegetais frescos ou minimamente processados possam ser preservados. Nos últimos anos, à medida que a importância e o benefício da fermentação para a nutrição humana foi sendo reconhecida pelo consumidor, a demanda por produtos fermentados vem aumentando (FARNWORTH, 2008).

Neste capítulo, vamos desmistificar o processo de fermentação de vegetais; por um lado, explicando a ciência dos processos físicos, químicos e biológicos que ocorrem nos procedimentos fermentativos e, por outro, propondo métodos práticos que garantem os sabores e a segurança alimentar das preparações. Existem diferentes processos e métodos para fermentar produtos alimentícios, mas o capítulo abordará em maior profundidade a fermentação lática, que envolve os processos mais difundidos e utilizados na fermentação de vegetais.

Preparar seus próprios vegetais fermentados não é difícil, mas requer cuidados e disponibilidade de tempo. É necessário primeiro estabelecer a técnica correta, definir os melhores ingredientes e utilizar equipamentos e utensílios sempre limpos e adequados para a receita. Para o armazenamento, a escolha do pote é fundamental; o ideal são os de vidros com boca larga e tampa que vede bem.

Para a melhor abordagem do tema, este capítulo está dividido em quatro partes:

1. Na primeira, é apresentada ao leitor a fermentação lática e seus dois principais caminhos, a salmoura (*brining*) e a salgada a seco (*dry salting*), discorrendo sobre as respectivas produções mais relevantes del. A fermentação lática sem o uso de sal é possível, mas muito pouco utilizada.
2. Na segunda, são mostradas receitas menos conhecidas internacionalmente com outros ingredientes vegetais, sobretudo aqueles disponíveis em território brasileiro.

3. Na terceira, há receitas, dicas e técnicas que utilizam produtos fermentados vegetais como ingredientes.
4. Na quarta, há um passo a passo para fabricar seus próprios potes fermentadores.

FERMENTAÇÃO LÁTICA

A fermentação lática pode ser realizada por meio da flora natural da matéria-prima ou pelos *starters* inoculados. No caso da fermentação comandada pela flora autóctone, há uma variação entre as propriedades sensoriais de seus resultados de acordo com o ingrediente principal, a temperatura e as condições de preparo e armazenamento.

As "fermentações espontâneas" normalmente resultam de atividades competitivas entre uma variedade de microrganismos autóctones e contaminantes. Aqueles que melhor se adaptarem às condições durante o processo de fermentação acabarão por dominar o produto. O início de um processo espontâneo leva um tempo relativamente longo, com risco de falha, e a falha dos processos de fermentação pode resultar em deterioração ou na sobrevivência de patógenos, criando-se assim riscos inesperados à saúde. Por isso, tanto do ponto de vista da higiene quanto da segurança, o uso de culturas *starters* é recomendado (FARNWORTH, 2008; TAMANG; KAILASAPATHY, 2010; HUI, 2012).

Por outro lado, alguns pesquisadores dos processos fermentativos de vegetais, como Carvalhaes e Andrade (2020), não recomendam a adição de inóculos, pois estes poderiam interferir no equilíbrio da microbiota natural dos vegetais, afetando o processo fermentativo como um todo e produzindo resultados de características organolépticas (características de sabor, textura e aroma do alimento) inferiores àqueles produzidos pela flora nativa. Em produções em menor escala e artesanais, é possível adotar essa aproximação mais natural sem comprometer a segurança alimentar, desde que métodos apropriados, práticas de higiene mais eficazes e controle de riscos sejam utilizados.

Em produções comerciais de larga escala, o uso de culturas *starters* seria uma abordagem apropriada para o controle e otimização do processo de fermentação, a fim de minimizar variações na qualidade organoléptica e estabilidade microbiológica. Além disso, pode resultar em conservação higiênica e estabilidade comercial. Em muitos trabalhos, as culturas iniciais são misturadas e incluem bactérias com diferentes tipos de metabolismos (homo e heterofermentativos). A seleção dessas culturas mistas baseia-se principalmente na competitividade entre a *starter* e a flora natural (FARNWORTH, 2008; TAMANG; KAILASAPATHY, 2010; HUI, 2012).

As BAL são as responsáveis pela fermentação de muitos vegetais. Alguns de seus gêneros são comumente encontrados em vários tipos preparados à base de vegetais fermentados, entre eles: *Leuconostoc, Lactobacillus, Weissella, Pediococcus, Enterococcus e Lactococcus*. No passado, os métodos de cultura identificaram cepas homofermentativas, por exemplo, *Lactobacillus plantarum*, como sendo muito comuns por causa da capacidade metabólica flexível de rápida adaptação às mudanças nas condições ambientais, incluindo o estresse ácido, processo que auxilia na conservação do produto. Quantos às espécies heterofermentativas, destacam-se a *Leuconostoc mesenteroides* e a *Leuconostoc citreum* (TAMANG; KAILASAPATHY, 2010; HUI, 2012).

Uma das principais vantagens das BAL é a capacidade de inibir o desenvolvimento de microrganismos deteriorantes que podem afetar a saúde do consumidor e/ou estragar os alimentos. Em vegetais, as leveduras de deterioração aparecem após a fermentação por BAL, mas, quando um iniciador lático é utilizado, o crescimento das leveduras geralmente é inibido. Adicionalmente, a produção de ácido acético por *Leuconostoc mesenteroides* durante a fermentação parece ser um aspecto crítico para a preservação desses produtos. A prevenção da deterioração do fermento poderia ser melhorada com a redução dos níveis de contaminação nos estágios iniciais da fermentação por meio da diminuição do pH da mistura (estresse ácido) (FARNWORTH, 2008; TAMANG; KAILASAPATHY, 2010; HUI, 2012).

Na fermentação lática, as matérias-primas são mantidas em um pote fermentador (com pouco ou nenhum oxigênio – propiciando condições anaeróbias) para permitir que as BAL cresçam e, ao final, obtenha-se um produto ácido. Os potes fermentadores são recipientes apropriados que permitem a saída do excesso de dióxido de carbono (CO_2) produzido, sem permitir a entrada de oxigênio ou de elementos contaminantes, geralmente pela utilização de um "selo d'água". Uma maneira simples de adaptar um pote simples de vidro com tampa metálica é pela adição de um *airlock*, adaptado à tampa do pote, permitindo a saída do CO_2 sem deixar que oxigênio ou contaminantes entrem no recipiente.

A fermentação lática ocorre dentro de três condições básicas: salgadas a seco (*dry salting*), salgadas em salmoura (*brining*) e não salgadas. Segundo Katz (2012), o sal não é um elemento obrigatório, mas sua adição resulta em fermentados de melhor sabor e textura, provenientes de processos fermentativos mais longos e lentos. Nas fermentações em ambiente salino, o sal adicionado cria um ambiente favorável para o desenvolvimento das BAL, por isso o produto final é levemente acidificado (FARNWORTH, 2008; TAMANG; KAILASAPATHY, 2010; HUI, 2012).

A fermentação lática salgada a seco é indicada para vegetais que possuem maior teor de água, caso das hortaliças folhosas como repolho e acelga. Já a em salmoura é indicada quando a água do próprio vegetal é insuficiente para criar um ambiente favorável ao processo fermentativo.

A seguir são explicitados os métodos de fermentação lática por meio de salga seca, salga em salmoura e sem salga, e respectivos preparos internacionalmente conhecidos.

FERMENTAÇÃO LÁTICA SALGADA A SECO (*DRY SALTING*)

No processo de salga a seco, o sal é adicionado aos vegetais, extraindo seus sucos e criando uma salmoura sem necessariamente adicionar água ao preparo. Os vegetais são limpos, enxaguados com água potável e escorridos. Uma proporção entre 2-3% de sal em peso é adicionada aos vegetais em camadas de aproximadamente 2 cm (para facilitar a extração dos sucos). Dentro do recipiente no qual a fermentação irá ocorrer, coloca-se uma camada de vegetais, polvilhando-a com sal, adiciona-se outra camada com o mesmo processo e assim sucessivamente até atingir 3/4 do volume do recipiente.

Essa composição deve ser então pressionada, geralmente com a ajuda de um peso, por cerca de 24 horas, para extrair os sucos dos vegetais. Assim que a preparação fica submersa na salmoura, inicia-se o processo de fermentação e o gás CO_2 começa a se formar. Se a salmoura criada pelos sucos do próprio vegetal não for suficiente para deixar a preparação submersa, há a necessidade de adicionar salmoura salgada em água a 2% de sal para completá-la. O processo fermentativo ocorrerá durante um período de uma a quatro semanas e estará completo quando cessar a formação de CO_2 (cessa a formação de gás). A partir desse ponto, o fermentado poderá ser misturado a outros elementos de sabor (como azeite, vinagre e especiarias, devidamente preparados) e armazenado (BATTCOCK e AZAM-ALI, 1998). Para interromper o processo fermentativo (ou deixá-lo muito lento), os produtos finais podem ser refrigerados ou até mesmo pasteurizados.

Kimchi

Vegetais salgados e em conserva têm sido consumidos tanto na Coreia do Sul quanto na do Norte há pelo menos 2 mil anos. O *kimchi*, talvez o alimento fermentado coreano mais conhecido mundialmente, tem uma história que remonta aos séculos 3 a 7 d. C. A palavra *kimchi* provavelmente se originou de *chimchae/simchae* que significa legumes em conserva com sal em chinês, sobretudo rabanete branco e pepino. A partir do século XII, foram incluídos especiarias e temperos como cascas de alho, pimenta chinesa, gengibre e tangerina. Já no século XVII, a pimenta vermelha se tornou uma das principais especiarias para o *kimchi*, e, no século XIX, foram introduzidos os repolhos e as acelgas chineses naprodução do prato como é conhecido hoje (FARNWORTH, 2008; TAMANG; KAILASAPATHY, 2010; HUI, 2012).

Kimchi é um termo genérico usado para denotar um grupo de alimentos fermentados de repolho/acelga chinesa ou rabanete e ingredientes secundários (cerca de 100), como pimenta vermelha em pó ou pasta, folhas de mostarda, algas marinhas, gengibre, alho e molho de peixe. Pode ser considerado um picles fermentado picante. Seu sabor depende dos ingredientes, das condições de fermentação e das BAL envolvidas no processo. Ele é armazenado por vários meses, quando ocorre a fermentação lática (FARNWORTH, 2008; TAMANG; KAILASAPATHY, 2010; HUI, 2012).

Há cerca de 190 tipos diferentes de *kimchi* em lares coreanos. Os tipos diferem de região para região devido às diferenças na colheita e nas condições climáticas. Apesar dessa variedade, é possível resumir o *kimchi* coreano em três tipos principais: repolho/acelga (*jeotgukji*); de rabanete em cubos (*kakdugi*); e *kimchi* de água (*yeolmu*). Como consequência, os métodos de preparação variam dependendo do tipo e dos ingredientes usados, bem como se a produção ocorre de forma artesanal ou industrial. O perfil final de sabor é determinado pelos ingredientes, condimentos, adição de sal, especiarias e fermentação. Em geral, tem um gosto melhor quando é fermentado por duas a três semanas de 2-7 °C (FARNWORTH, 2008; TAMANG; KAILASAPATHY, 2010; HUI, 2012).

O *kimchi* simboliza a cultura alimentar das Coreias do Sul e do Norte e é um dos vegetais fermentados étnicos mais populares do mundo. Os coreanos acreditam que a cor avermelhada decorrente da adição de pimenta vermelha pode protegê-los dos espíritos malignos. Estima-se que o consumo *per capita* gire em torno de 50-200 g por dia. Mais de 106 toneladas de *kimchi* são consumidas anualmente na Coreia do Sul. Imigrantes coreanos introduziram o *kimchi* na China, Rússia, Havaí e Japão e agora ele também é consumido por nativos desses países, tornando-se um alimento globalizado. O *kimchi* é tão importante que, quando o primeiro astronauta coreano foi para o espaço, preparou-se um tipo desidratado, com o intuito de se obter o que eles chamam de "*kimchi* espacial". O *kimchi* tem um sabor azedo e carbonatado único e é tradicionalmente servido frio (FARNWORTH, 2008; TAMANG; KAILASAPATHY, 2010; HUI, 2012).

A fermentação ocorre sobretudo devido às cepas de bactérias láticas e leveduras naturalmente presentes nas matérias-primas. O processo é iniciado por *Leuconostoc mesenteroides* sob condições anaeróbias. Esse organismo difere de outras espécies de BAL porque pode tolerar concentrações razoavelmente altas de sal e açúcar. Seu metabolismo heterofermentativo produz CO_2 e ácidos que baixam de forma muito rápida o pH e inibem o desenvolvimento de microrganismos indesejáveis. O CO_2 produzido substitui o oxigênio, tornando o ambiente anaeróbio e adequado para o crescimento de espécies subsequentes de BAL. A remoção do oxigênio também ajuda a preservar a cor dos vegetais fermentados e estabiliza o ácido ascórbico (vitamina C) presente nos vegetais. Conforme o pH cai, o *L. mesenteroides* torna-se relativamente inibido, mas a fermentação tende a continuar com outra BAL, como a *Lactobacillus plantarum* (FARNWORTH, 2008; TAMANG; KAILASAPATHY, 2010; HUI, 2012).

O *kimchi* apresenta vários benefícios para a saúde, como prevenção da constipação e do câncer de cólon, redução do colesterol, propriedades antiestresse e antidepressivas. Isso porque há nele grandes quantidades de ácido ascórbico, caroteno e fibra dietética. O ácido lático produzido evita o acúmulo de gordura e melhora as doenças cardiovasculares induzidas pela obesidade. Antioxidantes também são encontrados.

- **RECEITA TRADICIONAL COREANA DE *KIMCHI* (ADAPTADA PELOS AUTORES)**

Ingredientes

Para a salga da acelga:

- 1,5 kg acelga
- 36 g sal marinho grosso

Para o "mingau":

- 240 mL (1 xícara) de água
- 15 mL (1 colher de sopa) de farinha de arroz
- 15 mL (1 colher de sopa) de açúcar mascavo

Para a mistura de vegetais:

- 240 mL (1 xícara) de nabo em *julienne*
- 120 mL (½ xícara) de cenoura em *julienne*
- 4 cebolinhas verdes picadas
- 120 mL (½ xícara) de *minari* (agrião coreano ou salsa japonesa) – opcional

Para o "tempero":

- 12 dentes de alho picados em *brunoise*
- 5 mL (1 colher de chá) de gengibre picado em *brunoise*
- 100 g de cebola picada em *brunoise*
- 60 mL (4 colheres de sopa) de molho de peixe (*myulchiaekjeot* ou *nam pla*)
- 30 mL (2 colheres de sopa) de camarão em salmoura (*saeujeot*) triturado
- 240 mL (1 xícara) de pimenta em flocos (*gochugaru*) ou em pasta (*gochujang*)

Preparo

Corte a acelga longitudinalmente pela metade, a partir do talo, separando as duas metades quando o corte atingir a região das folhas (sem cortar as folhas). Corte longitudinalmente ao meio novamente somente a extremidade do talo por uma extensão de cerca de 5 cm, para facilitar a salga da região do talo.

Lave bem as folhas de acelga em água corrente para remover sujidades. Retire o excesso de água.

Coloque a acelga em uma tigela grande e salgue as folhas e os talos, polvilhando o sal grosso entre as folhas de maneira o mais uniforme possível.

Deixe repousar na tigela por 2 horas com um peso pressionando, revolvendo as folhas de meia em meia hora para garantir uma salga homogênea. Enquanto isso, prepare o mingau, a mistura de vegetais e o tempero, que vão formar a pasta para conferir sabor ao *kimchi*.

Para o preparo do mingau, coloque a água em uma panela e adicione a farinha de arroz. Cozinhe em fogo médio até que a mistura engrosse, formando um creme (aproximadamente 10 minutos). Misture o açúcar mascavo, deixe esfriar e reserve.

Coloque o mingau em uma tigela e misture os ingredientes do "tempero" até formar uma pasta. Pode-se utilizar o *mixer* ou processador para deixar a pasta mais lisa.

Misture a pasta com a "mistura de vegetais" e passe essa mistura nas folhas de acelga previamente salgadas. Faça "pacotinhos" com as folhas de acelga e coloque em um pote fermentativo para fermentação anaeróbia. Cubra com salmoura a 2% caso seja necessário. As folhas devem ficar totalmente imersas no líquido.

Deixe fermentar por 2 dias em temperatura ambiente, mas em local fresco, seco e ao abrigo da luz, e, depois de uma a quatro semanas na geladeira, na parte inferior ou na porta, onde as temperaturas são mais altas, na faixa de 6 a 10 °C. Depois desse período de fermentação, o *kimchi* pode ser acondicionado em potes herméticos, armazenado na geladeira e consumido por até dois meses.

Para nós brasileiros, a picância pode ser excessiva. Experimentamos com a metade da quantidade de pimenta da receita original (acima) e ficou com um nível de picância mais adequado para o nosso paladar, sem prejudicar o sabor original.

Sauerkraut (chucrute)

O processo de produção do chucrute evoluiu com o tempo, porém não é reconhecido por nós em sua forma atual até o século XVII. Ele encontrou sua primeira menção no inglês americano em 1776. O prato foi por muito tempo associado às comunidades alemãs que viviam nos EUA. Os alemães, poloneses e outros da Europa central e oriental que emigravam para os EUA carregavam barris de chucrute com eles em seus navios, pois acreditavam que esse alimento possuía algumas propriedades de combate a doenças (FARNWORTH, 2008; TAMANG; KAILASAPATHY, 2010; HUI, 2012).

Na antiguidade, a produção em grande escala era realizada em covas especiais forradas com tábuas de madeira, ou em barris. Por exemplo, maçãs, ou às vezes peras, eram incluídas, ou ervas como sementes de cominho e endro eram colocadas entre as camadas de repolho. Até mesmo folhas de carvalho ou cerejeira eram usadas ocasionalmente (FARNWORTH, 2008; TAMANG; KAILASAPATHY, 2010; HUI, 2012).

A origem do chucrute está associada à Alemanha ou aos países do norte da Europa, em especial por sua relação cultural com essa preparação. Entretanto, há menções ao repolho salgado em vasos de barro já na Roma Antiga (século I d. C.), bem como indícios de que uma receita mais próxima de como a conhecemos hoje tenha se originado na China a partir de Gengis Khan, no século XIII, quando ele decidiu substituir o vinho pelo sal na receita. Essa mesma linha de pesquisa histórica sugere que essa receita foi levada à Europa oriental e central pelos tártaros e ali acabou se fixando. Por fim, ainda é possível considerar outros escritos produzidos no Reino Unido (século VIII) que mencionam o consumo de *sauerkraut* como uma forma de prevenir o escorbuto em expedições marítimas, indicando a existência dessa preparação desde então (FARNWORTH, 2008; TAMANG; KAILASAPATHY, 2010; HUI, 2012).

Costuma ser servido com outros pratos, como carnes defumadas e salsichas ou mesmo sozinho. O consumo *per capita* parece observar uma queda desde as décadas de 1960 e 1970. Para promover seu consumo, novos ingredientes (alho, cebola, semente de endro e pimenta jalapeño) foram adicionados às receitas tradicionais (FARNWORTH, 2008; TAMANG; KAILASAPATHY, 2010; HUI, 2012).

O nome *sauerkraut* pode ser diretamente traduzido como "repolho azedo". É uma produção de reconhecida importância cultural e comercial, por isso é extensamente estudada. Como resultado, os microrganismos participantes e o processo são conhecidos em detalhe. Pode-se dizer que os processos contemporâneos de fermentação lática de vegetais foram desenvolvidos a partir do processo do *sauerkraut*.

Battcock e Azam-Ali (1998) descreveram a linha geral do processo da seguinte forma:

1. O repolho é cortado em tiras e colocado em um pote de fermentação, polvilhado com sal e pressionado para extrair seu suco, que é rico em nutrientes apropriados para o desenvolvimento das BAL.
2. O processo fermentativo ocorre, então, nesta sequência:
   - As primeiras BAL em atuação são as heterofermentativas produtoras de CO_2 *L. mesenteroides*, que começam a acidificar o meio salino. Para o desenvolvimento delas o ideal é manter a temperatura entre 18-22 °C. Quando

a acidez, em porcentagem de ácido lático, atinge aproximadamente 0,3%, sua atividade diminui e um processo de autólise dessas BAL ocorre.

– O processo de fermentação é então assumido pelas BAL homofermentativas *L. plantarum* e *L. cucumeris* (nesse ponto convém aumentar ligeiramente a temperatura para uma faixa entre 22-24 °C, mais favorável para lactobacilos), até atingir uma acidez de aproximadamente 2%.

– As BAL *L. pentoaceticus* dão continuidade à fermentação, finalizando o processo e atingindo a acidez final por volta de 2,5%.

3. O processo fermentativo produz predominantemente ácido lático, mas também quantidades menores de outros metabólitos, como: ácidos acético e propiônico, CO_2 e álcool. O álcool em combinação com os ácidos irá formar ésteres aromáticos que contribuem para o sabor característico do *sauerkraut*.

O sal é um elemento essencial para o processo fermentativo do *sauerkraut* e deve ser adicionado na proporção de 2-2,5% por peso de repolho. O sal utilizado deve ser puro, pois aditivos podem afetar o meio da fermentação, por exemplo: um aditivo alcalino pode afetar a acidez do meio, prejudicando e colocando em risco o desenvolvimento adequado das BAL e o processo como um todo. Algumas receitas encontradas em publicações e na internet aconselham o uso de sal não iodado por entenderem que o iodo poderia afetar negativamente as BAL e, por conseguinte, o processo fermentativo. Entretanto, alguns pesquisadores, como Müller *et al.* (2018) e Stoll *et al.* (2020), concluíram que o iodo presente no sal iodado, disponível para uso culinário, não afeta as BAL nem o sucesso das fermentações ácido-láticas.

Starters podem ser utilizados para acelerar o processo e garantir a qualidade do *sauerkraut* produzido, mas deve-se tomar os devidos cuidados para que não afetem a sequência natural de microrganismos, segundo Battcock e Azam-Ali (1998):

- *Leuconostoc mesenteroides* adicionada no início do processo garante um bom sabor no produto final, mas se for adicionada em excesso poderá alterar a sequência posterior das BAL, resultando em uma fermentação incompleta.
- Se bactérias produtoras de ácido acético como a *L. pentoaceticus* são adicionadas, o equilíbrio entre a produção de ácidos acético e lático é alterado, e a fermentação não se completa.
- Se as BAL que produzem pouco CO_2, como a *L. cucumeris,* são utilizadas como inóculos iniciais, isso também resulta em fermentação incompleta, com um produto final mais amargo e suscetível à contaminação por leveduras.

Na produção do *sauerkraut*, são necessários alguns cuidados para evitar o surgimento de defeitos indesejáveis no produto final, segundo Battcock e Azam-Ali (1998):

- Um *sauerkraut* muito macio, sem a crocância desejada, pode ser o resultado de uma baixa salinidade no início do processo, que altera a sequência e a quantidade dos microrganismos participantes da fermentação.
- A formação de um *sauerkraut* escurecido geralmente é fruto do desenvolvimento e da proliferação de microrganismos indesejáveis durante a fermentação, e a causa disso se deve a uma salga não homogênea; uma quantidade de salmoura insuficiente, que deixa expostas partes dos ingredientes; temperatura muito acima da faixa recomendada; ou pela conjunção dessas condições.
- Outro possível defeito é a produção de um *sauerkraut* "rosado", causado pela formação de leveduras que produzem um pigmento vermelho. Pode ser causado por uma salga não homogênea ou excesso de sal, que criam condições para a proliferação desse tipo de levedura.

- **RECEITA TRADICIONAL ALEMÃ DE *SAUERKRAUT***

Ingredientes

- 0,5 kg repolho
- 12 g sal grosso
- 7 g de semente de kümmel (alcarávia)

Preparo

Remova o talo do repolho e corte as folhas em tiras de aproximadamente 1 cm de largura (ou mais largo, se preferir). Em uma tigela, misture-as homogeneamente com o sal e as sementes de kümmel. Para apressar o processo de desidratação das folhas, você pode massageá-las com o sal por 10 minutos antes de deixá-las descansar por aproximadamente 20 minutos.

Coloque a mistura em um pote de vidro com 1 litro de capacidade e aperte com uma colher para comprimi-la no fundo do pote. Encha um saco plástico de 300 mL de capacidade com água, feche bem para que o líquido não vaze e coloque dentro do pote, pressionando a mistura de repolho e sal. Feche o pote com uma tampa com selo *airlock*. Após 24 horas, retire o saco plástico com água do pote e verifique se o repolho está totalmente submerso em líquido, caso contrário adicione salmoura a 2% até deixá-lo totalmente submerso e feche o pote com a tampa com *airlock*.

Deixe fermentar, ao abrigo da luz, por uma a três semanas, em temperaturas entre 18 e 24 °C. Após a primeira semana de fermentação, experimente a cada cinco dias até que fique do seu agrado, então troque a tampa com *airlock* por uma tampa hermética e armazene em refrigerador para ser consumido.

- **CHUCRUTE DE COUVE-MANTEIGA**

Uma variação interessante para o clássico *sauerkraut* é o chucrute de couve-manteiga proposto por Carvalhaes e Andrade (2020, p. 152):

Ingredientes

- 300 g de couve-manteiga
- 6 g de sal
- Salmoura a 2%, se necessário
- Opcionais: sementes de mostarda ou erva-doce

Preparo

Siga os passos do chucrute (receita anterior de *sauerkraut*), retirando o máximo que conseguir dos talos e veios das folhas, nos quais há maior concentração de enxofre. *Atenção!* Pela presença elevada desse elemento, a fermentação da couve nos primeiros dias pode levar a crer que o processo está errado, pois o odor é muito forte. Aguarde cerca de dois meses para que os compostos voláteis à base de enxofre deixem a preparação, tornando-a palatável. A mesma dica é válida para o *gundruk*, que será apresentado mais à frente.

FERMENTAÇÃO LÁTICA SALGADA EM SALMOURA (*BRINING*)

A fermentação lática com o uso de salmoura é utilizada quando não conseguimos extrair do próprio vegetal sucos suficientes para produzir um meio em que o vegetal fique imerso, favorecendo o desenvolvimento das BAL.

Uma salmoura por volta de 2% de concentração de sal é adequada para o processo de fermentação lática com um resultado final palatável sem necessidade de diluição. Levando em conta que o vegetal utilizado irá perder água para a solução, o cálculo da salmoura comumente utilizado é: para fermentar 1 kg de vegetal, preparar uma salmoura com 1 litro de água e adicionar 40 g de sal, a fim de obter um produto final por volta dos 2% de salinidade (CARVALHAES; ANDRADE, 2020).

Podemos utilizar inicialmente menos sal e fazer um monitoramento da salinidade da salmoura, conforme os vegetais vão perdendo líquido para a solução. Para medir a salinidade da salmoura podem ser utilizados equipamentos simples (e hoje bem acessíveis), como um medidor de condutividade elétrica (EC) ou um refratômetro de salinidade. Os refratômetros geralmente dão uma leitura direta da salinidade em % ppm (porcentagem de partes por mil) ou miligramas por litro, enquanto para os medidores de EC é necessário fazer a conversão da leitura de condutividade para salinidade.

Uma regra prática de conversão é elevar o valor da leitura de condutividade em mS/cm (miliSiemens por centímetro) à potência de 1,0878 e multiplicar o valor obtido por 0,4665, obtendo a salinidade em gramas de sal por litro de solução. Procure sempre utilizar equipamentos com sistema de compensação automática de temperatura (ATC), que permite leituras precisas em diferentes temperaturas ambiente.

Dois exemplos muito populares de vegetais fermentados em salmoura são o picles de pepino e as azeitonas. A seguir, serão detalhados os processos produtivos dessas duas produções de fermentação lática com a adição de salmoura.

Picles de pepino

Existem evidências de que o homem consumia produtos fermentados de pepinos desde antes de se tornar civilizado, e hoje esses produtos se encontram nas culturas alimentares de quase todo o mundo, como: *jiang-gua* em Taiwan, *khalpi* no Nepal e Índia, *paocai* na China, *oiji* na Coreia do Sul e como picles em diversas partes dos EUA, Europa e Canadá. Além disso, vale ressaltar que, dentre todos os produtos fermentados comercializados no globo, os pepinos, os repolhos e as azeitonas são as *commodities* economicamente mais relevantes (FRANCO *et al.*, 2017).

Para produzir esse picles podem ser utilizados pepinos de vários tipos e tamanhos. Eles são lavados, tomando o cuidado de não esfregar excessivamente a casca, na qual fica a maior parte de sua microbiota natural, e mergulhados em salmoura. O método a ser seguido é muito semelhante ao processo fermentativo do *sauerkraut*, com a diferença de já se iniciar com uma salmoura e não a seco. Costuma-se utilizar uma salmoura em concentração de 5-7% de sal, e é necessário manter a temperatura na faixa de 18-20 °C.

A concentração de sal mais palatável para a maioria das pessoas é da ordem de 2%; no entanto, o uso de uma concentração mais alta no processo ajuda a manter a crocância dos pepinos, uma característica organoléptica muito desejada nesse produto. Na maioria das vezes, após o final do processo fermentativo, parte da salmoura é descartada, e a salmoura restante dos pepinos, diluída (em água ou vinagre) para baixar a concentração de sal a níveis palatáveis.

Em suas receitas, Carvalhaes e Andrade (2020) utilizam de modo geral uma concentração salina de 2% tanto para a salmoura como para a salga dos vegetais.

A indústria costuma fazer uma salmoura inicial de 5% a 8% e, no final do processo, descarta parte do líquido, adicionando água para diluir e tornar palatável o produto. O problema é que, junto com a salmoura descartada, perde-se também parte do aroma, sabor, vitaminas e minerais (CARVALHAES; ANDRADE, 2020, p. 144).

O processo fermentativo é dominado pelas BAL, que, apesar de não prevalecerem em relação a outros microrganismos na microbiota natural dos pepinos, acabam por superá-los logo no início da fermentação, por sua maior resistência em um ambiente salino e ácido. Leveduras naturalmente presentes nos pepinos também podem participar do processo fermentativo, contribuindo para o sabor do produto final (FRANCO *et al.*, 2017).

O processo como um todo dura duas a três semanas e, ao final, pode passar por um procedimento de pasteurização e embalagem que permite a manutenção do produto em temperatura ambiente até ser aberto, quando deverá então ser refrigerado e consumido, ou simplesmente embalado (sem pasteurização), e, nesse caso, precisa ser mantido refrigerado mesmo antes de aberto para o consumo (McGEE, 2004).

Salmouras altamente salinas são um ambiente propício para vários microrganismos que produzem CO_2 como metabólito da fermentação, incluindo as BAL e as leveduras, principalmente. A presença excessiva de CO_2 nas salmouras pode causar um dos defeitos mais comuns em picles de pepinos, que são os "inchaços". Esses inchaços são cavidades ocas de diferentes formas encontradas no interior de frutos inteiros. Industrialmente, uma maneira eficaz de eliminar o excesso de CO_2, e, por conseguinte, esse tipo de defeito, é utilizar sistemas de extração do excedente desse gás.

Outra característica considerada um defeito nos produtos finais é a apresentação de uma textura macia e não crocante. Isso acontece quando são utilizadas salmouras com salinidade mais branda durante a fermentação e armazenagem, frequentemente para aquelas com concentrações salinas abaixo de 2% e, de modo eventual, para concentrações entre 2-3%. A adição de uma pequena proporção de cloreto de cálcio nas salmouras (entre 0,2-0,44%) ajuda na preservação da firmeza e crocância (FRANCO *et al.*, 2017). McGee (2004, p. 293) ainda oferece uma dica para evitar esses defeitos: "O uso de sal marinho não refinado melhora a crocância devido a suas impurezas de cálcio e magnésio, que favorecem as ligações cruzadas, reforçando a pectina das paredes celulares".

- **RECEITA TRADICIONAL DE PICLES DE PEPINO**

Ingredientes

- Salmoura a 2%
- 500 g de pepinos (de preferência de tamanho uniforme, firmes e sem defeitos aparentes)
- 10 g de sal
- 2 folhas de louro
- 2 folhas de parreira

Preparo

Remova as pontas dos pepinos.

Coloque uma folha de parreira e as folhas de louro no fundo do pote de fermentação. O tanino das folhas de parreira ajuda a manter a crocância dos pepinos.

Insira os pepinos no pote de maneira que fiquem bem apertados, sem espaço entre eles.

Prepare a quantidade de salmoura necessária e despeje no pote, de modo que os pepinos fiquem totalmente submersos.

No início do processo, alguns pepinos podem ter uma tendência a boiar, então coloque a outra folha de parreira no pote, para ajudar a mantê-los totalmente submersos na salmoura.

Tampe o pote e deixe fermentar de uma a duas semanas. A temperatura ideal é na faixa de 18 a 20 °C.

Substitua a tampa com o selo *airlock* do pote de fermentação por uma tampa normal e armazene o picles pronto na geladeira.

- **PICLES DE VEGETAIS VARIADOS**

Há vários vegetais que são passíveis de preparar com a mesma técnica do picles. Para a produção de picles de vegetais variados, fizemos uma adaptação da receita que recebemos da Senhora Celi Andrade Vilela. Essa receita de família foi passada a ela por Dona Apolónia, de origem austríaca, e nós a adaptamos com base na receita apresentada por Carvalhaes e Andrade (2020, p. 153). Segundo suas memórias, os austríacos preparavam essa receita na época sazonal para consumir durante o outono e o inverno no hemisfério norte.

Ingredientes

- Salmoura a 2% para cobrir
- Vegetais à sua escolha: cenoura, pepino, couve-flor, brócolis, vagem etc.
- Temperos a gosto: alho, gengibre, sementes de mostarda, folhas de coentro, pimentas, louro, cominho, tomilho, alfavaca etc.
- Sal a 2% do peso total dos ingredientes vegetais

Preparo

Prepare a salmoura e reserve. Dependendo do tamanho do pote que for utilizar, serão necessários de 300 a 600 mL.

Adicione no pote de fermentação as especiarias no fundo, seguidas dos vegetais, do sal e da salmoura.

Os ingredientes devem ficar submersos durante todo o processo. Se necessário, adicione mais salmoura até cobrir tudo.

Deixe fermentar por cinco dias a três meses, em temperaturas entre 18 e 21 °C.

Azeitonas

A oliveira *Olea europaea* (*Olea europea L.*) é o único tipo que produz frutos comestíveis. A existência de oliveiras remonta ao século XII a. C. As oliveiras selvagens são originárias da Ásia Menor, onde são abundantes e crescem em florestas densas. Seu cultivo começou nos países mediterrâneos há mais de seis mil anos, desenvolvido pelos árabes na Andaluzia e, posteriormente, introduzido no continente americano. Nas últimas décadas, as culturas têm sido promovidas na Ásia, Austrália, África do Sul.

Entre as 1.500 variedades de azeitonas classificadas no mundo, cerca de cem delas são identificadas como as principais variedades utilizadas na produção da extração de azeite e no processamento de azeitonas comestíveis, ou ambos. Algumas cultivares espanholas e italianas, como Gordal Sevillana, Manzanilla de Sevilla e Ascolana, foram exportadas para outros países (incluindo Argentina, Austrália, EUA e Israel). As azeitonas são um símbolo de hospitalidade na Espanha e, nas zonas rurais, são oferecidas aos hóspedes na chegada (FARNWORTH, 2008; TAMANG; KAILASAPATHY, 2010; HUI, 2012).

O início da conservação da azeitona é desconhecido e pode ser difícil de estabelecer. Há indícios de que as azeitonas eram preservadas por vários métodos na época romana. Acidentalmente, um pote de cerâmica contendo azeitonas foi encontrado em um naufrágio romano, comprovando o fato de que elas eram amplamente comercializadas. Além disso, um jarro espanhol romano datado de 50 a 150 d. C. foi resgatado nas dunas de areia na foz do rio Tâmisa (FARNWORTH, 2008; TAMANG; KAILASAPATHY, 2010; HUI, 2012).

As azeitonas requerem alguma forma de processamento porque têm um glicosídeo amargo, a oleuropeína, que torna essa fruta crua não comestível, além de possuir baixa taxa de açúcares e alto teor de óleos. Na Espanha, usando métodos e ingredientes típicos de cada região, as azeitonas são processadas manualmente para consumo doméstico. Esse conhecimento tradicional inclui o tempero dos ingredientes, o tempo preciso de cada etapa do processamento e o uso de um recipiente específico. No conhecimento tradicional, a concentração ideal de sal na salmoura é determinada dissolvendo o sal grosso na água e colocando os ovos na salmoura. Quando a ponta fina do ovo flutua para cima, a concentração de sal está correta. Durante o tempo em que as azeitonas fermentam na salmoura, podem ser adicionados aromatizantes como ervas, limão e alho, de acordo com receitas tradicionais regionais e familiares. As azeitonas podem ficar prontas em 10 dias ou levar até nove meses para fermentar (FARNWORTH, 2008; TAMANG; KAILASAPATHY, 2010; HUI, 2012).

A prática da fermentação da azeitona foi iniciada em pequena escala e evoluiu para processos de produção em grande escala. Os principais organismos que causam a fermentação em todas essas variedades são *Lactobacillus plantarum, Lactobacillus casei (L. casei)* e *Leuconostoc mesenteroides*.

As azeitonas verdes e pretas têm métodos de tratamento diferentes. As verdes são submersas em solução de soda cáustica (hidróxido de sódio a 2%) em uma temperatura controlada entre 21-24 °C. Após um tempo, água fria é adicionada à solução com intuito de diluir a soda cáustica. Esta neutraliza o composto glicosídeo amargo (oleuropeína) da azeitona. A oleuropeína é tóxica para as bactérias, por isso se faz necessária a remoção dessa molécula para que a fermentação ocorra. Após essa etapa, as azeitonas são dispostas em um recipiente com salmoura de 1-10% e deixadas para fermentar. A temperatura ideal de fermentação é de 24 °C, e o tempo de duração costuma ser de dois a três meses. Já no caso das azeitonas pretas, mais maduras, para facilitar o efeito desejado ao se utilizar a soda cáustica, elas são colocadas em salmoura de 5-7% para amolecer os tecidos externos, uma vez que os glicosídeos se encontram mais no interior da fruta. Depois é adicionada a soda cáustica (0,7-2% de concentração). Em seguida, as azeitonas são lavadas em água quente (superior a 60 °C), armazenadas em recipientes com salmoura com concentração entre 2-5% e fermentadas por duas a seis semanas. Ao contrário das azeitonas verdes, as pretas costumam ser expostas ao ar durante o processo de fermentação para oxidar os polifenóis presentes na fruta (BATTCOCK; AZAM-ALI, 1998).

Podemos considerar que no Brasil é muito raro encontrar azeitonas recém--colhidas sendo vendidas no varejo. Em geral, somente é possível comprá-las diretamente com um produtor ou plantar mudas. Por esse motivo resolvemos não incluir no capítulo uma receita para fermentação desse vegetal.

FERMENTAÇÃO LÁTICA SEM SALGA

Alguns vegetais também podem ser fermentados pelas BAL sem a prévia adição de sal ou salmoura. O processo fermentativo se conduz pela rápida colonização dos vegetais pelas BAL, que baixam o pH, tornando o ambiente hostil para microrganismos deteriorantes. O oxigênio é excluído pela ação dos lactobacilos (BAL heterofermentativos), evitando a proliferação de leveduras. Exemplos de produções de vegetais fermentados dessa maneira incluem o *gundruk,* do Nepal, e o *sinki,* da Índia (BATTCOCK; AZAM-ALI, 1998).

Sinki

O *sinki* é um fermentado produzido a partir de rabanetes, muito comum na Índia, na região do Himalaia. O processo costuma ser realizado em covas no solo, revestidas de lama e queimadas internamente antes de receberem o rabanete, que é coberto com folhas secas e pressionado por tábuas e pedras. As covas são então seladas com lama, e a fermentação ocorre por aproximadamente 30 dias (RUSSO *et al.*, 2017).

Para a produção de *Sinki*, raízes frescas de rabanete são colhidas, lavadas e secas ao sol por um ou dois dias. Elas são então raladas, lavadas de novo e acondicionadas comprimidas em potes de cerâmica ou vidro, que são selados e armazenados para fermentar. O tempo ótimo de fermentação é de 12 dias, à temperatura de 30 °C. A fermentação do *Sinki* é iniciada por *L. fermentum* e *L. brevis*, seguidas por *L. plantarum*. Durante a fermentação o pH cai de 6,7 para 3,3. Depois da fermentação, o substrato de rabanete é seco ao sol até um percentual de umidade de 21%. Para o consumo, o *Sinki* é enxaguado em água por 2 minutos, espremido para remover o excesso de água e frito com sal, tomate, cebola e pimentas verdes (BATTCOCK; AZAM-ALI, 1998, p. 53, tradução nossa).

Gundruk

O *gundruk* é um fermentado popularmente produzido no Nepal. Em sua produção pode-se utilizar folhas de *rayo-sag*, mostarda-da-índia e couve-flor.

Gundruk é um produto fermentado, típico dos Himalaias, produzido com as folhas frescas de uma planta chamada *rayo-sag* (*Brassica rapa*, subespécie *campestris*, variedade *cuneifolia*), mostarda-da-índia (*Brassica juncea*) e couve-flor (*Brassica oleracea* variedade *botrytis*). As folhas são murchas, esmagadas e levemente pressionadas, e então fermentadas espontaneamente por volta de 10 dias. Finalmente o produto é seco por 4 dias e armazenado por aproximadamente 2 anos. As BAL nativas incluem principalmente *L. fermentum*, *L. plantarum*, *L. casei*, *L. casei* subespécie *pseudoplantarum* e *Pd. pentosaceus*, e algumas leveduras estão presentes nos estágios iniciais da fermentação (RUSSO *et al.*, 2017, p. 24, tradução nossa).

FERMENTANDO OUTROS VEGETAIS

Como mencionado no início do capítulo, inúmeras são as possibilidades de fermentação de vegetais. A seguir selecionamos algumas receitas interessantes com o uso de vegetais brasileiros na literatura ou pela experiência dos autores.

- **MOLHO DE PIMENTA DEDO-DE-MOÇA FERMENTADA (ADAPTADO DE CARVALHAES E ANDRADE, 2020, P. 174)**

Ingredientes

- 800 g de pimenta dedo-de-moça
- 200 mL de água
- 25 g de sal
- 16 dentes de alho
- Sementes de mostarda, grãos de pimenta-preta e sementes de coentro

Preparo

Bata todos os ingredientes e verta-os em um pote fermentador.

Logo nos primeiros dias, pode-se notar a formação de CO_2, que deve ser gerado com intensidade na primeira semana.

Deixar fermentar por 20 dias entre 18 e 21 °C ao abrigo da luz direta do sol.

Uma dica é experimentar a adição de especiarias, tomates ou mesmo frutas a seus molhos (como abacaxi). Se desejar, após verificar que não há mais produção de gás (após cerca de um mês de fermentação em temperatura ambiente), bata o molho com alguma gordura vegetal (óleo ou azeite). É possível bater essa gordura vegetal a 10 a 30% do volume (para cada litro de molho, 100 a 300 mL de gordura).

- **HANAUME (FLOR DE HIBISCO VINAGREIRA)**

Ingredientes

- 300 g de flores de hibisco (vinagreira)
- 30 a 45 g de sal grosso moído (10 a 15% do peso das folhas)
- Salmoura a 10%, se necessário
- Peso (de preferência de material de vidro)

Preparo

Comece limpando as flores, corte o fundo das flores e puxe para tirar o centro delas.

Lave as flores e disponha no pote fermentador e coloque o sal.

Após cerca de três dias, note que as flores murcharam. Quando isso acontecer, observe se o líquido está cobrindo-as totalmente; se não estiver, complete com salmoura.

Coloque o peso e mantenha-o até acabar de consumir a conserva.

- **MORANGA (ADAPTADO DE CARVALHAES E ANDRADE, 2020, P. 155)**

Ingredientes

- 600 g de moranga em cubos
- 1 beterraba inteira pequena

- 8 g de sal
- 1 folha de repolho para o fechamento interno
- Salmoura a 2%, para cobrir
- 12 dentes de alho

Preparo

Acondicione todos os ingredientes no pote de fermentação.

Cubra com a folha de repolho e adicione a salmoura até cobrir tudo.

Deixe fermentar por cinco dias a um mês entre 18 e 21 °C ao abrigo da luz direta do sol.

· LIMÃO-CRAVO EM CONSERVA

Receita baseada na tradicional receita de limões em conserva do Marrocos (*Limoun Marakad*).

Ingredientes

- 8 limões-cravo (aproximadamente 800 g)
- 320 g de sal grosso
- 500 mL de suco de limão

Preparo

Pegue um pote de vidro de 1 litro de capacidade com tampa hermética.

Lave e seque os limões. Corte em 8 no sentido longitudinal e misture de forma homogênea com o sal em uma tigela. Coloque dentro do pote.

Adicione o suco de limão ao pote. Feche-o hermeticamente e deixe fermentar por sete dias em temperatura ambiente, sacudindo o pote todos os dias.

Após esse período, adicione azeite até cobrir os limões e armazene na geladeira por até seis meses. Sempre que for utilizar os limões, remova o excesso de sal.

· CAMBUCI E OUTRAS FRUTAS PEQUENAS (ADAPTADO DE CARVALHAES E ANDRADE, 2020, P. 173)

Ingredientes

- 1 kg de cambuci, umbu ou bilimbi, ou uma fruta pequena de sua preferência
- 100 g de sal (10% de sal sobre o peso total dos ingredientes)
- 5 g de hibisco em infusão em 100 mL de água (opcional para empregar cor)
- Salmoura a 10%, se necessário, para cobrir

Preparo

Misture as frutas e o sal e coloque um peso durante 2 h. Reserve o caldo da fruta.

Faça a infusão do hibisco, deixe esfriar e adicione às frutas salgadas.

Coloque a mistura no pote de fermentação e adicione salmoura até cobrir, se precisar.

Deixe fermentar por, no mínimo, 30 dias entre 18 e 21 °C ao abrigo da luz direta do sol.

COZINHANDO COM PRODUTOS FERMENTADOS

Alimentos fermentados já passaram por um processo de preparação que deve ser considerado quando inseridos em uma receita. Ingredientes fermentados transformam receitas tradicionais adicionando novos sabores, texturas e cores.

A seguir apresentamos receitas tradicionais que foram adaptadas com esses ingredientes. Lembrando que não basta substituir ingredientes *in natura* por fermentados: é preciso adaptar a receita como um todo, pois os fermentados geralmente apresentam uma acidez que não está presente nos ingredientes em seu estado natural.

- *CHUTNEY* DE MANGA VERDE FERMENTADA

Receita baseada na receita tradicional de *chutney* de manga, utilizando a manga verde fermentada no lugar da madura *in natura*. Em razão da acidez da manga fermentada, tivemos de reduzir a quantidade de vinagre da receita original.

Manga verde fermentada

Ingredientes

- 1 manga palmer verde (aproximadamente 400 g)
- 8 g de sal grosso
- Salmoura a 2% para cobrir

Preparo

Lave a manga e pique em cubos médios.

Misture a manga com o sal grosso em uma tigela e depois coloque em um pote de fermentação (fermentação anaeróbia) com capacidade para 500 mL.

Coloque a salmoura até que os cubos de manga fiquem totalmente imersos no líquido.

Deixe fermentar ao abrigo da luz, em temperaturas entre 18 e 21 °C, por uma a duas semanas. Após esse período, troque a tampa do pote por uma tampa hermética e armazene na geladeira, consuma em até 6 meses.

Chutney de manga verde fermentada

Ingredientes

- 300 g de manga verde fermentada (receita acima)
- 30 g de cebola (em cubos pequenos)
- ½ dente de alho (em *brunoise*)
- 100 mL de água
- 60 mL (4 colheres de sopa) de açúcar mascavo

- 20 g de uva-passa preta
- 1 unidade de canela em pau
- 1 pitada de pimenta calabresa
- 5 g de sementes de mostarda
- 5 g de gengibre (em *brunoise*)
- Suco de 1 limão taiti
- Sal a gosto

Preparo

Coloque a manga, a cebola, o alho, a água e o açúcar em uma panela e cozinhe até o açúcar dissolver.

Adicione a uva-passa, o gengibre, o sal e as especiarias.

Cozinhe em fogo brando até todos os ingredientes estarem macios.

Misture o suco do limão e ajuste os temperos.

Retire do fogo e resfrie.

Sirva como acompanhamento. Combina muito bem com carne de porco.

- **RELISH DE PICLES DE PEPINO**

Receita baseada na receita tradicional de *relish* de pepino, utilizando o picles de pepino no lugar do pepino *in natura*. Em razão da acidez do picles de pepino, tivemos de reduzir a quantidade de vinagre da receita original.

Ingredientes

- 150 g de picles de pepino (receita no final do item "Picles de pepino")
- 80 g de cebola roxa em *julienne*
- 30 mL de água
- Pimenta calabresa o quanto baste
- Sal o quanto baste
- Açúcar o quanto baste
- Pimenta-do-reino o quanto baste

Preparo

Rale os picles de pepinos.

Misture a cebola e o pepino na água.

Ajuste os temperos, inclusive sal e pimenta (deve haver um equilíbrio de sabores, nem muito salgado nem muito doce).

Refrigere por cerca de um dia para desenvolver o sabor.

Sirva frio ou em temperatura ambiente.

- **CEVICHE DE PEIXE BRANCO COM LIMÃO EM CONSERVA**

Receita baseada na receita tradicional peruana de ceviche de peixe. O limão em conserva foi adicionado para dar um novo toque de sabor e textura a essa saborosa preparação.

Ingredientes

- 300 g de peixe branco fresco (tilápia é uma boa opção)
- 4 gomos de limão-cravo em conserva (receita neste capítulo)
- 3 g de sal
- ¼ de pimenta dedo-de-moça picada
- Suco de 1 limão taiti
- 60 g de cebola roxa em *julienne*
- 8 folhas de coentro fresco picadas

Preparo

Corte o peixe em cubos grandes, e os gomos de limão (removendo todo o excesso de sal antes de usar) em cubos pequenos.

Misture com os outros ingredientes (exceto o sal) em uma tigela.

Mexa por uns 4 minutos para homogeneizar os sabores e acerte o sal.

Sirva frio.

FABRICANDO UM POTE DE FERMENTAÇÃO ANAERÓBIA

Materiais e ferramentas necessários

1. Pote hermético de conservas com tampa (de vidro ou PET).
2. Selo *airlock* tipo "S", com anel de vedação (pode-se utilizar outros, mas esse é o mais fácil de encontrar e o custo é baixo).
3. Broca de furar metais na medida do tubo do *airlock* adquirido; geralmente é tamanho "10".
4. Furadeira.
5. Grampos de fixação.
6. Bloco de madeira de "sacrifício".
7. Lixa para acabamento (granulometria 120 ou mais fina).
8. Bancada de apoio.

Procedimento

1. Adquira um pote hermético com tampa e um selo *airlock* (Figura 1).

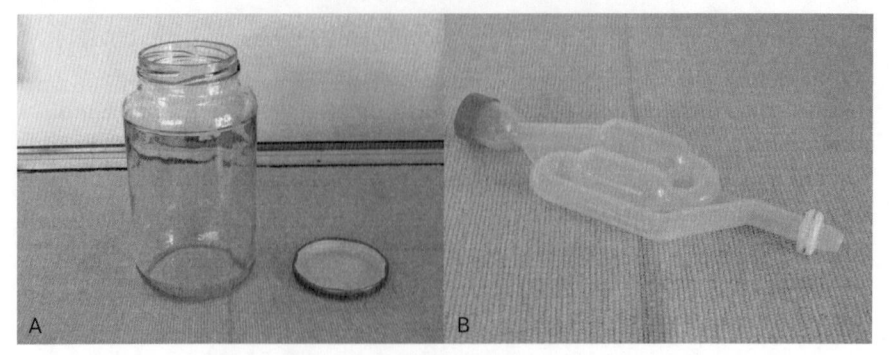

• **FIGURA 1**   A: pote hermético com tampa; B: selo *airlock* com anel de vedação.
Fonte: arquivo pessoal dos autores.

2. Confira o tamanho da broca de furar metais na medida do tubo do *airlock*, geralmente tamanho "10" (Figura 2).

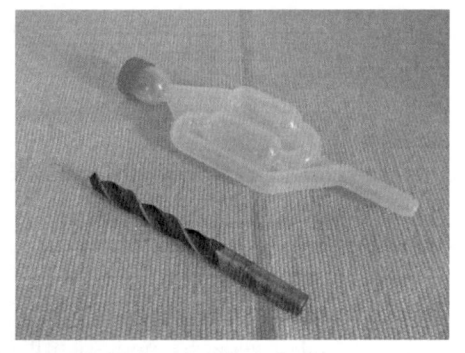

• **FIGURA 2**   Broca na medida do tubo do *airlock*.
Fonte: arquivo pessoal dos autores.

3. Marque o centro da tampa do pote pelo lado de dentro e prenda a tampa em uma bancada, por cima de um bloco de madeira de sacrifício, com a ajuda de dois grampos (Figura 3).
4. Com a broca selecionada e a ajuda de uma furadeira, faça um furo no centro da tampa e, em seguida, dê o acabamento no furo utilizando lixa de granulometria 120, ou mais fina, e coloque o anel de vedação no furo (Figura 4).
5. Encaixe o selo *airlock* no furo com anel de vedação e monte o pote fermentativo para fazer fermentações láticas anaeróbias (Figura 5).

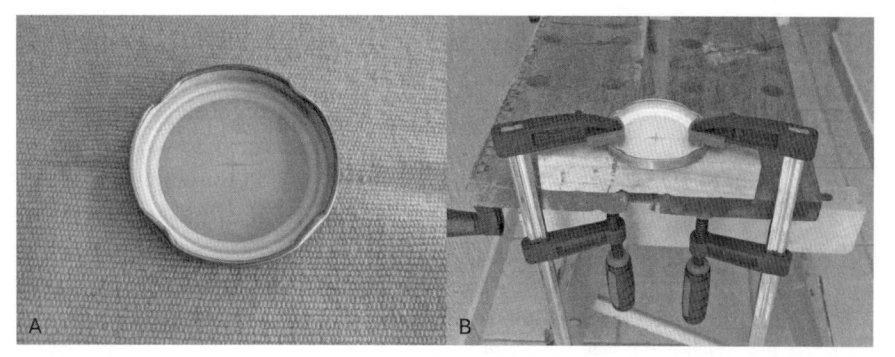

• **FIGURA 3** A: tampa do pote com marcação no centro; B: tampa presa sobre bloco de madeira.

Fonte: arquivo pessoal dos autores.

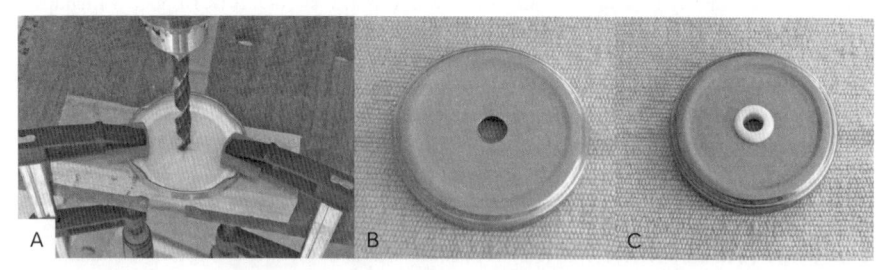

• **FIGURA 4** A: furadeira fazendo o furo no centro da tampa; B: furo com acabamento; C: anel de vedação colocado.

Fonte: arquivo pessoal dos autores.

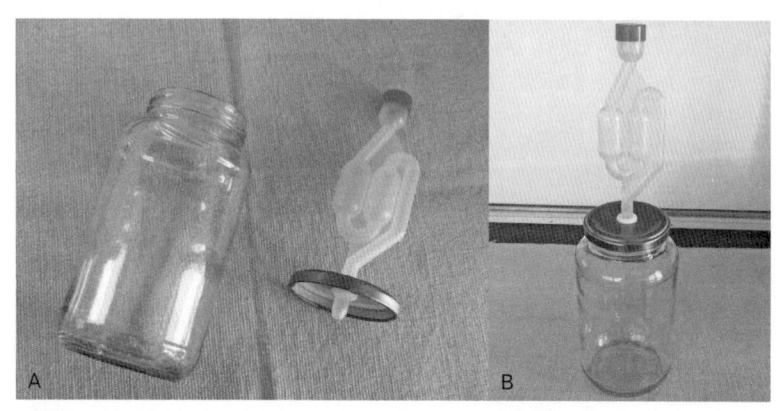

• **FIGURA 5** A: tampa com selo *airlock* montado; B: pote fermentativo montado.

Fonte: arquivo pessoal dos autores.

REFERÊNCIAS BIBLIOGRÁFICAS

BATTCOCK, M.; AZAM-ALI, S. *Fermented fruits and vegetables:* a global perspective. FAO Agricultural Services Bulletin No. 134, Food and Agriculture Organization of the United Nations, Roma, 1998.

CAPATTI, A. O gosto pelas conservas. *In:* FLANDRIN, J-L.; MONTANARI, M. (org.). *História da alimentação.* 6. ed. São Paulo: Estação Liberdade, 1998. p. 594-601.

CARVALHAES, F. G.; ANDRADE, L. A. *Fermentação à brasileira:* explore o universo de fermentados com receitas e ingredientes nacionais. São Paulo: Melhoramentos, 2020.

FARNWORTH, E. R. (ed.). *Handbook of fermented functional foods.* 2. ed. Londres, CRC Press, 2008.

FRANCO, W. *et al. Cucumber fermentation. In:* PARAMITHIOTIS, S. (ed.). *Lactic acid fermentation of fruits and vegetables.* Boca Raton: CRC Press, 2017. p. 107-155.

HUI, Y. H. (ed.) *Handbook of plant-based fermented food and beverage technology.* 2. ed. Londres: CRC Press, 2012.

KATZ, S. E. *The art of fermentation.* White River Junction: Chelsea Green Publishing, 2012.

McGEE, H. *On food and cooking:* the science and lore of the kitchen. New York: Scribner, 2004.

MÜLLER, A. *et al.* Influence of iodized table salt on fermentation characteristics and bacterial diversity during sauerkraut fermentation. *Food Microbiology,* v. 76, p. 473-480, dez. 2018. Disponível em:https://www.sciencedirect.com/science/article/pii/S0740002018300121. Acesso em: 31 jul. 2022.

PEDROCCO, G. A indústria alimentar e as novas técnicas de conservação. *In:* FLANDRIN, J-L.; MONTANARI, M. (org.). *História da alimentação.* 6. ed. São Paulo: Estação Liberdade, 1998. p. 581-585.

RUSSO, P. *et al.* Lactic acid bacteria of fermented fruits and vegetables. *In:* PARAMITHIOTIS, S. (ed.). *Lactic acid fermentation of fruits and vegetables.* Boca Raton: CRC Press, 2017. p. 17-35.

STOLL, D. A. *et al.* Influence of salt concentration and iodized table salt on the microbiota of fermented cucumbers. *Food Microbiology,* v. 92, e103552, dez. 2020. Disponível em: https://www.sciencedirect.com/science/article/pii/S0740002020301416. Acesso em: 31 jul. 2022.

TAMANG, J. P.; KAILASAPATHY, K. (ed.). *Fermented foods and beverages of the world.* London: CRC Press, 2010.

7

Fermentação do leite

Ana Cláudia Guimarães Antunes
Rafael Lima Morandi
Zenir Aparecida Dalla Costa de Melo Ferreira

INTRODUÇÃO

O leite pode ser definido como o produto obtido pela ordenha de fêmeas de mamíferos sadios e que não representa perigo para o consumo humano. Ao se falar de leite, naturalmente se pensa em leite de vaca. O leite produzido por outros animais deve ser denominado pelo nome de procedência: leite de ovelha, leite de búfala etc. (MCGEE, 2012).

O leite sofre variações conforme a espécie, raça e idade da fêmea, época do ano, sistema de ordenha e momento da lactação. Há uma diferença significativa quanto aos teores de proteína e gordura entre eles. Os leites de vaca e de cabra são os que mais se aproximam do leite humano (FARRIMOND, 2017).

Organolepticamente, o leite é caracterizado como: um líquido branco (pode apresentar coloração levemente amarelada, dependendo do teor de pigmentos carotenoides), opaco, de sabor adocicado e suave e com odor característico (MCGEE, 2014).

Quimicamente, trata-se de uma emulsão de glóbulos de gordura estabilizada por proteínas (albuminoides) em soro. O soro é composto por: água, lactose, proteínas, sais orgânicos, minerais, vitaminas, enzimas e microrganismos. A água é o componente presente em maior proporção no leite (85-90%). Os demais componentes constituem a fração denominada sólidos totais ou extrato seco do leite. O leite é pouco ácido, e seu pH deve estar entre 6,5 e 6,7 (ARAÚJO *et al.*, 2007).

A lactose – conhecida também como açúcar do leite – é o carboidrato presente no leite e corresponde a 5% de sua proporção. Os lipídios variam entre 3,4-5,1%, sendo em sua maioria triglicerídeos (97%), divididos em ácidos graxos saturado (70%) e monoinsaturado (27%); os 3% restantes correspondem a fosfolipídios e esteróis. A fração proteica (3,3-3,9%) é composta principalmente pela caseína (80%), que é responsável pela formação de emulsões, espumas e géis (MCGEE, 2014).

O leite deve ser comercializado sem colostro, alterações e adulterações; e procedente de ordenha higiênica, regular/diária, ininterrupta e completa de animais bem alimentados. É qualificado como A, B ou C quanto às características higiênico-sanitárias e classificado como integral, semidesnatado e desnatado em relação à porcentagem de gordura (ARAÚJO *et al.*, 2007).

Por ser um produto de elevado consumo humano e ter características biológicas, que podem causar diversas alterações, a legislação é muito restrita em relação ao leite e suas qualidades (MCGEE, 2012).

O leite pode se transformar em uma série de ingredientes-chave, incluindo manteiga, creme de leite, iogurte, queijo em todas as suas variedades, leite condensado e muitos outros. Algumas dessas transformações são oriundas do processo de fermentação (FARRIMOND, 2017).

Ele também pode ser considerado um ingrediente vivo, pois possui diversas bactérias e enzimas ativas, o que possibilita a sua fermentação. Os tratamentos térmicos diminuem essa vitalidade (Quadro 1). O leite pasteurizado é mais estável e mais seguro de ser consumido, pois contém menos microrganismos, células vivas e enzimas ativas, resultando em um processo mais lento de deterioração. Porém, o dinamismo do leite cru é muito importante para a diversidade na produção de queijos, uma vez que as bactérias e enzimas contribuem para o processo de maturação e desenvolvimento de sabor (MCGEE, 2014).

LEITE CRU

Todo cozinheiro quer utilizarar os melhores ingredientes, mas, ao mesmo tempo que tem um sabor melhor, o leite cru apresenta mais riscos (FARRIMOND, 2017).

Como qualquer produto animal cru, o leite é propenso à contaminação. A ordenha higiênica e cuidadosa de fêmeas saudáveis tem como resultado um leite fresco, rico em sabor e qualidade. Porém, se nesse processo ele for contaminado por uma vaca doente ou pela falta de cuidados na manipulação, o que seria um alimento nutritivo passa a estar repleto de microrganismos perigosos. A industrialização multiplicou esse risco – com grandes quantidades de leite coletadas em enormes tonéis, um lote ruim poderia contaminar toda a carga (MCGEE, 2014).

Antes do surgimento da pasteurização (1860), muitas crianças morriam de tuberculose, brucelose ou intoxicação alimentar causada por leite infectado (MCGEE, 2014).

	Tipos de leite	Processo	Resultado		
Três níveis de processamento são utilizados com leites: cru, pasteurizado e ultratérmico (UHT). Cada um tem suas próprias vantagens e desvantagens para o cozinheiro	**Cru:** exatamente como seria de esperar, o leite cru não é aquecido de forma alguma; é engarrafado como sai do animal	Não aquecido: o leite cru não é tratado a calor, por isso é retirado diretamente da vaca e refrigerado até ser vendido ou utilizado	Como usar: inegavelmente mais rico em sabor e cremosidade, o leite cru retém todas as suas bactérias e enzimas vivas, por isso é ideal para fazer queijos	Longevidade: o leite cru começa a perder seu sabor já no segundo dia. E estraga após 7 dias da produção.	Segurança: como o leite cru contém muitos microrganismos, ingeri-lo tem seus riscos; Os órgãos de saúde aconselham a não fazê-lo
	Pasteurizado: o leite é passado através de um tubo e aquecido a altas temperaturas por um curto período, isso o torna mais seguro, sem modificar muito o sabor; seus benefícios nutricionais são idênticos aos do leite cru	Aquecido a 72 °C por 15 segundos: destrói a maioria dos microrganismos nocivos que podem estar presentes no leite cru; inativa grande parte das enzimas	Como usar: ideal para beber e usar em molhos/cremes e fermentação – produção de iogurtes; o leite pasteurizado retém moléculas de sabor durante a homogeneização.	Longevidade: o leite pasteurizado permanece saboroso por vários dias antes de começar a perder seu sabor; dura até 2 semanas na geladeira após a pasteurização	Segurança: consumir leite pasteurizado de qualquer forma é de baixo risco, desde que seja usado antes da data de vencimento

(continua)

	Tipo de leite	Processo	Resultado		
Três níveis de processamento são utilizados com leites: cru, pasteurizado e ultratérmico (UHT). Cada um tem suas próprias vantagens e desvantagens para o cozinheiro	**UHT (longa vida):** requer altas temperaturas para matar os microrganismos nocivos, isso tem um efeito negativo no sabor do leite	Aquecido a 140 °C por 4 segundos: o leite que se destina a ter uma longa vida útil é ultra-aquecido a 140 °C em tubos pressurizados para erradicar praticamente todos os microrganismos e inativar todas as enzimas; como o leite UHT é aquecido a uma alta temperatura, não precisa ser aquecido por tanto tempo quanto o pasteurizado	Como usar: o tratamento UHT destrói enzimas, proteínas e o açúcar, reduzindo a cremosidade e alterando o sabor do leite; melhor utilizá-lo somente se o acesso a uma geladeira for limitado	Longevidade: como quase todos os microrganismos são destruídos, e o leite é selado em embalagens estéreis, pode durar até 6 meses fora da geladeira	Segurança: ainda mais seguro do que o pasteurizado; não há quase nenhum risco associado ao consumo de leite UHT, desde que esteja dentro de sua data de validade

UHT: *ultra-heat treatment*.
Fonte: baseado em Farrimond, 2017, p. 100-101.

Hoje, o leite cru não pasteurizado tende a vir de pequenas fazendas com altos níveis de higiene, onde infecções são incomuns. No entanto, ele ainda traz risco à saúde, podendo causar intoxicação alimentar. Em geral, o queijo de leite cru é seguro, pois microrganismos nocivos são mortos pelo sal e pela acidez. Quase todos os grandes organismos de saúde aconselham a evitar beber leite não pasteurizado (ARAÚJO *et al.*, 2007).

A comercialização de leite cru ou de seu derivado lácteo para a população no Brasil é proibida pelo Decreto-lei n. 923, de 1969. Porém, em 2019, foi sancionada a Lei n. 13.860, que autoriza a produção e a comercialização de queijos artesanais feitos com leite cru.

A lei determina que o queijo artesanal deve ser elaborado por métodos tradicionais, com vinculação e valorização territorial, regional ou cultural, utilizando boas práticas agropecuárias e de fabricação. A legislação salienta que o queijeiro artesanal é responsável pela identidade, qualidade e segurança sanitária do queijo produzido por ele. A nova norma restringe a elaboração de queijos artesanais a partir de leite cru à queijaria situada em estabelecimento rural certificado como livre de tuberculose e brucelose. A lei prevê requisitos tanto para os produtores de leite quanto para os queijeiros, como a participação de programa de controle de mastite; a implantação de programa de boas práticas agropecuárias na produção leiteira; o controle de monitoramento da potabilidade da água utilizada na ordenha e na fabricação do queijo; e a implementação de rastreabilidade dos produtos.

MICRORGANISMOS

O leite pode promover sua própria conservação por meio do processo de fermentação, alimentando um grupo de microrganismos (bactérias do ácido lático – BAL) que convertem a lactose em ácido, aumentando sua durabilidade e impedindo-o de transmitir doenças e estragar. Nesse processo ocorre mudança de sabor e textura. O leite se torna mais viscoso e azedo (ARAÚJO *et al.*, 2007).

As BAL compõem o leite e são especialistas em digerir a lactose, transformando-a em ácido lático, como o próprio nome já diz. Ao liberarem o ácido lático no leite, este vai se acumulando e passa a retardar o crescimento dos microrganismos patogênicos e deteriorantes por meio de sua acidez, além de criar substâncias antibacterianas. Essa acidez também é responsável pela desnaturação e consequente coagulação das proteínas de caseína, fazendo com que o leite se espesse (MCGEE, 2014).

Existem dois grupos de BAL: lactococos, presentes principalmente nos vegetais, e lactobacilos, presentes tanto em vegetais quanto em animais (MCGEE, 2014).

Hoje, a maioria dos produtos fermentados não é proveniente de fermentação instantânea e sim de processos industriais. Na fermentação instantânea, pode haver mais de uma dúzia de microrganismos diferentes, gerando sabores e texturas mais complexas e diferenciadas, enquanto na fermentação industrial utilizam-se dois a três microrganismos diferentes, gerando sabores e texturas padronizados (MCGEE, 2012).

Há, no mercado, produtos que imitam os laticínios fermentados. Essas versões são aromatizadas e acidificadas sem bactérias, e algumas são espessadas com amidos, gomas e proteína do leite. Por isso, é importante verificar sempre o rótulo e escolher produtos sem aditivos e com bactérias vivas, se possível, pois terão sabor e textura mais agradáveis. Com o passar do tempo, os produtos fermentados tornam-se mais ácidos mesmo na geladeira (MCGEE, 2012).

Ao aquecer leites fermentados, deve-se ter cuidado. A maioria pode coalhar, devendo ser acrescentada somente ao final da preparação (FARRIMOND, 2017).

KEFIR DE LEITE

O kefir (alimento) é o leite fermentado por grãos de kefir. Depois de sua fermentação, o leite adquire uma consistência próxima à do iogurte e ligeiramente espumosa. Tem conquistado muitos adeptos por suas características probióticas e funcionais, pois possui microrganismos vivos importantes na manutenção da flora intestinal (RODRIGUES et al., 2020).

É um produto originário de dois tipos de fermentação: lática e alcoólica. Em temperatura ambiente, em torno de 22-25 °C, ocorre o crescimento de bactérias láticas, responsáveis pela produção de ácido lático e pela proteólise parcial das proteínas do leite, com o acúmulo de aminoácido no meio. A fermentação alcoólica ocorre em temperatura de refrigeração, entre 5-15 °C, com produção de dióxido de carbono (CO_2), álcool e aroma característico. Essas fermentações fazem com que as bebidas fermentadas à base de grãos de kefir se tornem um produto de fácil digestão e com alto valor nutricional (LUÍZ et al., 2006).

Os grãos de kefir são originários de uma cultura natural de diferentes microrganismos que compartilham uma relação de associação funcional, de forma que há aproveitamento mútuo. Entre eles encontramos leveduras que fermentam a lactose, Lactobacillus homo e heterofermentativos, estreptococos mesófilos, Lactococcus, Leuconostoc e, ocasionalmente, bactérias de ácido acético (IRIGOYEN et al., 2005; LUÍZ et al., 2006). Seus grãos têm formas irregulares gelatinosas, variando no tamanho entre 1-6 mm. A composição de microrganismos que formam os grãos difere em razão da origem destes e também do método de cultivo e do substrato adicionado, de acordo com Witthuhn et al. (2005). Esses autores, segundo os quais a composição das espécies microbianas varia conforme o método utilizado para produção de kefir, também notaram que o número de microrganismos diminui com o tempo de produção.

Além dos microrganismos, que auxiliam na flora intestinal e fazem muito bem para o funcionamento do intestino, o kefir tem uma grande quantidade de minerais, vitaminas do complexo B e aminoácidos essenciais. Essa carga de nutrientes diversos traz inúmeros benefícios para o organismo, por exemplo, promovem efeito relaxante no sistema nervoso e participam de processos auxiliares do crescimento celular e do fornecimento de energia ao organismo. Além disso, o kefir é uma excelente fonte de vitaminas K e do complexo B. O consumo adequado dessas vitaminas promove a regulação do funcionamento renal e hepático, acelera os processos de cicatrização e proporciona aumento da função imunológica (GIACOMELLI, 2004).

IOGURTES

Os iogurtes são produtos da fermentação lática muito consumidos, pois estão presentes na dieta alimentar humana desde tempos remotos. Inicialmente eram apenas resultado de um método de conservação do leite, mas seu sabor, textura e qualidades nutricionais ganharam muitos adeptos e consumidores (SOUSA, 2009).

Para a legislação brasileira (Decreto n. 2.244/97), os iogurtes são definidos como "o produto obtido pela fermentação láctica por meio da ação do *Lactobacillus delbrueckii* ssp. *bulgaricus* e *Streptococcus thermophilus* sobre o leite integral, desnatado ou padronizado".

Com a fermentação láctea, culturas de microrganismos são utilizadas para aumentar a vida de prateleira do leite, devido à formação de componentes metabólicos como ácido lático, ácido propiônico, diacetil e substâncias antagonísticas que exercem efeitos inibidores do crescimento de bactérias Gram-negativas responsáveis pela deterioração do leite.

Na produção dos iogurtes, em geral, emprega-se cultura mista de *Lactobacillus delbrueckii* ssp. *bulgaricus* e *Streptococcus thermophilus*. Essas bactérias se mantêm em crescimento associado ou culturas separadas, que são inoculadas no leite em proporções definidas.

Foi o pesquisador Metchnikoff, no início do século XX, quem fez observações que deram início à "teoria da longevidade", na qual fala sobre o consumo de leite fermentado por *Lactobacillus* spp. Segundo o pesquisador, as bactérias benéficas desse alimento concorriam com as bactérias putrefativas do intestino que produziam substâncias tóxicas. Metchnikoff baseou-se em pesquisas feitas com camponeses búlgaros que tinham uma longa vida e alimentavam-se em grande parte com leites fermentados (VASILJEVIC; SHAH, 2008).

Essa teoria estimulou inúmeras pesquisas e o aumento no consumo e desenvolvimento dos iogurtes. Hoje se sabe que apenas leites fermentados com microrganismos probióticos podem oferecer benefícios para a saúde humana e ser considerados um alimento probiótico.

São inúmeras as marcas de iogurte industrializados, porém é fácil preparar esse alimento em casa:

- Aqueça o leite até a temperatura de ebulição para melhorar sua textura – esse passo não é obrigatório e costuma ser utilizado com as culturas termófilas. Depois disso, deixe arrefecer o leite até cerca de 30 ºC.
- Misture a cultura iniciadora com a quantidade de leite recomendada e deix repousar na temperatura indicada: se a cultura for termófila, aproximadamente a 40 ºC; ou se mesófila, em temperatura ambiente. Quando o leite fermentado ficar espessado, já está pronto para o consumo, adoçado ou misturado com frutas, e pode ser guardado na geladeira.
- Deve-se reservar sempre um pouco de iogurte sem adoçante para a produção do alimento posteriormente, seguindo esses mesmos passos.

O início do processo pode ser feito com uma quantidade de bactérias lácteas compradas desidratadas ou com iogurte industrializado.

Os diferentes tipos de iogurte são definidos pelos tipos de microrganismos e pelos processos de fermentação (temperatura e tempo) que propiciam e estimulam a convivência mútua das bactérias láticas e seu crescimento. Durante o período inicial da fermentação, os *Streptococcus thermophilus* se desenvolvem melhor; porém, com o aumento da acidificação que ocorre no processo, os *Lactobacillus delbrueckii* ssp. *bulgaricus* são favorecidos e têm seu crescimento ativado. Estes realizam proteólise, processo de degradação de proteínas por enzimas, chamadas proteases, e por meio desse processo obtêm aminoácidos a partir da caseína do leite e ativam o crescimento dos estreptococos, que, por sua vez, estimulam o crescimento dos lactobacilos, com a produção de ácido fórmico e CO_2. O ideal é possibilitar o equilíbrio entre esses microrganismos para obter iogurtes ácidos e aromáticos, com pH que pode variar de 3,6 até 4,2, pois esse pH propicia estabilidade aos iogurtes, inibindo o crescimento de bactérias Gram-negativas, e aroma agradável de leite aromatizado.

O iogurte é considerado um produto de fácil digestão, que auxilia nas funções digestivas. Sua acidez estimula a salivação e a liberação de enzimas digestivas. Outras ações probióticas são relacionadas com o iogurte, por exemplo, os efeitos que ajudam a combater o colesterol ruim e a ação inibitória de agentes patogênicos nos intestinos.

Para garantir um produto de valor nutricional adequado, o leite deve ser de boa procedência e qualidade, necessitando passar por tratamento térmico, pasteurização ou tratamento de temperatura ultra-alta (UHT), com o propósito de eliminar os microrganismos patogênicos e destruir as aglutininas, que são componentes do leite e inibem o crescimento bacteriano, impedindo o processo de fermentação para produção dos iogurtes.

Tem havido um crescimento considerável na produção e aceitação do consumo de iogurtes nos últimos 25 anos. Pode-se dizer que esse crescimento se deve ao surgimento de novos produtos, com a diferenciação na textura dos iogurtes e o acréscimo de frutas, cereais, essências e aromatizantes, para que a produção atenda cada vez mais ao paladar de diferentes consumidores.

Para propiciar toda essa diversificação, há constante sofisticação e aprimoramento tecnológico no processo de produção, nos estudos sobre a fermentação e nos equipamentos e utensílios necessários. Vale salientar, quanto à adição de ingredientes autorizados, é obrigatório que no mínimo 70% do produto seja iogurte. Como variantes desse produto, podemos citar o *viili* e os iogurtes grego, búlgaro e escandinavo.

O *viili* é um iogurte de origem finlandesa feito com leite fermentado e, segundo sua história, originou-se em países como Finlândia, Islândia, Suécia, Noruega e Dinamarca, conhecidos como países nórdicos. Sua consistência é diferente da dos demais iogurtes – gelatinosa e viscosa –, mas o sabor, além de suave, é muito agradável. É obtido após a fermentação láctea a partir do ácido lático produzido nessa fermentação pelas BAL. Entre as cepas responsáveis por essa fermentação temos a ação do *Lc. lactis* subsp. *cremoris,* que produz o fosfato-heteropolissacárido, que dá a textura viscosa ao *viili*. Essa cepa também está presente na fermentação para a produção do kefir e do iogurte. Outro microrganismo importante no *viili* é o *Geotrichum candidum,* que cresce na superfície. Essa bactéria tem uma característica visível e facilmente identificável, que forma uma camada aveludada na superfície.

O iogurte grego é bastante popular, graças a sua textura mais cremosa e espessa. Basicamente é um iogurte comum que tem parte do soro retirada e depois de homogeneizado atinge a textura desejada. Isso significa que para a produção do iogurte grego, após o processo de coalhadura, aquecimento do leite e interrupção da fermentação com a refrigeração do iogurte, ele adquire uma textura de gel, a qual exige o passo extra de quebrar o gel e separar a água, as proteínas e o açúcar que formam o soro, retirando-os do iogurte.

A produção de iogurtes na Escandinávia, na Europa Central e Oriental utiliza fermentos compostos por estirpes mesófilas de lactococos (*Lactococcus lactis* subsp. *lactis, Lactococcus lactis* subsp. *cremoris* e *Lactococcus lactis* biovar *diacetylactis*), podendo ter em sua composição estirpes de *Leuconostoc mesenteroides* subsp. *cremoris* e, outras vezes, *Leuconostoc mesenteroides* subsp. *dextranicum*. Esses microrganismos conferem ao produto uma textura muito viscosa e filamentosa.

O iogurte búlgaro, *Bulgarian milk*, por sua vez, é produzido com fermentos que contêm apenas estirpes de *Lactobacillus* e são típicos da Bulgária e de algumas regiões do Azerbaijão. É produzido com leite de vaca ou cabra fervido e inoculado com uma porção de leite fermentado da produção anterior, deixado para fermentar a uma temperatura próxima dos 45 °C. É o método mais comum de produção caseira no Sul e Sudeste do Brasil. Para a produção industrial desse iogurte, o fermento utilizado é composto por estirpes de *Lactobacillus delbrueckii* subsp. *bulgaricus*, algumas vezes adicionado de estirpes de *Streptococcus thermophilus* (OBERMAN; LIBUDZISZ, 1998).

Crème fraîche

Os *Lactobacillus* não são as únicas bactérias usadas para fermentar ou azedar derivados do leite. Tanto o *crème fraîche* quanto o *buttermilk* (leitelho) contêm *Streptococcus diacetilactis*, *Streptococcus lactis* e *Streptococcus cremoris*, junto com outras bactérias menos comuns. Ambos precisam ser mantidos sob refrigeração e são fáceis de preparar em casa.

O *crème fraîche* é um derivado do leite de origem francesa empregado largamente na gastronomia. É obtido da fermentação rápida exercida por bactérias sobre nata ou creme de leite pasteurizado. Podemos dizer que, apesar do que a nomenclatura sugere, não se trata de creme de leite fresco, proveniente do desnate do leite, mas de um produto diferente e mais elaborado.

Na França, é um creme com teor de gordura igual a 30%, pasteurizado, e sua textura espessa indica a fermentação bacteriana e a acidez (0,8% ou pH 4,6). Nos EUA, a produção de *créme fraîche* segue os padrões franceses, porém o produto pode levar coalho na sua composição para ajudar no adensamento.

No Brasil, não existe produção comercial do *crème fraîche*, portanto, faz-se necessária a sua substituição por outros laticínios em produções culinárias. Em alguns casos, ele pode ser substituído por iogurte ou creme azedo (também conhecido como *sour cream*).

Buttermilk

O leitelho, ou *buttermilk* (leite de manteiga), é um subproduto do leite obtido do processo de bateção do creme para a produção de manteiga (FARRIMOND, 2017).

De acordo com a tradição, era o líquido rejeitado depois da extração de manteiga do creme curado, no entanto, hoje, a maioria dos leitelhos é cultivada. É comum em climas quentes, onde o leite fresco não refrigerado azeda rapidamente; nesse caso, chamado de leitelho verdadeiro (MCGEE, 2014). Já o leitelho comercializado é basicamente leite desnatado, espessado e adicionado de bactérias (as mesmas utilizadas na produção de manteiga maturada, que trarão aroma, sabor amanteigado e acidez ao produto), podendo também ser encontrado na versão que leva aditivos químicos para a mesma função.

QUEIJOS

O queijo é feito de leite coalhado por meio da adição de ácidos e/ou uma enzima extraída do quarto estômago de bezerros (sim, eles possuem quatro estômagos), chamada coalho ou quimosina, como veremos mais adiante. O componente ácido pode vir de quase qualquer fonte de todo alimento, mas a maior parte do queijo produzido pela indústria é feita por bactérias que convertem a lactose, açúcar do leite, em ácido lático. Da mesma forma que os iogurtes são feitos (FARRIMOND, 2017).

Os queijos podem ser preparados sem o coalho, mas a enzima faz a coalhada mais forte e elástica. O coalho adicionado à produção permite que o leite coalhe com menor acidez, o que permite às bactérias produtoras de sabor se multiplicarem no produto. Queijos feitos com coalho são facilmente derretidos, ao contrário dos feitos com ácidos, que se mantêm sólidos em altas temperaturas. Então, a coalha é salgada, e a umidade, retirada, diminuindo a atividade de água (Aa) e, consequentemente, fazendo o produto final durar por um período mais longo que o leite cru (MCGEE, 2014).

O queijo é uma das formas mais antigas de preservação de alimentos manufaturados pelo homem. Sua produção data de pelo menos cinco mil anos atrás, quando, na Ásia Central e no Oriente Médio (MCGEE, 2014), regiões mais quentes do que a Europa, percebeu-se que para a melhor conservação do leite talhado e azedado naturalmente, devia-se retirar grande parte da água, eliminando o soro e adicionando sal aos coágulos do leite concentrado.

Ingredientes do queijo

São três os principais ingredientes do queijo: o leite, o coalho e os microrganismos que agem no produto acidificando-o e conferindo-lhe sabores únicos e característicos (ARAÚJO et al., 2007). Nas subseções seguintes, esses ingredientes serão analisados.

Leite

O queijo nada mais é que leite concentrado pela redução da água em sua composição, sendo assim, esse é o fator determinante para o sabor, a textura e a coloração do produto final (FARRIMOND, 2018). As espécies mais comumente usadas são as vacas, búfalas, cabras e ovelhas. Cada animal recebe também, além da herança genética natural, a influência de fatores externos sobre as características de cada queijo:

- Regionalidade e manejo dos animais.
- Cruzamentos feitos pelo homem, melhorando ou criando novas raças.
- Tipo de alimentação, pastagem, ração, ou um combinado delas, e a sazonalidade determinada pelos períodos mais quentes ou mais frios do ano, que oferecem diferentes alimentos para os animais, tornando os queijos feitos com o "leite estacional" um produto sazonal e único.
- Outro fator de grande relevância é a utilização de leite cru ou cozido: queijos provenientes de leites que não passaram por nenhum método de cocção, pasteurização ou esterilização manterão vivas bactérias e ativas as enzimas inerentes do próprio leite, que serão vitais para a produção dos vários tipos de queijos maturados com sabores singulares.

Coalho

Os "primeiros produtores de queijo" perceberam que a coalhada produzida no interior dos estômagos dos bezerros, ou até mesmo aquela feita com a utilização de pedaços de estômago para a coagulação do leite, eram mais firmes e elásticas. Assim, mais alguma tecnologia simples foi envolvida e tivemos a primeira enzima semipurificada da história da humanidade, a quimosina (MCGEE, 2014).

Mas por que os pastores não usavam simplesmente a acidez proveniente de qualquer alimento ácido? As respostas são duas: a acidez dispersa as proteínas de caseína das micelas e a fixação de cálcio é muito prejudicada, acarretando a perda de grande parte da caseína e do cálcio dentro do soro e gerando um coalho pobre e farelento. Em segundo lugar, a alta concentração de ácido necessária para a coagulação da caseína retarda a atividade das enzimas do leite, conferindo-lhe menos sabor.

Já o coalho, firme e elástico, formado a partir do extrato do estômago dos bezerros (ou posteriormente feito de forma sintética), é resultado da ação da quimosina, que mantém as micelas quase ilesas, retendo caseína e cálcio.

Microrganismos

O terceiro, mas não menos importante, dos fatores necessários para a fermentação e o processo de envelhecimento ou maturação dos queijos são os microrganismos (ARAÚJO *et al.*, 2007):

- Bactérias da cultura mãe: obtidas por meio do soro antigo de queijos feitos anteriormente. Primeiro as BAL transformam a lactose, acidificando o leite e perdurando durante boa parte do tempo de maturação; depois o número tende a diminuir vertiginosamente com o passar do tempo, porém as enzimas produzidas por elas resistem e fazem perdurar o processo de decomposição de proteínas. Como resultado têm-se os mais diversos aromas e sabores característicos dos queijos envelhecidos.

- Brevibactérias: inerentes a ambientes com concentração de sal mais pronunciada, como o suor da pele humana e as costas marítimas. São responsáveis pelo forte cheiro de alguns queijos e contribuem em menor escala para o sabor de outros. São avessas a meios ácidos e precisam de oxigênio para a produção de energia.

- Bactérias propriônicas: são os agentes necessários para a formação das bolhas encontradas em queijos amarelados e amanteigados, como o gouda e o emmental, geradas a partir da decomposição do ácido lático, que produz CO_2, além de outros compostos.

- Fungos: geralmente espécies do gênero *Penicillium*, eles são encontrados em abundância nos ambientes domésticos e rurais e precisam de oxigênio para a geração de alimento. Estão mais aptos a se desenvolver em ambientes com menor quantidade de água do que as bactérias, e, assim como elas, produzem enzimas que atuam na digestão dos componentes do queijo, transformando seu aroma, sabor e textura. A ação e a proliferação dos fungos podem ser obtidas naturalmente, já que qualquer alimento mantido com a superfície exposta tem como tendência embolorar, ou até mesmo pela inoculação do microrganismo pela manufatura humana.

- Fungos brancos: agem na casca de queijos como o brie e o camembert, atribuindo-lhes textura cremosa e sabor aveludado.

- Fungos azuis: são os responsáveis pelo colorido azulado de queijos como o gorgonzola e o roquefort. Por terem a vantagem de sobreviver e se reproduzir em meios rarefeitos, agem no interior das peças de queijo, criando os veios azulados/esverdeados.

MANTEIGA

De acordo com o Ministério da Agricultura, Pecuária e Abastecimento (Portaria MAPA n. 146, de 7 de março de 1996), a manteiga é um produto gorduroso obtido exclusivamente pela bateção e malaxagem, com ou sem modificação biológica do creme pasteurizado derivado exclusivamente do leite de vaca, por processos tecnologicamente adequados. A matéria gorda da manteiga deverá ser composta exclusivamente de gordura láctea.

De acordo com a legislação brasileira, a manteiga recebe a seguinte classificação:

	Tipo		
Composição	Extra	1ª qualidade	2ª qualidade
Gordura (%)	≥ 83,0	≥ 80,0	≥ 80,0
Acidez (cm³)/litro	≤ 3,0	≤ 8,0	≤ 10,0
Sal (%)	≤ 2,0	≤ 2,5	≤ 6,0
Corante vegetal	Ausência	Facultativo	Obrigatório

Fonte: BRASIL. Ministério da Agricultura, Pecuária e Abastecimento (MAPA), 1996.

Quais são as diferenças entre esses tipos de manteigas encontrados nas prateleiras?

- Manteiga sem sal: feita a partir do creme de leite pasteurizado, contém pouquíssimo sal e não leva outros aromatizantes adicionados.
- Manteiga com sal: adição de 1-2% de sal, que contribui para o sabor salgado e evita a degradação por bactérias.
- Manteiga maturada: bactérias são adicionadas em sua produção, conferindo-lhe acidez e aroma mais acentuados.
- Manteiga com aromatizantes: possui aditivos químicos para "imitar" a manteiga maturada, podendo ser de origem natural ou artificial.

Produção de manteiga

Segundo a Agência Embrapa de Informação Tecnológica (Ageitec), o creme é o principal ingrediente na produção da manteiga, obtido pelo desnate do leite. Esse processo pode ser feito espontaneamente, deixando-se em repouso durante aproximadamente 24 horas, ou por processo mecanizado. O desnate natural apresenta a desvantagem de promover a proliferação de microrganismos, devido ao tempo necessário para a operação, o que prejudica o sabor e o aroma da manteiga, além do baixo rendimento em comparação com o desnate mecânico.

Para o desnate mecânico são envolvidas as desnatadeiras, com a obtenção de um produto doce, fresco e livre de ataque microbiano e desenvolvimento de sabores e odores estranhos, além de ser mais rápido.

Então, o creme passa por filtros para eliminar pelos, que, além de prejudicar o aspecto visual do produto, são fontes de microrganismos.

Se a fabricação da manteiga for realizada logo após o desnate, dará origem a um produto doce, de curta durabilidade.

Tratamento do creme

Para que o produto final tenha a máxima qualidade e conservação, o creme deve ser processado nas seguintes etapas: estocagem, padronização, neutralização, pasteurização, resfriamento e maturação.

Batedura

É nessa etapa que ocorre a separação entre o creme, que deve ser resfriado antes de iniciar a batedura, realizada em batedeira com temperatura na faixa de 8-13 °C. A função da batedura é unir as moléculas de gordura, formando a manteiga; há também a separação dos resíduos líquidos (leitelho). Após esse processo, realiza-se a lavagem da manteiga, feita pelo menos duas vezes, na própria batedeira, por meio da adição de água resfriada para retirar qualquer sobra de leitelho.

Adição de sal

Fase opcional no processo de preparo, apresenta as vantagens de conferir melhor sabor à manteiga e de ajudar em sua conservação. A quantidade de sal a acrescentar varia entre 2-6%, dependendo da classificação da manteiga.

Malaxagem

Os grãos de manteiga são espremidos em temperatura média de 13 °C até formarem um composto homogêneo, retirando-se o excesso de água. O resultado é uma massa de manteiga sem perfurações e uniforme (SILVA, [s. d.]).

WHEY

É um complemento alimentar, muito utilizado por praticantes de atividades físicas, genericamente denominado como *whey protein*, formado por dois componentes proteicos do leite, essencialmente: a caseína e a proteína do soro do leite (*whey protein*). A maior parte desses compostos é obtida por meio do subproduto do processo de fabricação do queijo. Durante as etapas de produção do queijo, a caseína coalha e se separa do soro, que fica sobre ela. O soro é separado e processado (HARAGUCHI *et al.*, 2006).

Nesses processos, é realizada a filtração da gordura e da lactose para que o produto final tenha baixo teor de açúcares e lipídios e alta concentração de proteínas. A quantidade de proteína pode variar entre 35-95%. Denomina-se isolado o composto com teor acima de 88% de proteína. Para porcentagens proteicas com valor menor que 88%, o produto é chamado de concentrado.

A filtração elimina os compostos com baixo peso molecular, como lactose, minerais e vitaminas, e a proteína fica concentrada. Depois da filtração a proteína passa pelo processo de pasteurização, evaporação e secagem, feita em temperaturas baixas para evitar que ela desnature.

BEBIDAS DE ORIGEM VEGETAL

- Leite de soja: alimento de alta proteína produzido pela prensagem da soja moída. A fonte de proteína à base de plantas tem muito menos gordura que o leite de vaca. Pode-se usá-lo em receitas de pães e salgados, nas quais o leite é um ingrediente menor (FARRIMOND, 2017).
- Leite de amêndoas: feito de amêndoas moídas e água, ele tem baixo teor de proteínas, gorduras e açúcares. Se usado no lugar do leite no cozimento, adicione gordura extra (FARRIMOND, 2017).
- Leite de aveia: feito de grãos de aveia encharcados, e então misturados e coados. Sua textura cremosa e completa faz dele um bom substituto para o leite no cozimento (FARRIMOND, 2017).
- Leite de coco: esse alimento característico vem da carne ralada de cocos, que é encharcada e coada. Quando deixado em um recipiente na vertical, um creme mais grosso sobe à superfície e pode ser usado em molhos e sobremesas doces (FARRIMOND, 2017).

REFERÊNCIAS BIBLIOGRÁFICAS

ARAÚJO, Wilma M.C.; MONTEBELLO, Nancy di Pilla; BOTELHO, Raquel B.A.; BORGO, Luiz A. *Alquimia dos Alimentos*. 3. ed. Brasília: Senac DF, 2007.

BRASIL. Ministério da Agricultura, do Abastecimento e da Reforma Agrária. *Regulamento Técnico de Identidade e Qualidade do Leite UHT* – Portaria n. 146, de 7 de março de 1996.

BRASIL. Ministério da Agricultura, Pecuária e Abastecimento (MAPA). *Portaria n. 146, de 7 de março de 1996*. Aprovar os Regulamentos Técnicos de Identidade e Qualidade dos Produtos Lácteos.

FARRIMOND, Stuart. *The science of cooking*: every question answered to perfect your cooking. New York: DK, 2017.

FIELD, Simon Q. *Culinary reactions*: the everyday chemistry of cooking. Chicago: Chicago Review Press, 2012.

GIACOMELLI, Paula. Kefir: alimento funcional natural. 2004. Monografia (Graduação em Nutrição) – Universidade de Guarulhos, Guarulhos, 2004.

HARAGUCHI, F. K.; ABREU, W. C.; PAULA, H. Proteínas do soro do leite: composição, propriedades nutricionais, aplicações no esporte e benefícios para a saúde humana. *Revista de Nutrição,* 2006.

IRIGOYEN, Aurora; ARANA, I.; CASTIELLA, M.; TORRE, P.; IBÁÑÊZ, F. C. Microbiological, physicochemical, and sensory characteristics of kefir during storage. Departamento de Ciencias del Medio, Área de Nutrición y Bromatología, Natural, Universidad Pública de Navarra. *Food Chemistry,* v. 90, p. 613-620, 2005.

LUÍZ, L. M. P.; BERNADES, P. C.; LOPES, J. P.; CORREIA, L. O.; FERNANDES, P. E.; PIMENTEL FILHO, N. J.; FERREIRA, CL. L. F. Microbiota de grãos de kefir de diferentes origens. *Rev. Instituto de Laticínio Cândido Tostes* – Anais do XXIII Congresso Nacional de Laticínios, v. 61, n. 351, p. 117-119, 2006.

MCGEE, H. *Comida & cozinha*: ciência e cultura da culinária. São Paulo: Martins Fontes, 2014.

MCGEE, H. *Dicas para cozinhar bem*: um guia para aproveitar melhor alimentos e receitas. Rio de Janeiro: Zahar, 2012.

OBERMAN, H.; LIBUDZISZ, Z. Fermented milks. *In*: B. J. B. Wood (ed.). *Microbiology of fermented foods*. 2. ed. London: Blackie Academic & Professional, , 1998. p. 308-350.

RODRIGUES, Ana C. R.; BENTO, Lucas S.; LEITE, Rodrigo L.; RODRIGUES, Jefferson. Caracterização e avaliação sensorial do kefir tradicional e derivados. *In*: MACHADO, Eleuza Rodrigues (org.). *As ciências biológicas e a construção de novos paradigmas de conhecimento 2*. Ponta Grossa: Atena, 2020. *E-book*. p. 75-82.

SILVA, Fernando T. Manteiga. Árvore do conhecimento. *Tecnologia de alimentos*. Agência Embrapa de Informação Tecnológica – Ageitec. Disponível em: https://www.embrapa.br/agencia-de-informacao-tecnologica/tematicas/tecnologia-de-alimentos/processos/grupos-de-alimentos/lacteos/manteiga. Acesso em: 10 nov. 2022.

SOUSA, Fabiana de Carvalho. *Iogurte*. 2009. Disponível em: https://www.einstein.br/noticias/noticia/iogurte. Acesso em: 31 jul. 2022.

VASILJEVIC, T.; SHAH, N. P. Probiotics: from Metchnikoff to bioactives. *International Dairy Journal,* v. 18, n. 7, p. 714-728, 2008.

WITTHUHN, R. C.; CILLIERS, A.; BRITZ, T. J. Evaluation of different preservation techniques on the storage potential of kefir grains. *Journal of Dairy Research,* v. 72, p. 125-128, 2005.

8

Fermentação de grãos e tubérculos

Ingrid Schmidt-Hebbel Martens

INTRODUÇÃO

Os grãos e os tubérculos amiláceos são os alimentos diários básicos que sustentam a maior parte da humanidade, enchendo os estômagos e suprindo as necessidades calóricas dos seres humanos, complementados quando possível por vegetais, frutas, carnes e peixes, queijo, feijão etc. De acordo com a Organização das Nações Unidas para Alimentação e Agricultura (FAO), os grãos mais importantes para a humanidade, em termos de quantidades produzidas e consumidas globalmente, incluindo os seres humanos e os animais de fazenda, são milho, trigo, arroz, cevada, sorgo, painço, aveia e centeio, enquanto batata, mandioca, batata-doce, inhame e taro são os tubérculos amiláceos mais importantes (KATZ, 2012).

A qualidade densa e seca que torna os grãos estáveis no armazenamento também os torna difíceis de digerir, precisando da pré-digestão da fermentação para se adequarem à nutrição humana. Os grãos contêm vários tipos de fatores antinutricionais que inibem sua digestão, incluindo o ácido fítico. Esse ácido e seus derivados podem se ligar a minerais essenciais da dieta, tornando-os indisponíveis ou apenas parcialmente disponíveis para absorção. O ácido fítico reduz a disponibilidade de minerais não apenas nos alimentos que o contêm, mas também em outros alimentos digeridos ao mesmo tempo. Nos grãos, a fermentação bacteriana também aumenta a biodisponibilidade do aminoácido lisina (KATZ, 2012; HAARD *et al.*, 1999; MAGA, 1982).

A fermentação de grãos é feita desde o antigo Egito e, ao longo do tempo, foi sendo introduzida nas cozinhas de diversos povos do mundo. Mas também é possível fermentar tubérculos, como a batata ou a mandioca, que quando fermentada origina diversos subprodutos: farinha-d'água, polvilho azedo (sem o qual não temos pão de queijo), puba, *tucupi*, *caxiri*, *cauim* e diversos tipos de farinha, onipresentes nas mesas de todo o território Norte e Nordeste do Brasil (FERMENTARE, [s. d.]).

A fermentação é uma técnica, acessível e fácil, de processamento viável para transformar grãos inteiros em alimentos comestíveis, utilizada com grande frequência em nível doméstico em vários países do continente africano. Por meio dessa técnica é possível transformar os grãos inteiros, mas também aumentar a biodisponibilidade de nutrientes e alterar favoravelmente os níveis de componentes que promovem a saúde (em especial os antioxidantes) em produtos derivados de grãos inteiros (ADEBO; MEDINA-MEZA, 2020). Atualmente, uma variedade de alimentos fermentados é produzida a partir de cereais em escala doméstica e semi-industrial, sendo usados como alimento de desmame para bebês e crianças (LEI; JAKOBSEN, 2004; KALUI *et al.*, 2008), mas também para adultos. Essa ampla produção é um testemunho da diversidade cultural e da capacidade do ser humano para encontrar maneiras de produzir alimentos em diferentes contextos. Os efeitos benéficos são a preservação dos alimentos e a melhora de suas características organolépticas, em virtude da produção de ácido lático e outros metabólitos pelas bactérias do ácido lático (BAL) (GUYOT, 2012). Cereais que incluem milho (*Zea mays*), sorgo (*Sorghum bicolor*), milheto (*Peninsetum americanum*), *acha* (também chamado *fonio*, cereal ancestral da África Ocidental, variante do painço, *Digitaria exilis*) etc. são empregados na produção de mingaus usados como alimentação complementar para bebês, e também de café da manhã para adultos.

Este capítulo tem por objetivo abordar a fermentação de grãos e tubérculos, bem como os procedimentos para obtenção de produtos que apresentam sabor e textura diferenciados em relação à matéria-prima utilizada para fermentação.

COMO DEIXAR OS GRÃOS DE MOLHO

A maneira mais simples de fermentar os grãos é deixá-los de molho. Na ausência de água disponível, os microrganismos presentes na superfície dos grãos não conseguem crescer. No entanto, eles permanecem dormentes até que sejam restaurados à vida pela água, como acontece com a própria semente. Quando o grão é deixado de molho, começa a inchar, dando início a uma série de mudanças que, dadas as condições certas, resultarão no brotamento de uma planta. Ao mesmo tempo, a água revive as bactérias e fungos que povoam as superfícies do grão e iniciam a fermentação. Os grãos se beneficiam da demolha inteiros ou já moídos. É melhor usar água sem cloro, e os grãos podem ser deixados de molho por algumas horas apenas ou por períodos mais longos. Por outro lado, a pré-digestão ocorrerá mais rápido se os grãos forem deixados de molho em água morna adicionada de alguma cultura viva – como um pouco de líquido de imersão guardado de uma imersão anterior, soro de leite, iniciadores de fermentação (*starter*) de massa-mãe, leitelho ou suco de chucrute – ou ácidos como o vinagre ou o suco de limão. Para que o grão inche, absorvendo o máximo de água possível, os grãos devem ser deixados de molho durante 8-12 horas. No entanto, também podem ser deixados de molho durante um dia inteiro ou mais para o desenvolvimento completo do *flavor*, e para atingir uma pré-digestão mais completa (KATZ, 2012).

Embora colocar de molho seja o primeiro passo para germinar, grãos ou outras sementes não podem brotar se deixados de molho, uma vez que a germinação não requer somente água, mas também oxigênio. As sementes encharcadas incham e fermentam, mas não germinam a menos que a água seja drenada. Portanto, para germinar grãos inteiros ou outras sementes – em geral, somente as intactas e não moídas podem germinar – devem ser deixadas de molho por 8-24 horas e, em seguida, drenadas. Os grãos devem permanecer úmidos, sendo assim, precisam ser molhados pelo menos duas vezes ao dia (de manhã e à noite) ou com mais frequência no verão, drenando-os bem a seguir.

O tempo necessário para a germinação varia com o grão específico, assim como a temperatura e a frequência de enxágue. Os grãos em germinação devem ser protegidos da luz solar, para evitar a fotossíntese e o desenvolvimento de um sabor amargo. Como regra geral, os brotos estão prontos quando as hastes brancas crescem e têm aproximadamente o comprimento do próprio grão. Os grãos germinados podem ser usados frescos, em qualquer tipo de massa, ou em bebidas como *rejuvelac*, ou *tesgüino*, e secos em desidratador, ao sol ou em forno em temperatura baixa para fazer cerveja, ou ainda moídos a farinha (KATZ, 2012).

BROTOS DE GRÃOS

Os grãos de cereais constituem a principal fonte de nutrientes na dieta de todas as pessoas, sobretudo nos países em desenvolvimento. No entanto, a qualidade nutricional deles e as propriedades sensoriais de seus produtos são inferiores em razão do baixo teor de proteína, da deficiência de certos aminoácidos essenciais, da menor disponibilidade de proteínas e amido, da presença de certos antinutrientes e da natureza grosseira dos grãos.

O consumo de cereais germinados está se tornando popular em várias partes do mundo. A germinação por um período limitado causa o aumento da atividade das enzimas hidrolíticas, a melhora no conteúdo de certos aminoácidos essenciais, açúcares totais e vitaminas do grupo B e a diminuição da matéria seca, amido e antinutrientes. A digestibilidade das proteínas de armazenamento e do amido é melhorada devido a sua hidrólise parcial durante a germinação. A magnitude da melhoria nutricional é, no entanto, influenciada pelo tipo de cereal, qualidade da semente e condições de brotação (CHAVAN *et al.*, 1989).

A fermentação do *rejuvelac* – nome dado para a bebida que purifica e rejuvenesce o corpo – acontece sem a necessidade de uma colônia de microrganismos, como no caso de kefir e kombucha, e dispensa o uso de açúcar. Para tanto, basta germinar um punhado de grãos de trigo ou de outro cereal, como arroz integral, milho de pipoca, painço, lentilha, centeio, cevada, aveia, quinoa ou amaranto, e colocar em água filtrada. Presentes em grandes quantidades nos grãos germinados, as enzimas e as bactérias com potencial probiótico passam para a água e iniciam o processo de fermentação. Após 24 horas, o *rejuvelac* está pronto para ser consumido. O caldo turvo e esbranquiçado obtido apresenta elevado teor de enzimas, que facilitam a digestão, melhorando o funcionamento do intestino, bem como repõe parte das enzimas perdidas durante o cozimento dos alimentos. O *rejuvelac* ainda apresenta diversos compostos orgânicos, entre eles as vitaminas E (previne o envelhecimento precoce das células) e a B12 (importante para o sistema nervoso). No entanto, não se deve exagerar na dose, pois todos esses benefícios ainda precisam ser comprovados cientificamente (CONTRERAS, 2021).

O benefício dos grãos inteiros deriva de seus três componentes principais, o germe, o farelo e o endosperma, e é maior do que qualquer uma das frações individuais. Uma combinação deles faz os grãos inteiros conterem componentes fisiologicamente importantes, incluindo vitaminas, ácidos graxos, fitoesteróis, compostos fenólicos, ácidos graxos, fibra dietética, carotenoides, lignanas e esfingolipídios, que podem promover a saúde de forma isolada ou em sinergia entre si. Uma série de estudos científicos relatou uma associação entre o aumento da ingestão de grãos inteiros e a redução do risco de doenças não transmissíveis, como as cardiovasculares, as coronárias, o derrame, a síndrome metabólica e os cânceres, bem como um efeito positivo na microbiota intestinal.

Normalmente, os grãos inteiros podem ser consumidos após terem sido incorporados como ingredientes de preparações alimentícias ou como alimento em si, após o processamento adequado. Um processamento adotado para a transformação de grãos é a fermentação, cujos produtos têm vida de prateleira mais longa, mas também apresentam melhorias nos aspectos sensoriais e constituintes benéficos à saúde (ADEBO; MEDINA-MEZA, 2020). Os principais compostos fenólicos encontrados em grãos inteiros são os ácidos fenólicos, os flavonoides e os taninos. Esses constituintes derivados de plantas são bioativos e estão envolvidos na potencialização da defesa *redox* do corpo, na prevenção e neutralização do estresse oxidativo e na redução de danos celulares relacionados aos radicais livres. A Figura 1 mostra os principais grupos de compostos fenólicos encontrados em grãos inteiros (ABEBO; MEDINA-MEZA, 2020).

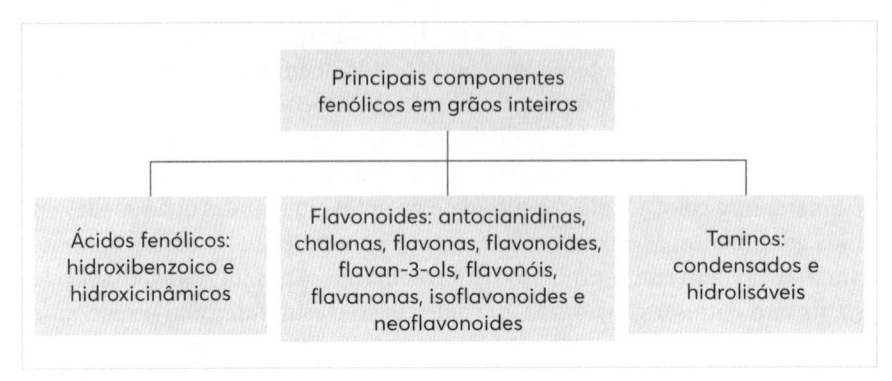

• **FIGURA 1** Classificação dos compostos fenólicos mais importantes em grãos inteiros.
Fonte: Abebo e Medina-Meza, 2020.

Conforme Singh *et al.* (2017) afirmam, os flavonoides são o maior grupo de compostos fenólicos e respondem pela metade daqueles conhecidos nas plantas. São compostos de baixo peso molecular, consistindo em dois anéis aromáticos (A e B) unidos por uma ponte de três carbonos (estrutura C6-C3-C6). Os taninos, por outro lado, são compostos fenólicos poliméricos de alto peso molecular conhecidos por contribuírem para a cor do pericarpo (tegumento) dos cereais. Podem ser classificados em dois grupos, que incluem taninos hidrolisáveis e condensados, compostos de unidades de flavonoides.

O processamento de alimentos é essencial para a transformação de culturas alimentares em formas comestíveis. A fermentação é uma técnica antiga de processamento utilizada durante séculos em todo o mundo, especialmente em países em desenvolvimento. A técnica envolve a conversão/modificação intencional de um substrato por meio da atividade de microrganismos para obter outro produto (desejado). Isso geralmente é realizado por meio da ação microbiana, que altera favoravelmente a aparência, o sabor, as funcionalidades, a composição nutricional, a cor e a textura. O próprio processo de fermentação produz efeitos benéficos por meio da ação microbiana direta e da produção de metabólitos e de outros compostos complexos. As técnicas convencionais de fermentação incluem:

- Fermentação natural (também chamada de espontânea ou selvagem): ocorre por meio da ação de microrganismos endógenos.
- Retroinoculação: envolve a utilização de lotes de fermentações anteriores bem-sucedidas.
- Fermentação controlada: envolve a inoculação de culturas *starters*/cepas específicas.

Os produtos fermentados resultantes têm vida útil mais longa devido ao efeito conservante desse processo, mas a fermentação também aumenta a biodisponibilidade e a palatabilidade, confere características organolépticas desejáveis que afetam o aroma, a textura e o sabor, e melhora os componentes benéficos à saúde nos alimentos. Independentemente do substrato alimentar (cereais, leguminosas, vegetais, frutas, grãos refinados ou grãos inteiros), a fermentação resulta na modificação de constituintes inerentes, metabólitos secundários, na desintoxicação de componentes/resíduos tóxicos e na melhoria da funcionalidade do produto alimentar (KAUSHIK *et al.*, 2009; CODA *et al.*, 2014; ADEBO *et al.*, 2017; ADEBO *et al.*, 2018; ADEBO *et al.*, 2019; ADEBIYI *et al.*, 2019).

Os produtos fermentados à base de cereais produzidos em países africanos podem ser classificados com base nos ingredientes de cereais crus usados em sua preparação ou na textura do produto fermentado.

Classificação com base em ingredientes de cereais crus:

- Alimentos à base de trigo (p. ex., *Bouza, kishk*).
- Alimentos à base de arroz (p. ex., *Busa*).
- Alimentos à base de milho (p. ex., *Ogi*, pão, *kenkey*).
- Alimentos à base de painço (p. ex., *Kunuzaki*).
- Alimentos à base de sorgo (p. ex., *Pito, ogi, bogobe, kisra, burukutu, kisra, injera*).
- Alimentos à base de cevada (p. ex., cerveja).

A classificação também pode ser feita com base na textura:

- Líquido (mingau), por exemplo, *ogi, mahewu, burukutu, pito, uji*.
- Sólidos (massa) e bolinhos, por exemplo, *kenkey, agidi*.
- Seco (pão), por exemplo, *kisra, injera*.

O processamento de pré-fermentação de cereais depende diretamente do produto final desejado. Na maioria dos casos, os grãos são secos ao sol antes da fermentação. Tratamentos como lavagem, maceração, moagem e peneiração são etapas do processamento de pré-fermentação aplicadas na preparação de mingaus fermentados, enquanto a moagem e a peneiração são necessárias como etapas desse processo na produção de alimentos fermentados secos, como o pão.

A Ásia é caracterizada pelo clima úmido tropical e subtropical, adequado para o cultivo de arrozais e o crescimento de mofo. O consumo do arroz como alimento básico e a alta densidade populacional, que limita as práticas de pecuária na região, resultou em uma tecnologia típica de processamento de alimentos – a fermentação de cereais com bolores. Bolores e outros microrganismos convertem carboidratos de baixa digestibilidade e proteínas em açúcares palatáveis e aminoácidos, respectivamente, com alta eficiência de conversão (HAARD *et al.*, 1999).

O consumo de cereais na Ásia varia de acordo com as condições geográficas e climáticas. Os habitantes das regiões tropicais do sudeste consomem principalmente arroz, enquanto aqueles das zonas subtropicais e temperadas da região nordeste, incluindo norte da China, Coreia e Japão, consomem trigo, trigo-sarraceno, cevada, milho, milheto e soja, além de arroz. Os países da bacia do delta do rio Mecong, conhecida como a origem da tecnologia de fermentação de peixes, derivam até 80% de sua ingestão calórica total do arroz. A correlação entre os hábitos alimentares de arroz e o consumo de molho de peixe foi discutida por Ishige (1993). Por outro lado, países do Extremo Oriente, China, Coreia e Japão, conhecidos como zona de consumo do molho de soja, consomem menos arroz do que países do Sudeste Asiático. Os habitantes desse local costumam comer arroz de grão curto, embora esse consumo tenha diminuído devido ao recente crescimento econômico da região (HAARD *et al.*, 1999).

Menciona-se com frequência que a biotecnologia moderna se originou da fermentação do álcool do homem primitivo; no entanto, como os alimentos fermentados indígenas eram produzidos de forma natural, a origem da tecnologia de fermentação de cereais é obscura. Ao contrário das fermentações de frutas e leite, a de cereais requer um processo de sacarificação, que é realizado com alguma dificuldade. Um método primitivo de sacarificação de cereais consiste em mastigar cereais crus e cuspi-los em um recipiente para permitir que a sacarificação ocorra por meio da ação da amilase salivar, seguida pela fermentação alcoólica por leveduras naturais. Outro método de sacarificação de cereais é o processo de maltagem. A maltagem ocorre naturalmente por meio da umidade aplicada aos cereais durante o armazenamento e é usada para a fabricação de cerveja na Europa. No entanto, na Ásia, o processo de maltagem raras vezes é utilizado nos processos tradicionais de fermentação. Em vez disso, *starters* preparados a partir do crescimento de bolores em cereais crus ou cozidos são mais comumente usados. O uso *staters* pode muito bem ter suas origens no processo de Euchok, a filha do lendário rei de Woo (ano 4.000 a. C.), conhecida como a deusa do vinho de arroz na cultura chinesa. Os iniciadores de fermentação são referidos como *chu* em chinês, *nuruk* em coreano, *koji* em japonês, *ragi* em países do Sudeste Asiático *e bakhar ranu* ou *marchaar* (murcha) na Índia (HAARD *et. al.*, 1999).

Milho

Os cereais, em particular o milho (originário do México), são muito importantes na América Latina, sendo consumidos na forma fermentada há centenas de anos. Vários produtos tradicionais à base de milho foram desenvolvidos pelas populações indígenas do México e do Peru na era pré-colombiana. Nos últimos 20 anos, o consumo de muitos desses cereais fermentados diminuiu em decorrência da urbanização.

Entre os cereais cultivados na América Latina, o milho é o mais amplamente utilizado, decerto porque o México é o centro de sua origem e, ao longo de centenas de anos, as populações indígenas desenvolveram e estabeleceram processos para transformá-lo em diferentes tipos de produtos. Embora a região latino-americana seja atualmente um importador de milho (International Food Policy Research Institute, 1992), a situação difere de país para país: Brasil e México são produtores muito importantes de milho , enquanto a maioria dos outros países são importadores (HAARD *et al.* 1999).

O *pozol* (do asteca *pozolli*, espumoso) é uma massa de milho fermentada com formato de bola com variados tamanhos e 70-170 g de peso. Algumas dessas bolas, excepcionalmente grandes, pesam 1 kg ou mais. É consumido por populações indígenas e mestiças, principalmente nos estados do sudeste do México, como Chiapas, Tabasco, Campeche, Yucatán e, em menor escala, em Veracruz, Oaxaca e Guatemala. As bolas de *pozol* recém-preparado, ou *pozol* em vários estágios do processo de fermentação, são diluídas em água para produzir um mingau esbranquiçado que é consumido cru como alimento básico na dieta diária de grandes comunidades. A proporção de *pozol* para água varia entre 1:2 e 1:3. Sal, vagens de pimentão moído torrado, açúcar ou mel podem ser adicionados. O *pozol* também é consumido para o controle da diarreia, uma vez que suas bolas mofadas são usadas desde os tempos antigos como cataplasmas na cura de infecções superficiais e feridas. Foi relatado um efeito antagônico *in vitro* do *pozol* sobre várias espécies de bactérias, leveduras e fungos, muitos dos quais são patogênicos ou potencialmente patogênicos para o homem.

O *pozol* é preparado para consumo local ou em pequena escala comercial, de acordo com os procedimentos tradicionais transmitidos de geração em geração. Em sua produção, ferve-se 1-1,5 kg de grãos obtidos por descascamento de espigas de milho (de preferência *Zea mays* L. branco) durante 1 hora em uma panela contendo 1-2 litros de aproximadamente 10% (p/v) de solução de hidróxido de cálcio (ou 1 litro de água para uma colher de sopa de hidróxido de cálcio, também chamado de cal). Durante a ebulição ocorre o inchaço dos grãos, permitindo assim que o pericarpo seja removido com relativa facilidade dos grãos. Estes são resfriados, enxaguados com água e drenados, resultando no *nixtamal*. O *nixtamal* é moído em moinho artesanal de metal para a obtenção de uma massa grossa moldada manualmente em bolas. As bolas são então envolvidas em folhas de bananeira para evitar o ressecamento e fermentadas por 1-14 dias ou mais, dependendo da preferência do consumidor e das circunstâncias prevalecentes.

No estado de Tabasco, grãos de cacau moídos são adicionados à massa antes da fermentação, a fim de produzir um produto fermentado denominado *chorote*. O coco moído também é adicionado ao *pozol* (CAÑAS-URBINA *et al.*, 1993) no estado de Yucatán.

Durante as 24 horas iniciais de fermentação do *pozol*, as bactérias superam as leveduras e bolores e provavelmente são responsáveis pela maior parte do ácido produzido. No início da fermentação, o *pozol* tradicional contém BAL (10^4-10^6/g), mesófilos aeróbios (10^4-10^5/g), Enterobacteriacea (10^2-10^3/g), levedura (10^2-10^4/g) e bolores (menos de 10^3/g) a um pH de 7,3. Após a incubação por 30 horas a 28 °C, as contagens bacterianas aumentam para: 10^{10}/g de BAL, 7×10^6/g de mesófilos aeróbios, 5×10^5/g de Enterobacteriaceae, 10^6/g de levedura e 10^4/g de bolor, enquanto o pH diminui para 4,6. As BAL, a flora microbiana predominante de *pozol*, incluem cepas de *Leuconostoc mesenteroides*, *Lactobacillus plantarum*, *Lactobacillus confusus*, *Lactococcus lactis* e *Lactococcus raffinolactis* (LORENCE-QUIÑONES *et al.*, 1999).

O *atolli* é uma bebida antiga à base de milho frequentemente fermentada, conhecida como *atole* em espanhol, que consiste em milho cozido em um mingau fino para beber (KATZ, 2012).

Chicha

Chicha é um termo que pode ser aplicado a bebidas alcoólicas e não alcoólicas. É uma bebida clara, amarelada e efervescente com sabor semelhante a uma cidra, e tem sido consumida pelos povos indígenas dos Andes durante séculos, podendo seu teor alcoólico variar entre 2-12% v/v. A *chicha* é tradicionalmente fermentada com a utilização da saliva como fonte de amilase para conversão do amido em açúcares fermentescíveis. A maltagem (germinação) dos grãos de milho para produzir as amilases necessárias para a conversão do amido é um procedimento alternativo muito utilizado atualmente (LIMA, 1975).

No território indígena Krahô, no Tocantins, a única bebida alcoólica é a *chicha*, fabricada pelos próprios habitantes. O povo indígena Kaiowá também elaborava a *chicha*, bebida fermentada derivada do milho ou da batata-doce, para complementação de sua alimentação, bem como para rituais e festas (LIMA, 1975).

FERMENTAÇÃO DE BATATAS

A batata (*Solanum tuberosum* L. da família das Solanaceae) é uma das mais importantes culturas andinas, cultivada ao longo da cordilheira andina da América do Sul e espalhando-se para outras regiões do mundo. Com o tempo, os agricultores andinos desenvolveram safras resistentes a geadas e secas, que podem ser plantadas em alturas superiores a 3.800 m acima do nível do mar. No Peru, existem cerca de 3,8 mil variedades de batata, sendo esse país um dos principais produtores do mundo. A batata foi domesticada há pouco menos de dez mil anos (VELASCO-CHONG *et al.*, 2020).

As batatas também podem ser fermentadas. Nas altas altitudes da Cordilheira dos Andes, onde surgiu a agricultura da batata, variedades amargas são fermentadas a *chuño*, tanto para remover alcaloides tóxicos quanto para preservá-las. Esse procedimento complexo permite que as batatas sejam liofilizadas por meio de mudanças extremas de temperatura, sendo expostas inteiras e cruas à geada (durante a noite), examinadas para verificar se foram totalmente congeladas, quando as paredes celulares se separam, e as células se tornam difusas. Em seguida são pisoteadas para remover as cascas e espremer a água das células, cobertas com palha durante o dia para evitar o escurecimento, e então submersas em água corrente (cobertos com palha) por 1-3 semanas para adoçar e, por fim, espalhadas para secar ao sol. A batata desidratada torna-se branca e muito clara, lembrando pedra-pomes, e pode se manter por cerca de dez anos nessa condição (YAMAMOTO, 1987; KATZ, 2012).

Outra forma de batata fermentada consumida pelos antigos peruanos é o *tocosh*, uma batata processada naturalmente para fins curativos e nutricionais, que consiste em deixá-la em poças protegidas com palha ou rede perto de um riacho por uma média de seis meses, depois o *tocosh* é extraído para o consumo. Ao final do processo, a batata é reduzida em tamanho, exceto pela sua casca, e exala um cheiro muito peculiar. Desde os tempos Inca e Pré-Incas, os habitantes das regiões de Ancash, Huánuco e Junín usam o *tocosh* como medicamento, na forma de farinha ou em seu estado natural para preparar *mazamorra*, a forma mais conhecida de consumo. À farinha de *tocosh* são atribuídas algumas propriedades benéficas contra gastrite, úlceras, refluxo gastroesofágico e câncer gástrico.

As pessoas consomem o *tocosh* dissolvendo uma colher de chá em 100mL de água antes da refeição como um tratamento alternativo (YAMAMOTO, 1987; VELASCO-CHONG *et al.*, 2020).

A batata é um tubérculo de largo consumo, que pode apresentar alcaloides esteroides quando armazenada de forma inadequada. Esses alcaloides podem causar sintomas de intoxicação, como dificuldade respiratória, náusea, vômito e diarreia. A concentração dos alcaloides esteroides aumenta em resposta a vários fatores, como lesão, ataque de fungos, más condições de cultivo, clima e condições de armazenamento inadequadas. Hoje em dia a farinha de *tocosh* e seus derivados são vendidos como produtos naturais nos mercados peruanos, embora a toxicidade para o consumo por um longo período de tempo não tenha sido estabelecida ainda. Em ratos, a farinha de *tocosh* não apresentou toxicidade na dose repetida por 28 dias na maior dosagem, correspondendo a 1.000 mg/kg de peso corporal. Não houve mortes em até 5.000 mg/kg de peso corporal, portanto, por via oral, a dose letal mediana (LD50) era maior que 5.000 mg/kg (VELASCO--CHONG *et al.*, 2019).

A diversidade das BAL associadas ao *tocosh* foi investigada pela primeira vez em 2018, quando espécies de *Lactobacillus* (*L. sakei*, *L. casei*, *L. farciminis*, *L. brevis* e *L. fermentum*) e *Leuconostoc mesenteroides* foram identificadas em todas as amostras analisadas. As espécies de BAL predominaram em batatas frescas, enquanto *Clostridium*, *Zymophilus* e *Prevotella* foram os gêneros mais abundantes em amostras de *tocosh* de um e oito meses. As características das principais espécies de BAL do *tocosh* mostraram atividades antibacterianas, bem como capacidade de produção de aminas biogênicas (JIMÉNEZ *et al.*, 2018).

FERMENTAÇÃO NATURAL DE PÃES

A fabricação de pão é provavelmente uma das tecnologias mais antigas conhecidas pela humanidade. As descobertas sugerem que os povos da Babilônia, Egito, Grécia e Roma usavam o pão como parte de sua dieta muito antes do período antes de Cristo. O pão é consumido em grande quantidade no mundo em diferentes tipos e formas, dependendo dos hábitos culturais. Pães achatados são os produtos mais antigos, mais diversos e mais populares. Estima-se que mais de 1,8 bilhão de pessoas consumam vários tipos de pães planos em todo o mundo.

Os tipos de pão e suas técnicas de produção variam amplamente. O objetivo da panificação é converter a farinha de cereal em alimento atraente, saboroso e digerível. As principais características de qualidade dos pães de fermentação natural são o alto volume, o miolo macio e a textura elástica, além da vida útil mais longa e da segurança microbiológica do produto (CAUVAIN, 2009).

A fermentação natural é um processo tradicional para melhorar a qualidade da massa e produzir diferentes pães de trigo e centeio (THIELE *et al.*, 2002). A característica típica da massa fermentada naturalmente se deve, sobretudo, a sua microflora, representada pelas BAL e leveduras. Esses microrganismos garantem a produção de ácido e a fermentação com adição de farinha e água.

Os mecanismos da massa fermentada são complexos (HAMMES; GÄNZLE, 1998). Várias características da farinha e parâmetros de processo exercem efeitos muito particulares sobre a atividade metabólica da microflora do fermento. Durante a fermentação, ocorrem mudanças bioquímicas nos carboidratos e proteínas da farinha devido à ação de enzimas microbianas e indígenas (SPICHER, 1983).

Os fermentos podem ser iniciados a partir de uma fermentação com frutas, como maçã, uva ou abacaxi, ou, ainda, cana-de-açúcar. Também pode ser utilizada a batata, uma fonte rica em açúcares fermentáveis, mas que produz pães sem aroma, o que acontece também quando se utiliza farinha. O tipo da farinha utilizada para iniciar um fermento natural influencia o seu desenvolvimento. Farinhas com maior teor de cinzas, como de trigo integral e a de centeio, são mais adequadas, uma vez que a casca dos cereais apresenta a maior quantidade e variedade de microrganismos. Para os celíacos, a farinha de arroz é a mais indicada para a fermentação natural (APLEVICZ, 2014).

A microbiota é composta por diferentes espécies que formam associações entre si, e cada cepa pode originar fermentos com características diferentes. Além da presença de diferentes cepas no fermento natural, a temperatura, o tempo e o pH também influenciam o processo de fermentação natural. Podem ser encontradas bactérias láticas e leveduras nesses fermentos, e as bactérias estão em maior quantidade do que as leveduras. As BAL mais encontradas são da espécie *Lactobacillus*, das quais já foram caracterizadas mais de 50 espécies. As principais leveduras são dos gêneros *Saccharomyces* e *Candida*, com mais de 25 espécies identificadas. As bactérias láticas se desenvolvem em temperaturas de 30-35 °C, enquanto as leveduras, entre 25-28 °C. Por essa razão, os fermentos naturais se desenvolvem satisfatoriamente em temperatura ambiente. As bactérias láticas produzem ácidos orgânicos, principalmente o ácido lático. As do tipo heterofermentativas são as mais encontradas nos fermentos naturais, que, além de gerar compostos aromáticos, produzem dióxido de carbono (CO_2), que contribui para o volume da massa de pão. As leveduras metabolizam os açúcares e liberam CO_2 e álcool. *Saccharomyces cerevisiae* é a levedura mais comum usada no preparo de pães, sendo também a mais encontrada nos fermentos naturais (APLEVICZ, 2014).

A quantidade de fermento usado pode variar entre 10-40%. Quanto mais fermento for adicionado, maior será a quantidade de ácidos orgânicos produzidos.

MINGAU

Em suma, é possível fazer mingau a partir de qualquer grão, bem como de tubérculos. Historicamente falando, a humanidade primeiro se alimentou de mingau para depois introduzir o pão na dieta. Os mingaus ralos (*gruels*) são fluidos e escorrem, quase sempre bebíveis. Também podem ser mais grossos, em geral comidos com colher ou, em alguns casos, suficientemente grossos para pegar com os dedos e mergulhar em ensopados. A fermentação melhora o sabor dos mingaus e *gruels*, aumentando a digestibilidade e a disponibilidade de nutrientes.

O mingau costuma ser o primeiro alimento que a maioria dos seres humanos ingere na fase de transição da amamentação para a alimentação sólida (KATZ, 2012). Todos os alimentos tradicionais de desmame tendem a ser na forma de mingau feito com um alimento básico local (EBRAHIM, 1983). Os bebês estão no auge de sua vulnerabilidade a doenças e morte durante o período de desmame, em decorrência da potencial desnutrição e de infecções diarreicas. A fermentação dos mingaus de desmame, tradicional em muitas regiões do mundo, aumenta a densidade e melhora a disponibilidade de nutrientes desse alimento, protege da contaminação bacteriana e pode ajudar a fortalecer a ecologia microbiana dos bebês, sendo demonstrado que esses benefícios diminuem as doenças e a mortalidade infantil (NOUT *et al.*, 1989).

A germinação e a fermentação, ambos processos biológicos complexos envolvendo muitas reações bioquímicas e fisiológicas, levam a mudanças significativas na composição de nutrientes e nas propriedades físico-químicas dos grãos. Em geral, esses processos de germinação e fermentação controlados podem levar a um produto final com valor nutricional, propriedades sensoriais, segurança, estabilidade e qualidades funcionais melhoradas.

Alimentos fermentados preparados com grãos germinados, comuns em muitas partes do mundo, são usados como café da manhã ou lanche, bebidas, temperos, alimentos de desmame e assim por diante (WU; XU, 2018).

O *ikii* é um mingau de milho fermentado preparado pela comunidade Kamba no Quênia e é o favorito entre crianças, mães que amamentam e idosos. É um alimento comumente servido a pessoas doentes e em recuperação e pode ser armazenado por até uma semana em temperatura ambiente (25-30 °C) sem deteriorar. Kalui *et al.* (2008) verificaram que o pH durante o processo de fermentação do *ikii* apresenta uma tendência à diminuição, de um valor médio inicial de 6,4 para de 3,9 passadas 36 horas e até 72 horas, indicando produção de ácido. As BAL são os microrganismos dominantes que provocam o processo de fermentação, levando à produção de *ikii*. Após 36 horas de fermentação, as BAL e as leveduras presentes estabelecem uma relação sinérgica que impulsiona o crescimento populacional um do outro. Durante esse processo, o gênero *Lactobacillus* se mostrou a microbiota dominante (62%), e o restante das cepas isoladas, pertencentes ao gênero *Pediococcus* (38%). Dessas cepas, *L. fermentum* foi a espécie dominante (43%); outras espécies foram *L. plantarum* (10%), *L. confusus* (8%) e *L. rhamnosus* (1%).

Polenta

As papas de milho costumam ser, mas nem sempre, descritas como grãos de "canjica". *Hominy* é uma palavra em inglês para o milho que foi processado com cal, como na nixtamalização. O termo *grits* refere-se à moagem (grossa), e *hominy grits* se refere a grãos de milho tipo canjica tratados com cal. Em contraste, a polenta é tipicamente moída a partir do milho que não passou por esse processo, já que os europeus não adotaram os hábitos indígenas. Mas, fora essa distinção – se o milho foi nixtamalizado ou não –, polenta e *grits* são exatamente a mesma coisa, grãos de milho moídos grosseiramente. Ambos podem ser fermentados da mesma forma: deixar de molho – com qualquer tipo de *starter*, caso haja algum, ou não – durante a noite, por um ou dois dias, ou até mais. Esse demolho tornará seus grãos, ou polenta, mais cremosos, digeríveis e deliciosos. Após deixar de molho, cozinhar com água e uma pitada de sal, mexendo sempre, para desfazer os grumos e evitar que queime no fundo. Tanto os grãos quanto a polenta podem ser servidos líquidos ou firmes. Seja qual for a consistência do prato enquanto estiver quente, ele engrossa à medida que esfria, como *ogi*, mingau fermentado típico da Nigéria, chamado de *pap* enquanto está quente e *agidi* depois de esfriar e solidificar.

O mingau de milho também pode ser feito diretamente de grãos de milho inteiros deixados de molho, triturando os grãos de milho descascado e nixtamalizado com um almofariz e um pilão até obter uma pasta, ou moendo em um processador de alimentos ou moedor de grãos. Outra opção é deixar que fermente por um ou dois dias na forma de pasta, disponibilizando os nutrientes aos microrganismos. Em seguida, deve-se ferver a pasta de milho com um pouco de sal e mais água, mexendo sempre, e cozinhar até atingir a consistência desejada, acrescentando água quente conforme necessário (KATZ, 2012).

Aveia

A aveia é cultivada desde os tempos pré-históricos, sendo o seu mingau um prato tradicional em vários países do norte da Europa. O consumo de aveia traz vários benefícios para a saúde. A do tipo integral contém uma quantidade considerável de nutrientes valiosos, como proteínas, amido, ácidos graxos insaturados e fibra alimentar como frações solúveis e insolúveis, além de vitamina E, folatos, zinco, ferro, selênio, cobre, manganês, carotenoides, betaína, colina, aminoácidos contendo enxofre, ácido fítico, ligninas, lignano e alquil resorcinóis (FLANDER *et al.*, 2007). O papel dos betaglucanos da aveia na prevenção da síndrome metabólica já foi estabelecido, e esse cereal pode proteger contra doenças orgânicas e distúrbios funcionais que afetam o trato gastrointestinal.

Estudos de fermentação *in vitro* e em animais *in vivo* sugerem que certos constituintes da aveia podem influenciar a microbiota intestinal. No entanto, o impacto da ingestão de aveia integral, contendo fibras dietéticas, lipídios e fenólicos em uma combinação única, tem sido pouco estudado no homem. A aveia parece ter capacidade antioxidante e atividade anti-inflamatória. As betaglucanas podem ser particularmente importantes, conforme demonstrado em um estudo animal recente que mostra seus efeitos positivos no tecido do cólon de ratos saudáveis e daqueles com enterite induzida por lipopolissacarídeo (VALEUR *et al.*, 2016).

Para a fermentação, deve-se mergulhar a aveia laminada ou triturada em duas a três vezes o seu volume de água. Duas partes de água farão um mingau de aveia espesso; três partes resultarão em um produto mais cremoso e fluido. Deixar de molho durante a noite, por 24 horas ou alguns dias (mexendo ocasionalmente). Em seguida, levar a aveia e a água de molho para que fervam junto com uma pitada de sal e cozinhar, mexendo, até que toda a água seja absorvida pela aveia, e o mingau atinja uma consistência homogênea. Se a aveia parecer grossa, pode-se ajustar adicionando água, um pouco de cada vez.

Mandioca

A mandioca (*Manihot esculenta* Crantz), também conhecida como tapioca, pertence à família Euphorbiaceae. É uma das principais raízes cultivadas em mais de 80 países em todo o mundo (HILLOCKS *et al.*, 2002). As raízes contêm 20-25% de amido (MOORTHY, 2002) e quantidades muito menores de proteínas, gorduras e outros constituintes biológicos (BRADBURY; HOLLOWAY, 1988). Sessenta e cinco por cento da produção total de mandioca do mundo é consumida por seres humanos, e o restante, utilizado para a alimentação animal e nas industriais, como amido, farinha e a produção de álcool industrial (HILLOCKS *et al.*, 2002).

Um fator importante que limita o uso da mandioca como alimento é sua toxicidade. A mandioca-brava, ao contrário da mansa, contém dois cianoglicosídeos tóxicos, linamarina e lotaustralina, que podem ser neutralizados por fermentação (RAY; WARD, 2006). A fermentação da mandioca pode ser natural ou envolver o uso de uma ampla gama de microrganismos (BAL, leveduras e bolores)

(OYEWOLE; ODUNFA, 1990; TRECHE, 1997; GUYOT; MORLON-GUYOT, 2001). Em países como Brasil e Colômbia, a fermentação da mandioca é muito popular, e seu amido azedo, utilizado para fazer pães de grande crescimento (DUFOUR *et al.*, 1996; MESTRES *et al.*, 1996).

A propriedade incomum de expansão no cozimento do amido azedo de mandioca resulta da ação combinada do ácido lático e da secagem ao sol (MESTRES; ROUAU, 1997; DEMIATE *et al.*, 2000). Somente no Brasil, o consumo anual de amido fermentado, localmente denominado "puba", é de quase 50 mil toneladas por ano (CHUZEL *et al.*, 1995; CHUZEL *et al.*, 2018; DEMIATE; CEREDA, 2000). Além de amido, farinha e produtos alimentícios tradicionais, os ameríndios têm praticado por muitos anos a fabricação de álcool a partir da mandioca fermentada e destilada.

A mandioca (*Manihot utilissima* Pohl) costuma ser fermentada durante o preparo, quando perde sua toxicidade e desenvolve sabor característico. Verificou-se que essa fermentação era autoesterilizante, exotérmica (quando ocorre liberação de calor), anaeróbia e ocorria em duas etapas a uma temperatura ótima de cerca de 35 °C. Durante a fermentação, são produzidos os ácidos lático e fórmico, bem como vestígios de ácido gálico (AKINRELE, 1964).

A mandioca (*Manihot esculenta*) é extensivamente cultivada nas regiões tropical e subtropical devido a sua facilidade para crescer em diversas condições de clima e manejo. Experimentos foram efetuados para estudar o aumento do valor nutritivo de subprodutos derivados de raízes de mandioca (polpa fresca e raspas) por meio de processos de fermentação. Amostras de raspas de mandioca (RM) e de polpa fresca (PF) foram fermentadas por *Saccharomyces cerevisiae*, em condições de meio sólido-líquido, durante 132 horas e secas a 30 °C. Foram avaliados a composição aproximada, composição mineral, aminoácidos essenciais e conteúdo de fatores antinutricionais dos produtos obtidos. Houve aumentos ($p < 0{,}01$) em proteínas (30,4% em RM e 13,5% em PF) e conteúdo de gorduras (5,8% em RM e 3% em PF). Os subprodutos fermentados de mandioca por *S. cerevisiae* apresentaram baixos conteúdos de ácido cianídrico (0,5 mg/kg de RM e 47,3 mg/kg de PF). Houve aumento considerável de lisina nas raspas de mandioca fermentadas (RMF). Valores aceitáveis de cor, textura e aroma dessas raspas enriquecidas foram obtidos após 132 horas de bioprocessamento (BOONNOP *et al.*, 2009).

O polvilho azedo é um produto típico brasileiro, obtido pela fermentação natural do polvilho (fécula) de mandioca, amplamente utilizado na culinária e na indústria de alimentos. A produção de polvilho azedo é realizada principalmente por pequenas e médias empresas que usam um processo empírico de fermentação e secagem naturais, sem controle e dependente substancialmente das condições climáticas, gerando um produto não uniforme, com problemas de contaminação e, muitas vezes, com características tecnológicas ruins (CEREDA, 1983; WESTBY; CEREDA, 1994). O processo fermentativo altera o grânulo da fécula de mandioca, conferindo ao polvilho azedo suas características específicas, como sabor, aroma, a sua reologia (CEREDA, 1985; CAMARGO *et al.*, 1988; ASQUIERI, 1990).

Paiauaru

Paiauaru, pajauaru ou *pajuaru* é definida como uma bebida fermentada feita de beiju queimado. Esses beijus, chamados pelos povos indígenas de bei-juaçu, são guardados em ocas indígenas. O desenvolvimento de fungos fila-mentosos nos beijus os torna propícios ao uso como inóculo para a elaboração de bebidas alcoólicas (PEREIRA, 1954).

O povo Caraíba dos Waiwai produz, também, uma cerveja do tipo *paiuaru*, cujos recipientes para o preparo de bebidas fermentadas são cochos de madeira feitos por troncos escavados à maneira de canoas. A análise dos apontamentos sobre bebidas fermentadas do Caraíbas, principalmente daqueles habitantes da ampla faixa esquerda do Amazonas, mostrou que o método de insalivação não representava um elemento de cultura próprio e tradicional, sendo substituída por uma técnica superior, a sacarificação por fungos (MACIEL, 2009).

Os beijus tostados também são usados na fabricação de aguardente ama-zônica, a *tiquira*. Nessa bebida, combinam-se a técnica nativa de preparação e fermentação da mandioca e a técnica europeia da destilação (VENTURINI FILHO, 2016).

Caxiri

O termo *caxiri* tornou-se denominação comum para representar um grupo de bebidas fermentadas indígenas, a maioria das quais elaborada a partir de mandioca e outros amiláceos. A preparação dos beijus como fase intermediá-ria em tal processo é observada com frequência, podendo haver insalivação ou não (VENTURINI FILHO, 2016).

Tiquira

A *tiquira* é uma bebida com graduação alcoólica de 36-54% em volume, a 20 °C, obtida de destilado alcoólico simples de mandioca ou pela destilação de seu mosto fermentado (BRASIL A GOSTO, 2019).

A matéria-prima para a produção de *tiquira* é a raiz de mandioca ralada e moída. No processamento tradicional, a sacarificação é feita por fungos e a fermentação por leveduras, ambos da flora autóctone. No processo tecnológico moderno (CEREDA; COSTA, 2008), as leveduras e enzimas comerciais substituem com vantagem a microflora autóctone do processo tradicional.

A destilação da *tiquira* é feita em alambique simples, portanto, por meio de processo descontínuo. Independentemente do modo de aquecimento da caldeira do alambique (fogo ou vapor), a destilação deve ser conduzida de forma branda, sem pressa, devendo-se identificar e separar as frações de cabeça, coração e cauda. O coração é a fração que deve ser aproveitada para a produção de *tiquira* de qualidade (VENTURINI FILHO, 2016).

REFERÊNCIAS BIBLIOGRÁFICAS

ADEBIYI, Janet A.; KAYITESI, Eugenie; ADEBO, Oluwafemi A.; CHANGWA, Rumbidzai; NJOBEH, Patrick B. Food fermentation and mycotoxin detoxification: an African perspective. *Food Control*, v. 106, p. 106731, 2019. Disponível em: https://www.sciencedirect.com/science/article/abs/pii/S0956713519303123?via%3Dihub. Acesso em: 31 jul. 2022.

ADEBO, Oluwafemi A.; KAYITESI, Eugenie; TUGIZIMANA, Fidele; NJOBEH, Patrick B. Differential metabolic signatures in naturally and lactic acid bacteria (LAB) fermented ting (a Southern African food) with different tannin content, as revealed by gas chromatography mass spectrometry (GC–MS)-based metabolomics. *Food Research International*, v. 121, p. 326-335, 2019. Disponível em: https://pubmed.ncbi.nlm.nih.gov/31108755/. Acesso em: 31 jul. 2022.

ADEBO, Oluwafemi A.; MEDINA-MEZA, Ilce G. Impact of fermentation on the phenolic compounds and antioxidant activity of whole cereal grains: a mini review. *Molecules*, v. 25, n. 4, p. 927-946, 2020. Disponível em: https://www.mdpi.com/1420-3049/25/4/927/htm. Acesso em: 31 jul. 2022.

ADEBO, Oluwafemi A.; NJOBEH, Patrick B.; ADEBIYI, Janet A.; GBASHI, Sefater; PHOKU, Judith Z.; KAYITESI, Eugenie. Fermented pulse-based foods in developing nations as sources of functional foods. *In*: HUEDA, M.C. (ed.). *Functional food:* improve health through adequate food. Rijeka: InTech, 2017. p. 77-109. Disponível em: https://www.researchgate.net/publication/318985244_Fermented_Pulse-Based_Food_Products_in_Developing_Nations_as_Functional_Foods_and_Ingredients. Acesso em: 31 jul. 2022.

ADEBO, Oluwafemi A.; NJOBEH, Patrick B.; ADEBOYE, Adedola S.; ADEBIYI, Janet A.; SOBOWALE, Sunday S.; OGUNDELE, Opeolu M.; KAYITESI, Eugenie. Advances in fermentation technology for novel food products. *In*: PANDA, S. K.; SHETTY, P. H. (ed). *Innovations in technologies for fermented food and beverage industries*. Cham: Springer, 2018. p. 71-87. Disponível em: https://www.researchgate.net/publication/324371752_Advances_in_Fermentation_Technology_for_Novel_Food_Products. Acesso em: 31 jul. 2022.

AKINRELE, I. A. Fermentation of cassava. *Journal of the Science of Food and Agriculture*, v. 15, n. 9, p. 589-594, 1964. Disponível em: https://doi.org/10.1002/jsfa.2740150901. Acesso em: 31 jul. 2022.

APLEVICZ, Krischina S. Fermentação natural em pães: ciência ou modismo. *Aditivos e Ingredientes*, p. 34-36, 2014. Disponível em: https://aditivosingredientes.com.br/upload_arquivos/201605/2016050968402001463752895.pdf. Acesso em: 31 jul. 2022.

ASQUIERI, Eduardo R. Efeito da fermentação nas características da fécula de mandioca (*Manihot esculenta*, Crantz) de três cultivares colhidas em diferentes épocas. Dissertação (Mestrado em Ciência dos Alimentos). Lavras: Esal, 1990. l05p.

BOONNOP, Krisada; WANAPAT, Metha; NONTASO, Ngarmnit; WANAPAT, Sadudee. Enriching nutritive value of cassava root by yeast fermentation. *Scientia Agricola* (Piracicaba, Brazil), v. 66, n.

5, p. 629-633, 2009. Disponível em: https://www.scielo.br/j/sa/a/VkLjN7358dcm76bs5WTc9Zz/?lang=en&format=pdf. Acesso em: 31 jul. 2022.

BRADBURY, J. Howard; HOLLOWAY, Warren D. *Chemistry of tropical root crops*: significance for nutrition and agriculture in the Pacific. ACIAR Monograph n° 6, Australia, 1988. Disponível em: https://core.ac.uk/download/pdf/6377291.pdf. Acesso em: 31 jul. 2022.

BRASIL A GOSTO. Tiquira. *Brasil a Gosto*, 2019. Disponível em: https://www.brasilagosto.org/tiquira/. Acesso em: 9 nov. 2022.

CAMARGO, Celina; COLONNA, Paul; BULEON, Alain; RICHARD-MOLARD, Daniel. Functional properties of sour cassava (*Manihot utilissima*) starch: polvilho azedo. *Journal of the Science of Food and Agriculture*, v. 45, n. 3, p. 273-289, 1988. Disponível em: https://doi.org/10.1002/jsfa.2740150901. Acesso em: 31 jul. 2022.

CAÑAS-URBINA, Ana O.; BÁRZANA-GARCÍA, Eduardo; OWENS, J. David; WACHER-RODARTE, M. Carmen. Study of the variability in the methods of pozol production in the highlands of Chiapas. *In*: WACHER-RODARTE, M. Carmen; LAPPE, Patricia (ed.). *Alimentos fermentados indígenas de México*. Mexico City: Universidad Nacional Autónoma de México, 1993. p. 69-74. Disponível em: http://www.fao.org/3/x2184e/x2184e10.htm. Acesso em: 31 jul. 2022.

CAUVAIN, Stanley P.; YOUNG, Linda. *Tecnologia da panificação*. 2. ed. Barueri: Manole, 2009.

CEREDA, Marney P. Avaliação da qualidade de fécula fermentada comercial de mandioca (polvilho azedo). I. Características viscográficas e absorção de água. *Revista Brasileira de Mandioca*, Cruz das Almas, v. 8, n. 2, p. 7-13, 1985.

CEREDA, Marney P. Padronização para ensaio de qualidade da fécula de mandioca (polvilho azedo). I. Formulação e preparo de biscoitos. *Boletim da Sociedade Brasileira de Ciência e Tecnologia de Alimentos*, Campinas, v. 17, n. 3, p. 287-295, 1983.

CEREDA, Marney P.; COSTA, Mario S. C. *Manual de fabricação de tiquira (aguardente de mandioca), por processo tradicional e moderno*: tecnologias e custos de produção. Cruz das Almas: Embrapa Mandioca e Fruticultura, 2008.

CHAVAN, J. K.; KADAM, S. S.; BEUCHAT, Larry R. Nutritional improvement of cereals by fermentation. *Critical Reviews in Food Science and Nutrition*, v. 28, n. 5, p. 349-400, 1989. Disponível em: https://www.tandfonline.com/doi/abs/10.1080/10408398909527507. Acesso em: 31 jul. 2022.

CHUZEL, Gérard; CEREDA, Marney P.; GRIFFON, Dany. L'amidon aigre de manioc. *In*: VERNIER, P.; N'ZUÉ, B.; ZAKHIA-ROZIS, N. (ed.). *Le manioc, entre culture alimentaire et filière agro-industrielle*. Versailles: Quae-CTA, 2018. p. 145-190. Disponível em: https://library.oapen.org/handle/20.500.12657/23965. Acesso em: 31 jul. 2022.

CHUZEL, Gérard; VILPOUX, Olivier F.; CEREDA, Marney P. Le manioc au Brésil: importance socio-économique et diversité. *In*: *Transformation alimentaire du manioc*. Paris: ORSTOM, 1995. p. 63-74. Disponível em: https://agritrop.cirad.fr/464308/. Acesso em: 31 jul. 2022.

CODA, Rossana; CAGNO, Raffaella D.; GOBBETTI, Marco; RIZZELLO, Carlo G. Sourdough lactic acid bacteria: exploration of non-wheat cereal-base fermentation. *Food Microbiology*, v. 37, p. 51-58, 2014. Disponível em: https://pubmed.ncbi.nlm.nih.gov/24230473/. Acesso em: 31 jul. 2022.

CONTRERAS, Eliane. Rejuvelac: elixir da juventude. *Vegmag*, 2021. Disponível em: https://vegmag.com.br/blogs/alimentacao/*rejuvelac*-um-probiotico-simples-e-multiuso. Acesso em: 31 jul. 2022.

DEMIATE, Ivo M.; CEREDA, Marney P. Some physico-chemical characteristics of modified cassava starches presenting baking property. *Energia na Agricultura (Brazil)*, v. 15, n. 3, p. 36-46, 2000. Disponível em: https://www.cabdirect.org/cabdirect/abstract/20046797501. Acesso em: 31 jul. 2022.

DEMIATE, Ivo M.; DUPUY, Nathalie; HUVENNE, J. P.; CEREDA, Marney P. FTIR spectroscopy of modified cassava starches presenting expansion properties. *Hzywnosc*, (Supl.) 2(23), Krakow 7(2):49-58, 2000. Disponível em: http://wydawnictwo.pttz.org/wp-content/uploads/2017/12/04_Demiate.pdf. Acesso em: 31 jul. 2022.

DUFOUR, Dominique; LARSONNEUR, S.; ALARCON-MORANTE, Freddy; BRABET, Catherine; CHUZEL, Gérard. Improving the bread-making potential of cassava sour starch. *In*: DUFOUR, Dominique; O'BRIEN, Gerard M.; BEST, Rupert (ed.).*Cassava flour and starch*: progress in research and development. Cali: CIAT Publications, 1996. p. 133-142. Disponível em: https://cgspace.cgiar.org/handle/10568/54845. Acesso em: 31 jul. 2022.

EBRAHIM, G. J. Energy content of weaning foods. *Journal of Tropical Pediatrics*, v. 29, n. 4, p. 194-195, 1983. Disponível em: https://academic.oup.com/tropej/article=-abstract29/4/194/1644213/?redirectedFromPDF. Acesso em: 31 jul. 2022.

FLANDER, L.; SALMENKALLIO-MARTTILA, M.; SUORTTI, T.; AUTIO, K. Optimization of ingredients and baking process for improved wholemeal oat bread quality. *LWT – Food Science and Technology*, v. 40, n. 5, p. 860-870, 2007. Disponível em: https://www.sciencedirect.com/science/article/abs/pii/S0023643806001551. Acesso em: 31 jul. 2022.

FERMENTARE. Mandioca e grãos fermentados. S. d. Disponível em: https://www.fermentare.com.br/event/mandioca-e-graos-fermentados/. Acesso em: 31 jul. 2022.

GUYOT, Jean-Pierre. Cereal-based fermented foods in developing countries: ancient foods for modern research. *International Journal of Food Science and Technology*, v. 47, p. 1109-1114, 2012. Disponível em: https://ifst.onlinelibrary.wiley.com/doi/abs/10.1111/j.1365-2621.2012.02969.x. Acesso em: 31 jul. 2022.

GUYOT, Jean-Pierre; MORLON-GUYOT, Juliette. Effect of different cultivation conditions on Lactobacillus manihotivorans OND32T, an amylolytic lactobacillus isolated from sour starch cassava fermentation. *International Journal of Food Microbiology*, v. 67, n. 3, p. 217-225, 2001. Disponível em: https://www.sciencedirect.com/science/article/abs/pii/S0168160501004445#!. Acesso em: 31 jul. 2022.

HAARD, Norman; ODUNFA, Sunday A; LEE, Cherl-Ho; QUINTERO-RAMÍREZ, R.; LORENCE-QUIÑONES, Argelia; WACHER-RADARTE, Carmen. *Fermented cereals*: a global perspective. FAO Agricultural Services Bulletin N° 138. Rome: Food and Agriculture Organization of the United Nations, 1999. Disponível em: http://www.fao.org/3/X2184e/x2184e00.htm. Acesso em: 31 jul. 2022.

HAMMES, Walter P.; GÄNZLE, Michael G. Sourdough breads and related products. *In*: WOOD, B. J. B. (ed.). *Microbiology of fermented foods*. London: Blackie Academic and professional, 1998. v. 1. p. 199-216.

HILLOCKS, R. J.; THRESH, J. M.; BELOTTI, Anthony (ed). *Cassava: Biology, Production and Utilization*. Wallingford: Cab International, 2002.

ISHIGE, Naomichi. Cultural aspects of fermented fish products in Asia. *In*: *Fish fermentation technology*. LEE, C.H., STEINKRAUS, K.H. and REILLY, P.J.A. (eds.). Tokio: UNU Press, p.13-32, 1993.

JIMÉNEZ, Eugenia; YÉPEZA, Alba; PÉREZ-CATALUÑA, Alba; VÁSQUEZ, Elena R. ; DÁVILA, Doris Z.; VIGNOLO, Graciela; AZNAR, Rosa. Exploring diversity and biotechnological potential of lactic acid bacteria from tocosh – traditional Peruvian fermented potatoes – by high throughput sequencing (HTS) and culturing. *LWT – Food Science and Technology*, v. 87, p. 567-574, 2018. Disponível em: https://ri.conicet.gov.ar/bitstream/handle/11336/81440/CONICET_Digital_Nro.fcde8191-d376-45c-c-a65e-f39ebbc22956_A.pdf;jsessionid=68FE09A71C086337CFEAEAAC825EF6B4?sequence=2. Acesso em: 9 nov. 2022.

KALUI, Christine M.; MATHARA, Julius M.; KUTIMA, Philip M.; KIIYUKIA, Ciira; WONGO, Lawrence E. Partial characterization and identification of lactic acid bacteria involved in the production of *ikii*: a traditional fermented maize porridge by the Kamba of Kenya. *Journal of Tropical Microbiology and Biotechnology*, v. 4, n. 1, p. 3-15, 2008. Disponível em: https://www.ajol.info/index.php/jtmb/article/view/35461. Acesso em: 31 jul. 2022.

KATZ, Sandor E. *The art of fermentation*: an in-depth exploration of essential concepts and processes from around the world. White River Junction: Chelsea Green Publishing, 2012.

KAUSHIK, Geetanjali; SATYA, Santosh; NAIK, Satya N. Food processing a tool to pesticide residue dissipation: a review. *Food Research International*, v. 42, p. 26-40, 2009. Disponível em: https://www.

researchgate.net/publication/222429497_Food_processing_a_tool_to_pesticide_residue_dissipation_-_A_review. Acesso em: 31 jul. 2022.

LEI, Vicki; JAKOBSEN, M. Microbiological characterization and probiotic potential of *koko* and *koko* sour water, African spontaneously fermented millet porridge and drink. *Journal of Applied Microbiology*, v. 96, p. 384-397, 2004. Disponível em: https://www.academia.edu/2902061/Microbiological_characterization_and_probiotic_potential_of_koko_and_koko_sour_water_African_spontaneously_fermented_millet_porridge_and_drink. Acesso em: 31 jul. 2022.

LIMA, Oswaldo G. *Pulque, balché e pajauaru na etnobiologia das bebidas e dos alimentos fermentados*. Recife: Universidade Federal de Pernambuco, 1975.

LORENCE-QUIÑONES, Argelia; WACHER-RODARTE, M. Carmen; QUINTERO-RAMÍREZ, Rodolfo. Cereal fermentations in Latin American countries. *In: Fermented cereals:* a global perspective. FAO Agricultural Services Bulletin Nº 138. Rome: Food and Agriculture Organization of the United Nations, 1999. Disponível em: http://www.fao.org/3/X2184e/x2184e00.htm. Acesso em: 31 jul. 2022.

MACIEL, Benedito E. S. P. Da proa da canoa: por uma etnografia do movimento indígena em Tefé. *Somanlu,* Manaus, v. 9, n. 2, p. 111-126, 2009.

MAGA, Joseph. Phytate: Its chemistry, occurrence, food interactions, nutritional significance, and methods of analysis. *Journal of Agricultural and Food Chemistry*, v. 30, n. 1, p. 1-9, 1982. Disponível em: https://pubs.acs.org/doi/abs/10.1021/jf00109a001. Acesso em: 31 jul. 2022.

MESTRES, Christian; ROUAU, Xavier. Influence of natural fermentation and drying conditions on the physical characteristics of cassava starch. *Journal of the Science of Food and Agriculture*, London, v. 74, n. 2, p. 147-155, 1997. Disponível em: https://onlinelibrary.wiley.com/doi/10.1002/(SICI)-1097-0010(199706)74:2%3C147::AID-JSFA781%3E3.0.CO;2-J. Acesso em: 31 jul. 2022.

MESTRES, Christian; ROUAU, Xavier; ZAKHIA, N.; BRABET, Catherine. Physicochemical properties of cassava sour starch. *In:* DUFOUR, Dominique; O'BRIEN, Gerard M.; BEST, Rupert (ed.). *Cassava flour and starch:* progress in research and development. Cali: CIAT Publications, 1996. p. 143-149. Disponível em: https://books.google.com.br/books?hl=pt=-BR&lr=&id=N3sJgEziPeIC&oi=fnd&pg=P143A&dq-Physicochemical+properties+of+cassava+sour+starch.&ots=ZNVbbDAR1g&sig=DhkYELB2wR-7s-Qawl3NGpV2544Y#v=onepage&q=Physicochemical%20properties%20of%20cassava%20sour%20starch.&f=false. Acesso em: 31 jul. 2022.

MOORTHY, Subramony N. Physicochemical and functional properties of tropical tuber starches: a review. *Starch/Stärke*, v. 54, n. 12, p. 559-592, 2002. Disponível em: https://fdocuments.in/document/physicochemical-and-functional-properties-of-tropical-tuber-starches-a-review.html. Acesso em: 31 jul. 2022.

NOUT, M. J. Robert; ROMBOUTS, Frank M.; HAUTVAST, G. J. Accelerated natural lactic fermentation of infant food formulations. *Food and Nutrition Bulletin*, v. 11, n. 1, p. 1-10, 1989. Disponível em: https://journals.sagepub.com/doi/pdf/10.1177/156482658901100102. Acesso em: 31 jul. 2022.

OYEWOLE, Olusola B.; ODUNFA, Sunday A. Characterization and distribution of lactic acid bacteria in cassava fermentation during fufu production. *Journal of Applied Bacteriology*, v. 68, n. 2, p. 145-149, 1990. Disponível em: https://sfamjournals.onlinelibrary.wiley.com/doi/abs/10.1111/j.1365-2672.1990.tb02559.x. Acesso em: 31 jul. 2022.

PEREIRA, Nunes. *Os índios maués*. Rio de Janeiro: Organização Simões, 1954.

RAY, Ramesh C.; WARD, Owen. Post harvest microbial biotechnology of tropical root and tuber crops. *In:* RAY, R. C.: WARD, O. (ed.). *Microbial technology in horticulture*. Boca Raton: CRC, 2006. v. 1. Disponível em: https://www.taylorfrancis.com/chapters/edit/10.1201/9781482280432-42/post-harvest-microbial-biotechnology-tropical-root-iber-crops-ramesh-ray=-owen-ward?context=ubx&refId-cb5e57d6-fc12-4835-96aa-5fa642e17c09. Acesso em: 31 jul. 2022.

SINGH, Balwinder; SINGH, Jatinder Pal; KAUR, Amritpal; SINGH, Narpinder. Phenolic composition and antioxidant potential of grain legume seeds: a review. *Food Research International*, v. 101, p. 1-16, 2017. Disponível em: https://www.researchgate.net/publication/319610272_Phenolic_composition_and_antioxidant_potential_of_grain_legume_seeds_A_review. Acesso em: 31 jul. 2022.

SPICHER, Gottfried. Baked goods. *In*: REED, G. (ed.). *Biotechnology*. Weinheim: Verlag Chemie, 1983. v. 5: food and feed productions with microorganisms. p. 1-80.

THIELE, C.; GÄNZLE Michael G.; VOGEL, Rudi F. Contribution of sourdough lactobacilli, yeast, and cereal enzymes to the generation of amino acids in dough relevant for bread flavor. *Cereal Chemistry*, v. 79, n. 1, p. 45–51, 2002. Disponível em: https://www.academia.edu/13357351/Contribution_of_sourdough_lactobacilli_yeast_and_cereal_enzymes_to_the_generation_of_amino_acids_in_dough_relevant_for_bread_flavor. Acesso em: 31 jul. 2022.

TRECHE, Serge. Importance de l'utilisation des racines, tubercules et bananes à cuire en alimentation humaine dans le monde. *In*: Systèmes agroalimentaires à base de racines, tubercules et plantains. *Cahiers de la Recherche Développement*, v. 43, p. 95-109, 1997. Disponível em: https://horizon.documentation.ird.fr/exl-doc/pleins_textes/pleins_textes_6/b_fdi_47-48/010010900.pdf. Acesso em: 31 jul. 2022.

VALEUR, Jørgen; PUASCHITZ, Nathalie G.; MIDTVEDT, Tore; BERSTAD, Arnold. Oatmeal porridge: impact on microflora-associated characteristics in healthy subjects. *British Journal of Nutrition*, v. 115, n. 1, p. 62-67, 2016. Disponível em: https://www.cambridge.org/core/journals/british-journal-of-nutrition/article/oatmeal-porridge-impact-on-microfloraassociated-characteristics-in-healthy-subjects/A7C636D546A7389C31D0A9CBE946E88F. Acesso em: 31 jul. 2022.

VELASCO-CHONG, Jonas R.; HERRERA-CALDERÓN, Oscar; ROJAS-ARMAS, Juan P.; HAÑARI-QUISPE, Renán D.; FIGUEROA-SALVADOR, Linder; PEÑA-ROJAS, Gilmar; ANDÍA-AYME, Vidalina; YULI-POSADAS, Ricardo Á.; YEPES-PEREZ, Andrés F.; AGUILAR, Cristian. Tocosh flour (*Solanum tuberosum* L.): a toxicological assessment of traditional Peruvian fermented potatoes. *Foods*, v. 9, p. 719-735, 2020. Disponível em: https://www.mdpi.com/2304-8158/9/6/719. Acesso em: 31 jul. 2022.

VENTURINI FILHO, Waldemar G. *Bebidas alcoólicas:* ciência e tecnologia. 2. ed. São Paulo: Blucher, 2016. v. 1.

YAMAMOTO, Norio. Potato processing: learning from a traditional andean system. *In*: *The Social Sciences at CIP*. Lima: International Potato Center (CIP), 1987. p. 160-172. Disponível em: https://books.google.com.br/books?hl=pt-BR&lr=&id=vwc2-TFM5aoC&oi=fnd&pg=PA160&dq=potato+processing:+learning+from+a+traditional+andean+system&ots=xi7IaRXE-R&sig=ZD8VB0sdiuK456GNml9kktmUeRo#v=onepage&q=potato%20processing%3A%20learning%20from%20a%20traditional%20andean%20system&f=false. Acesso em: 31 jul. 2022.

WESTBY, Andrew; CEREDA, Marney P. Production of fermented cassava starch (polvilho azedo) in Brazil. *Tropical Science*, London, v. 34, n. 2, p. 203-210, 1994.

WU, Fengfeng; XU, Xueming. Sprouted grains-based fermented products. *In*: FENG, H.; NEMZER, Boris; DEVRIES, Jonathan W. (ed.). *Sprouted grains*: nutritional value, production and applications. Woodhead Publishing and AACC International Press, 2018. p. 143-173.

9
Fermentação alcoólica baseada em grãos

Roseli de Sousa Neto
Keliani Bordin

INTRODUÇÃO

Os grãos contêm, em sua grande maioria, um elevado conteúdo de carboidratos que podem ser convertidos em açúcares fermentescíveis, além de outros compostos utilizados em reações secundárias. A fermentação proporciona a conversão dos açúcares em álcoois, e é uma etapa essencial na elaboração de todas as bebidas alcoólicas.

A partir do processo de fermentação são produzidos diversos produtos incluindo bebidas fermentadas, sendo a cerveja um dos tipos mais consumidos e apreciados no mundo. A cerveja é produzida principalmente a partir de água, lúpulo, levedura e malte de cevada, mas também podem ser utilizados outros tipos de grãos, maltados ou não, incluindo arroz, milho, trigo, sorgo, quinoa e trigo-sarraceno, assim como outros adjuntos de sabor, incluindo polpa de frutas.

Após a fermentação, as bebidas podem ser destiladas, quando o álcool e os compostos voláteis são retirados do mosto fermentado. Entre as bebidas destiladas mais consumidas no país temos o uísque, o *brandy* ou conhaque e os destilados retificados como a vodca e o gim. Este capítulo traz informações importantes sobre a produção de bebidas alcoólicas a partir de grãos, incluindo bebidas fermentadas, como a cerveja e destiladas, como o uísque, a vodca e o gim.

CERVEJAS

Breve histórico

Na antiguidade, as cervejas eram produzidas pelos sumérios e assírios na Mesopotâmia no período de 6.000 a 8.000 a. C. (GUIMARÃES, 2015;

BORTOLI *et al.*, 2013), sendo produzidas e comercializadas pelas mulheres. Naquela época, a produção era feita com o uso de ingredientes como a água e a cevada, fonte de carboidratos fermentáveis (PIMENTA *et al.*, 2020; GUIMARÃES, 2015; OLIVER, 2012).

Da Mesopotâmia, a cerveja chegou à mesa dos egípcios, que buscaram a diversificação da bebida, produzindo uma grande variedade, entre elas a *heneket*, consumida nos lares egípcios, e a *serenet*, elaborada com a adição de tâmaras (TALLET, 2005). A cerveja era considerada um alimento básico da dieta e consumida por todas as faixas etárias da população e nas diferentes classes sociais (GURGEL; CUNHA, 2017).

Na Idade Média, elas passaram a ser produzidas nos mosteiros pelos monges e abades. Eram elaboradas com o malte de cevada, água e lúpulo em diferentes concentrações, o que resultava em diversas variedades da bebida. Para agregar sabor, os monges adicionavam ervas e aromáticos, como louro, sálvia, gengibre e lúpulo (SANTOS *et al.*, 2013; GUIMARÃES, 2015).

A cerveja fez sua entrada no Brasil com a chegada da família imperial portuguesa, em 1808, e no final do século XIX começaram a surgir as primeiras marcas da bebida (MEGA *et al.*, 2011).

Atualmente, o mercado cervejeiro se encontra em larga expansão no país, observando-se um aumento tanto das grandes marcas quanto de cervejas especiais, elaboradas nas centenas de cervejarias artesanais (pequenas e microcervejarias) espalhadas pelo território. De acordo com dados divulgados pelo Sebrae (2019) e por Pimenta *et al.* (2020), o Brasil se consolidou como o terceiro maior produtor do mundo da bebida, ficando atrás dos EUA e da China e superando a Alemanha e a Rússia.

Matérias-primas utilizadas na elaboração de cervejas

Os principais ingredientes utilizados na elaboração de cervejas são o malte, a água, o lúpulo e a levedura. A Lei da Pureza de 1516, instituída na Alemanha, preconiza que os ingredientes para a produção de cerveja deveriam ser apenas água, malte de cevada e lúpulo (KOK *et al.*, 2019).

A legislação brasileira (Decreto n. 6.871, de junho de 2009, Seção III, art. 36) define a cerveja como "a bebida obtida pela fermentação alcoólica do mosto cervejeiro oriundo do malte de cevada e água potável, por ação de levedura, com adição de lúpulo" (BRASIL, 2009), possibilitando a adição de outros ingredientes.

Malte

O malte (Figura 1) é o amido do cereal que sofreu a ação das enzimas hidrolíticas (amilolíticas) no processo de germinação, em condições de umidade, aeração e temperatura controladas, transformando o amido do cereal em açúcares fermentescíveis como a maltose e a glicose. Devido a seu teor elevado de amido, a cevada é o cereal mais utilizado na produção do malte. Atribui-se a ele não somente a responsabilidade pelo teor de álcool oriundo da fermentação por meio da levedura, mas também parte da coloração da cerveja. De acordo com a intensidade e a quantidade de calor aplicado ao malte na etapa de secagem, este pode ser classificado em:

- Malte claro: passa por uma rápida secagem e é levemente tostado.
- Malte médio: caracteriza-se pela secagem inicial lenta, porém a temperatura aumenta de forma progressiva. Além da cor, agrega sabor à cerveja produzida.
- Malte escuro (torrado): além da cevada, grãos de trigo e outros grãos podem passar pela maltagem, originando cervejas especiais como as de trigo (*Weissbier*, por exemplo).

Na fabricação da cerveja geralmente é empregado o malte base, que serve como base na elaboração da receita, e maltes especiais, os quais adicionam sabores e aromas diversos à bebida (MOSHER, 2020).

De acordo com a legislação brasileira (BRASIL, 2009), o malte e o lúpulo utilizados na elaboração da cerveja poderão ser substituídos por seus respectivos extratos. Uma parte do malte de cevada poderá ser substituída por outros cereais não maltados. Outros grãos podem ser utilizados na substituição do malte de cevada, como o arroz, resultando na produção de cervejas mais leves e refrescantes, ou o milho, que proporciona uma bebida com sabor mais adocicado e mais "corpo".

- **FIGURA 1** Tipos de maltes de cevada.
Fonte: BrewBeer, 2019.

Adjuntos amiláceos (complementos do malte)

Os adjuntos são fontes de cereais não maltados que fornecem os açúcares fermentáveis no processo de produção da cerveja. Sua função é suplementar o malte da cevada (D'ÁVILA *et al.*, 2012).

De acordo com a legislação brasileira (BRASIL, 2009), os cereais que poderão ser utilizados para a produção de cerveja são cevada, centeio, *gritz* de milho, aveia e sorgo, trigo integral, em flocos ou somente a parte amilácea. Esses cereais poderão substituir o malte de cevada com o limite máximo de 45%. O emprego dos adjuntos amiláceos permite a redução de custos e energia durante o processamento da bebida.

Adjuntos de sabor

Embora o malte contribua com o sabor e o aroma das cervejas, frutas como as frutas vermelhas, *blueberry*, laranja, limão e graviola, entre outras, também podem ser adicionadas. Condimentos como sementes de coentro, pimenta e gengibre também podem ser empregados e contribuem com a liberação de uma variedade de compostos de aroma e sabor, possibilitando a fabricação de cervejas com características diversas que agradam ao paladar do consumidor (ALVES *et al.*, 2020; OLIVER, 2012).

Lúpulo

O lúpulo (*Humulus lupulus L.*), originário da Europa e do norte da Ásia, é uma planta trepadeira pertencente à família das Canabinnacea, sendo seu cultivo típico de regiões de clima frio. Dentre os principais produtores, destacam-se: EUA, Alemanha e Bélgica (GURGEL; CUNHA, 2017; GUIMARÃES, 2015).

O lúpulo produz flores chamadas cones contendo resinas que conferem amargor, antioxidantes, como os polifenóis, e os compostos aromáticos dos óleos essenciais. Os cachos florais (Figura 2), quando colhidos, são desidratados, e as flores secas são comercializadas na forma de *pellets,* que são adicionados às fases finais da fervura do mosto cervejeiro. É um ingrediente muito importante na elaboração das cervejas, responsável pelo aroma e pelo sabor amargo característico da bebida.

Na indústria cervejeira, somente as flores femininas não fecundadas são utilizadas, porque contêm a lupulina, com característica de resina, que confere o sabor amargo, além dos taninos e antocianinas. Os óleos essenciais presentes nas flores também são responsáveis pelos aromas característicos, afetando diretamente a qualidade da cerveja produzida (DERELLO *et al.*, 2019).

A

B

• **FIGURA 2** Lúpulo. A: cachos florais; B: lúpulo em *pellets*.
Fonte: Gil, 2013.

Água

A água é o componente da cerveja que entra em maior quantidade no processo, cerca de 92-95% da composição da cerveja. A presença e a concentração de minerais na água utilizada interferem na qualidade das cervejas produzidas, influenciando no gosto e no processo fermentativo. Para garantir uma qualidade aceitável da bebida, a água deve passar por controle da potabilidade, cor, odor e sabor (SILVA NETO *et al.*, 2017).

Levedura

As leveduras são microrganismos unicelulares, microscópicos e classificados no grupo dos fungos, fazendo parte do reino Fungi. As leveduras utilizadas atualmente na indústria cervejeira pertencem ao gênero *Saccharomyces* da classe dos Ascomicetos e dividem-se por brotamento ou gemulação. Apresentam intensa atividade de fermentação e são amplamente utilizadas na panificação e na produção de bebidas alcoólicas fermentadas, como vinho e cerveja (FRANCO; LANDGRAF, 2008). Nas Figuras 3 e 4, as imagens das leveduras do gênero *Saccharomyces e Brettanomyces* são apresentadas respectivamente, gênero de leveduras selvagens também utilizadas na produção de cerveja.

As leveduras desempenham papel fundamental na fabricação de uma diversidade de produtos alimentícios obtidos por fermentação. Uma função essencial desse microrganismo é a conversão do açúcar glicose em produtos como álcool e dióxido de carbono (CO_2), importantes na panificação e na produção de bebidas alcoólicas fermentadas como as cervejas ou as destiladas (BORTOLLI *et al.*, 2013).

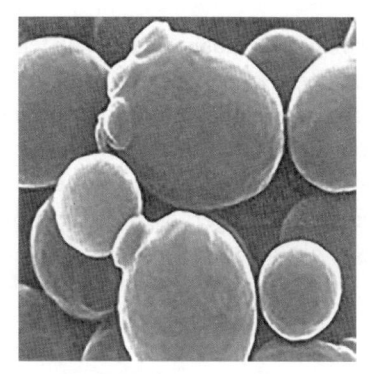

• **FIGURA 3** Leveduras do gênero *Saccharomyces*.
Fonte: Monteiro, 2022.

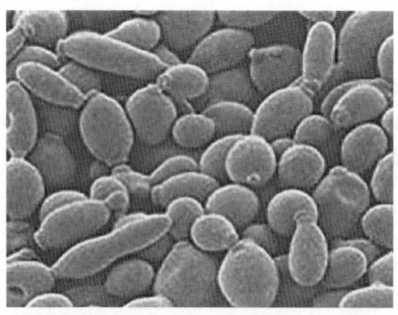

• **FIGURA 4** Leveduras do gênero *Brettanomyces*.
Fonte: Alcântara, 2009.

A levedura interfere nas características de aromas e sabores das cervejas. As cepas belgas são responsáveis pelos aromas frutados das cervejas produzidas na Bélgica; já os aromas de cravo e canela são atribuídos às cepas alemãs.

De acordo com o tipo de levedura empregado na fermentação do mosto cervejeiro, as cervejas são classificadas em: tipo *Ale* ou alta fermentação, quando se utilizam as leveduras do gênero *Saccharomyces cerevisae*; e *Lager* ou de baixa fermentação, utilizando as leveduras do gênero *Saccharomyces uvarum* (*carlsbergensis*) (MOSHER, 2020).

Nas cervejas tipo *Ale*, a fermentação é realizada em tanques abertos, e as leveduras são ativadas na faixa de temperatura de 20-25 °C. As leveduras conferem aromas frutados pronunciados. As cervejas popularmente consumidas que apresentam esse processo fermentativo são: *Pale ale, Stout, Bitter, Weiss, Barley wine* e *Belgian Ale* (SANTOS *et al.*, 2013; OETTERER *et al.*, 2006).

As cepas de baixa fermentação atuam na faixa de temperatura entre 9-14 °C, também denominadas *Lager*. A característica principal desse tipo de fermentação é que as cepas ficam depositadas no fundo do tanque de fermentação. A cerveja tem cor clara, sabor de malte e lúpulo, sem a presença de aromas frutados. Dentre as cervejas produzidas com esse tipo de fermentação destacam-se as *Pilsen, Munchener, Vienna, Bock, Lagers* escuras (*Schwarzbier*), *Export* e cerveja sem álcool (SANTOS *et al.*, 2013).

Descrição do processo genérico de produção de cerveja

De acordo com Santos *et al.* (2013) e Gurgel e Cunha (2017), a produção da cerveja em sua maioria é constituída pelas etapas a seguir.

Maltagem

Obtém-se o malte, produto resultante da germinação artificial dos grãos da cevada ou de outros cereais, seguido da secagem em estufas. A germinação ocorre durante a maceração dos grãos em água, o que ativa as enzimas hidrolisantes do amido presente no endosperma do grão, originando açúcares fermentescíveis.

Moagem

Passo inicial de preparo do mosto cervejeiro, no qual o malte é moído para expor o endosperma presente no interior dos grãos que contém os açúcares fermentáveis.

Mosturação

O malte moído é adicionado à água aquecida com a finalidade de facilitar a retirada dos açúcares fermentáveis originados do processo de malteação da cevada ou de outros grãos. Na sequência, o amido presente no malte é hidrolisado pelas enzimas alfa e beta-amilase, principalmente em maltotriose e maltose, mas também em glicose, frutose e sacarose.

Filtração

Momento de separar o mosto do bagaço do grão e das cascas.

Fervura

O mosto resultante da etapa anterior é inserido em tanques e então fervido. A fervura é uma etapa importante, pois tem como objetivo a inativação dos processos enzimáticos, microrganismos contaminantes, a eliminação de substâncias indesejáveis, como dimetilsulfureto (DMS), e o ajuste da densidade do mosto. Após a fervura, o mosto é resfriado.

Fermentação

Nessa etapa, o mosto já resfriado é inserido em tanques de fermentação, assim como as leveduras. Estas realizam a fermentação alcoólica, convertendo os açúcares dissolvidos no mosto em álcool etílico e CO_2, além de outros compostos oriundos do metabolismo secundário responsáveis pelo aroma e sabor característicos da cerveja. No tanque de fermentação, observa-se a formação de espuma, que será utilizada no final do processamento. Quando se atinge densidade ideal, a fermentação é paralisada pelo resfriamento, reduzindo drasticamente a atividade da levedura. Os açúcares não consumidos no processo fermentativo e as dextrinas contribuem para a formação do sabor e do corpo da cerveja.

Após a etapa de fermentação, a cerveja passa por resfriamento até atingir a temperatura de 0 °C, e a maior parte das leveduras é removida, separada por decantação. Em seguida a bebida deve descansar, durante uma pausa breve antes da filtração e envase. Esse tempo de maturação é variável de acordo com o tipo de cerveja produzida. A do tipo *Ale*, de alta fermentação, por exemplo, necessita apenas de algumas semanas de maturação antes do envase. Na maturação, as características sensoriais como aroma e sabor são apuradas.

Filtração, pasteurização e envase

Após o período de maturação, a cerveja é filtrada e envasada em latas de alumínio, garrafas PET de plástico ou vidro. Na pasteurização, a bebida é aquecida a 60 °C e rapidamente resfriada, garantindo maior estabilidade ao produto. As cervejas que não passam pela etapa de pasteurização são armazenadas em barris e denominadas chope.

A Figura 5 apresenta a sequência de etapas da produção de cerveja.

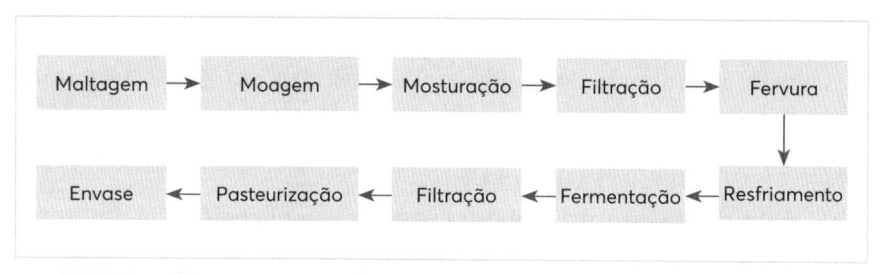

• **FIGURA 5** Síntese sequencial do processo de produção de cerveja.
Fonte: elaborada pelas autoras.

Cerveja de arroz

O arroz (*Oryza sativa*) tem origem na Ásia, sendo um cereal pertencente à família das Gramíneas/Poaceae gênero Oryzae e espécie *Oryza sativa* L. Esse é um dos principais grãos consumidos pela população brasileira, com um consumo *per capita* de 70 kg/ano. A produção nacional concentra-se basicamente nos estados da região Sul do país, embora uma parte do arroz produzido no país também ocorra na região Centro-Oeste (AMÉRICO, 2017).

Morfologicamente, o grão de arroz é constituído por casca, película, endosperma e germe. A película é a camada localizada abaixo da casca e possui maior concentração de proteínas, minerais e vitaminas do complexo B.

O endosperma é a região do grão na qual encontramos o amido, importante carboidrato que corresponde a cerca de 90% da matéria seca, utilizado como fonte energética na produção de bebidas fermentadas. Além do amido, pequenas quantidades de açúcares livres, como sacarose, glicose e frutose, também compõem a região externa do grão.

No continente asiático, as primeiras cervejas eram produzidas utilizando o arroz como matéria-prima na elaboração do malte. Após a ascensão das civilizações do Oriente Próximo, outros grãos, como a cevada e o sorgo, passaram a ser utilizados (MOSHER, 2020).

Atualmente, a indústria cervejeira emprega o arroz como adjunto amiláceo, fornecendo açúcares fermentáveis e dextrinas não fermentáveis, sendo introduzido na forma de flocos de arroz (ALVES *et al.*, 2020).

Para ser empregado como adjunto, o grão deve ter um conteúdo de água inferior a 13%, teor de gordura menor que 1%, aparência branca, odor puro e com ausência de ranço, indicativo de hidrólise lipolítica, o que pode afetar o sabor e o aroma do produto, além da ausência de impurezas, com teor de extrato de 93-95%.

Em geral, o arroz empregado na fabricação de cervejas é um subproduto da moagem industrial do arroz comestível, na forma de flocos de arroz ou sem casca e seco, e constitui uma matéria-prima de baixo custo.

A desvantagem do uso desse grão na produção do mosto cervejeiro é a temperatura de gelatinização do amido, que deve ser mais alta (61-82 °C) quando comparada àquela necessária para a gelatinizarão do amido da cevada (61-62 °C), para a degradação em açúcares solúveis que serão fermentados pelas leveduras na produção de álcool (AMÉRICO, 2017).

O malte obtido do arroz se mostra bastante versátil, pois, além dos baixos teores de glúten, também pode ser utilizado para diminuir o corpo na elaboração de cervejas mais leves. No Brasil, o grão entra na composição como adjunto nas cervejas do tipo *Pilsen* e *Lager*.

Cerveja de milho

O milho (*Zea mays*), grão pertencente à família Graminea/Poceae, está presente na alimentação humana há muitos séculos, tendo sua origem nas civilizações asteca, maia e inca.

Existem cerca de 600 derivados do milho, e, desses, 500 são destinados à alimentação humana e de animais, como fubá, flocos de milho, xerém, óleo, xarope e bebidas fermentadas (SHORK, 2015).

O grão de milho é um cereal que possui alto teor de carboidratos e ácidos graxos poli-insaturados. Dentre os principais componentes químicos do grão destacam-se o amido (63%), a proteína (9,8%) e a água (13%) (D'ÁVILA *et al.*, 2012).

Esse cereal, juntamente com arroz, trigo e sorgo, é utilizado como adjunto nas cervejarias. O grão de milho possui um teor lipídico de 4,6%, considerado muito alto, o que possibilita reações de rancificação e interfere na estabilidade do paladar e na espuma da cerveja. No emprego do milho como adjunto na produção do mosto da cerveja, o grão deve ser desgerminado, com o objetivo de diminuir a concentração lipídica, resultando no *gritz* de milho. Na gelatinização, utiliza-se uma temperatura de 64-78 °C, ligeiramente mais baixa do que a requerida para o arroz. O amido de milho refinado também pode ser utilizado, porém, devido a seu alto custo, é substituído pelo *gritz* de milho. O malte do milho produz cervejas mais adocicadas e encorpadas (D'ÁVILA *et al.*, 2012; SILVA NETO *et al.*, 2017).

Cerveja de cevada

A cevada pertence à família Poaceae e ao gênero *Hordeum*, sendo a *Hordeum vulgare* a mais comum. Aproximadamente 75% do peso do grão de cevada é endosperma, constituído por uma camada externa de aleurona de células vivas empacotadas por proteínas e lipídios e um interior de grânulos de amido embutidos em uma matriz de proteínas de armazenamento (KOK *et al.*, 2019). A composição dos constituintes básicos dos grãos de cevada é descrita na Tabela 1.

A cevada é o cereal mais utilizado na produção da cerveja em função de diversos fatores. Dentre eles, a facilidade na germinação, que favorece a produção de grandes quantidades de hidrolases. A cevada apresenta alto conteúdo de amido e moderado conteúdo proteico, que beneficia o processo fermentativo e favorece a produção de compostos aromáticos. É um grão produzido por todo o mundo, havendo oferta de matéria-prima em todas as regiões. Ainda assim, ela não é uma importante fonte de alimento humano, e as cascas de cevada podem atuar como meio natural para filtração do mosto (LI *et al.*, 2017).

• **TABELA 1** Composição dos constituintes básicos dos grãos de cevada

Constituintes	Conteúdo (%, matéria seca)
Carboidratos	78-83
Amido	60-68
Arabinoxilanas	4,4-7,8
Betaglucanas	3,6-9
Celulose	1,4-5
Caboidratos simples (glicose, frutose, sacarose e maltose)	0,41-2,9
Oligossacarídeos (rafinose e frutosanas)	0,16-0,18
Lipídios	2-3
Proteínas	8-17
Albuminas e globulinas	3,5-4,5
Hordeínas	3-5
Gluteninas	3-5
Minerais	1,5-3
Outros*	5-6

*Incluem pequenas quantidades de vitaminas do complexo B, incluindo tiamina (B1), riboflavina (B2), niacina, piridoxina (B6), ácido pantotênico, biotina, ácido fólico e vitamina E.
Fonte: adaptada de Arendt e Zanini, 2013.

Cerveja de trigo

O trigo é um dos grãos mais consumidos no mundo, pois sua farinha é bastante utilizada na indústria alimentícia, principalmente na indústria de panificação para a produção de pães, massas e bolos.

O grão de trigo é uma cariopse de forma ovalada. Constituído por pericarpo, endosperma e gérmen (GWIRTZ *et al.*, 2014). Além disso, uma fina camada de aleurona envolve completamente o endosperma e o gérmen e representa aproximadamente 7% da massa seca do grão de trigo (CONAB, 2017). A sua composição média é apresentada na Tabela 2.

O trigo maltado é rico em sistemas enzimáticos, e não há necessidade de tratar o trigo com enzimas extras para a produção de cerveja. As vantagens de adicionar malte de trigo na fabricação de cerveja incluem: melhoria no rendimento da mosturação e da espuma da bebida, redução de preço, conteúdo de taninos, álcool amílico e betaglucano. Entre as desvantagens, estão a diminuição da estabilidade da cerveja, o aumento de polímeros contendo nitrogênio, o tempo de ebulição prolongado e a diminuição de nitrogênio alfa-amino (LI *et al.*, 2017).

• **TABELA 2** Composição dos constituintes mássicos dos grãos de trigo

Constituintes	Conteúdo (%, matéria seca)
Amido	58,3-66,7
Fibras	13,3-15,2
Água	12,7
Proteínas	10,6-12,1
Lipídios	1,8-2,1
Minerais	1,7-1,9
Açúcares (sacarose e frutose)	0,6-0,7

Fonte: Wieser et al., 2020.

A cerveja de trigo é um dos tipos mais consumidos no país. Geralmente possui baixo amargor, refrescância, leveza e sabor frutado, por isso é muito apreciada em climas mais quentes.

O estilo denominado de *Weizen* ou *Weissbier* é uma cerveja de origem alemã e apresenta a característica de coloração clara, sabor picante, frutado e refrescante à base de trigo. A faixa típica do teor alcoólico varia entre 4,3-5,6%. A bebida é composta por pelo menos 50% de malte de trigo, sendo o restante malte de cevada. Leveduras de cerveja *Weizen* proporcionam as características de sabor apimentado e frutado, embora temperaturas extremas de fermentação possam afetar o equilíbrio e gerar *off flavors* (defeitos na cerveja). Nesse estilo, uma pequena quantidade de lúpulos nobres é utilizada apenas para produzir amargor (PAVSLER; BUIATTI, 2009).

A *Witbier* possui como ingredientes cerca de 50% de trigo não malteado e 50% de malte de cevada. A característica do estilo é uma cerveja à base de trigo refrescante, elegante, saborosa e moderada. Outros exemplos de cervejas que utilizam trigo são: *Leichtes Weizen, Bernsteinfarbenes Weizen, Weizenbock* e *American Wheat Beer*.

Outros tipos

Cerveja de sorgo

O sorgo é um cereal (*Sorghum bicolor* L. Moench) pertencente à família das gramíneas, de origem africana, adaptado às condições semiáridas e subtropicais. Nas regiões da Ásia, África, China, Rússia e América Central, é largamente usado na alimentação humana.

No Brasil, o grão foi introduzido no século XX, sendo cultivado em áreas quentes e secas, mas não se perpetuou como cultura nacional, tal qual o milho e o arroz. Composto por proteínas que variam entre 8,57-11,9 g, e carboidratos entre 57,3-64,5 g, dependendo da variedade, pode ser empregado tanto em alimentação animal, na fabricação de ração, quanto em humana, no enriquecimento de diferentes produtos alimentícios, na produção de álcool e de bebidas fermentadas (EMBRAPA, 2003).

Em relação aos carboidratos, o amido é o maior componente energético do grão, composto por moléculas de amilose e amilopectina. Além de energia, fornece nutrientes como vitaminas e minerais (ferro, manganês, magnésio, fósforo e cálcio).

O sorgo é um grão que também pode ser utilizado na indústria cervejeira, por ser um cereal livre de glúten, o que justifica o interesse na utilização do malte de sorgo na produção de bebidas fermentadas como a cerveja sem glúten (RODRIGUES *et al.,* 2018).

A utilização do sorgo na produção de bebidas fermentadas nas cervejarias se justifica pelo custo de matéria-prima mais baixo quando comparado ao da cevada.

A cerveja de sorgo é mais consumida em países africanos. Na região de Uagadugu, localizada em Burquina Faso, consome-se uma cerveja de cor avermelhada, aparência turva ou opaca, de produção local, na qual os grãos de sorgo gramífero, água e levedura compõem a matéria-prima principal.

A dificuldade principal na produção de bebidas fermentadas a partir desse cereal é seu nível reduzido de proteínas hidrolíticas, como a beta-amilase na etapa de maltagem, e a necessidade de alta temperatura na gelatinização do amido presente no cereal. O baixo grau de proteólise afeta de forma negativa o rendimento, a fermentação do mosto, a espuma e a estabilidade da cerveja. O elevado teor de taninos presentes no grão também influencia negativamente na produção, pois resulta em cervejas muito opacas ou turvas (RODRIGUES *et al.,* 2018).

Cerveja de trigo-sarraceno

O trigo-sarraceno (*Fagopyrum esculentum*) é um pseudocereal, também denominado trigo-preto ou trigo-mourisco, e, apesar dessa denominação, não tem parentesco com o trigo, cultivado na Ásia e na Europa.

O sarraceno é uma monocotiledônea pertencente à família Poligonaceae e ao gênero Fagopyrum, sendo as variedades principais *Fagopyrum esculentum* e *Fagopyrum tartarian* (UNAL *et al.,* 2017).

Na indústria de alimentos, o trigo-sarraceno é inserido, na forma de farinha, na produção de pães, bolos e biscoitos em alimentos isentos de glúten. Apresenta como características a ausência de glúten e o conteúdo de polifenóis, alto valor proteico, e, devido à disponibilidade de amido, também pode ser empregado na elaboração de cervejas, como adjunto ou na produção de malte em cervejas isentas de glúten (BRASIL *et al.,* 2019).

Apresenta um ótimo balanço de aminoácidos essenciais como arginina e lisina, além de gorduras insaturadas, fibras, amido e antioxidantes. É um produto muito rico, com macro e micronutrientes, favorecendo vitaminas e cofatores enzimáticos essenciais para a fermentação alcoólica (KUNZE, 1996). O grão pode ser maltado, porém possui atividade enzimática inferior à da cevada. A cerveja resultante do malte do trigo-sarraceno é compatível com a tradicional de malte de cevada. Utilizado em microcervejarias na produção de cervejas sem glúten, esse ingrediente pode também ser empregado como adjunto.

Cerveja de quinoa

A quinoa (*Chenopodium quinoa*) é um pseudocereal originário da Cordilheira dos Andes que fazia parte do hábito alimentar dos incas. O grão apresenta teores de proteínas de 11-15%, lipídios de 3,2-10,7%, fibra alimentar total de 1,1-10,7% e amido de 53-85,7%, além de elevados teores de cálcio e fibras e ausência de colesterol (GOUVEIA *et al.*, 2012).

Embora os grãos possuam grande quantidade de amido em sua composição, seu emprego na fabricação de cervejas ainda é limitado, sendo pouco explorado para esse propósito.

Atualmente, a quinoa vem sendo utilizada na produção de rações animais e alimentos para humanos quando incorporada a produtos alimentícios como pães e biscoitos. Pesquisas realizadas com o objetivo da aplicação dos grãos de quinoa na produção de malte apontaram que a substituição parcial do malte de cevada apresenta características positivas no perfil sensorial da cerveja (REBELO, 2020). No entanto, há necessidade de remoção da casca para reduzir o amargor excessivo do produto final, o que interfere na aceitação do produto pelo consumidor.

CERVEJA COM FERMENTAÇÃO SELVAGEM

As cervejas eram produzidas com microrganismos presentes no ambiente e oriundos da matéria-prima utilizada. Os microrganismos encontrados na natureza, no ambiente e nos utensílios para a produção cervejeira são denominados selvagens.

A bebida obtida tinha características únicas devido aos diversos compostos produzidos pelos microrganismos. Ainda hoje há cervejas elaboradas com leveduras selvagens, como as *Lambics*, oriundas de fermentação espontânea de leveduras selvagens do gênero *Dekkera* (*Bretanomyces*), bactérias láticas e acéticas encontradas no ar ambiente, nos utensílios ou nos equipamentos (MOSHER, 2020).

A levedura do gênero *Brettanomyces* (*Dekkera*) é um exemplo de microrganismo conhecido como pertencente ao grupo das "leveduras selvagens". Os principais microrganismos desse grupo são as leveduras *Brettanomyces bruxellensis* e *Brettanomyces lambiscus*.

Juntamente com as bactérias láticas, as leveduras selvagens são empregadas na produção das cervejas estilo *Lambic, Berliners Weisse* e *Sour* (*Ales Farmhouse*), também conhecidas como *Saison*. A fermentação do mosto cervejeiro por esse grupo de microrganismos resulta em uma bebida com acidez, picância e aromas frutados característicos desse estilo de cerveja (GURGEL; CUNHA, 2017).

As cervejas de estilo *Lambic* são elaboradas com cevada maltada e uma parte de trigo não maltado, lúpulo envelhecido e água. Como no passado, a fermentação ainda é realizada em fermentadores de madeira. Outro estilo de cerveja com fermentação espontânea é a *Gueuze*, bebida refrescante, resultante da mistura (*blend*) da *Lambic* maturada com as leveduras em processo de fermentação (OLIVER, 2012).

As leveduras selvagens foram substituídas em sua maioria nos processos cervejeiros atuais, pois esses microrganismos não têm capacidade de fermentar a maltose originada na etapa de maltagem pela ação das enzimas amilolíticas, principalmente as alfa e beta-amilases, decorrentes das mutações e duplicações do gene MAL11 (OLIVEIRA; FREIRE, 2020; PINTO, 2018). Devido a essa característica, a indústria cervejeira tem preferência pela utilização de cepas que conseguem metabolizar os diferentes açúcares dissolvidos no mosto, como glicose, frutose, sacarose, maltose e maltotriose. No entanto, as dextrinas não são metabolizadas pelas leveduras, contribuindo para a formação do corpo da cerveja (PINTO, 2018).

BEBIDAS ALCOÓLICAS DESTILADAS

Na Idade Média, bebidas destiladas eram produzidas pelos cientistas da época, conhecidos como alquimistas, monges e sacerdotes no século XII, na Europa Ocidental. Essas bebidas eram inicialmente empregadas como medicamentos e recebiam o nome de aguardentes (*aqua ardens*). Somente a partir do século XV, os destilados passaram a ser produzidos por pequenos produtores da região (FONSECA, 2020).

Os destilados são classificados como bebidas potáveis, elaboradas pela destilação de determinado líquido com baixo teor de álcool obtido a partir da fermentação do açúcar de frutas ou vegetais, como a cana-de-açúcar na fabricação da cachaça, ou cereais, como a cevada, na produção do uísque (BRASIL, 2009).

Dentre os destilados elaborados a partir de grãos como a cevada e o milho destacam-se: o uísque, a vodca e o gim.

Produção do uísque

No Decreto n. 6.871, de 4 de julho de 2009, a legislação brasileira dispõe sobre a padronização, classificação, registro, inspeção e fiscalização de bebidas, e define o uísque, *whisky* ou *whiskey* como a bebida com graduação alcoólica de 38-54% em volume, obtido de destilado alcoólico simples de cereais envelhecidos parcial ou totalmente maltados, podendo ser adicionados de álcool etílico potável de origem agrícola ou de destilado simples de cereais, bem como água para a redução da graduação alcóolica e caramelo para a correção da cor. É produzido a partir da fermentação de grãos de cereais, constituído por 40-90% da massa seca em amido (BRASIL, 2009).

De acordo com o tipo de grão utilizado na maltagem e a presença, ou não, de misturas de destilados, os uísques recebem as classificações estabelecidas pela Scotch Whisky Association (SWA):

1. *Single malt whisky*: bebida bidestilada e envelhecida composta por 100% de cevada malteada fabricada por um tipo de destilaria, sem a presença de misturas.
2. *Single grain whisky*: destilado produzido a partir de cereais como milho, trigo e cevada não maltados, produzidos por apenas uma destilaria.
3. *Blended grain whisky*: bebida resultante de vários uísques de grãos de mais de uma destilaria.
4. *Blended scotch whisky*: bebida formada pela mistura de *single malt whisky* com uísque de grãos provenientes de diversas destilarias contendo uma proporção de 40% de malte e 60% de grãos.
5. *Bourbon whisky ou Tennessee whisky*: recebe essa denominação o uísque produzido nos EUA de acordo com a legislação do país.

Essas variações são classificadas, segundo a legislação brasileira, como:

- Uísque puro malte (ou *"whisky"* puro de malte ou *"pure malt whisky"*): quando elaborado exclusivamente com destilado alcoólico simples de malte envelhecido, com o coeficiente de congêneres não inferior a 350 mg/100 mL de álcool anidro.
- Uísque cortado (*"blended whisky"*): obtido pela mistura de no mínimo 30% de destilado alcoólico simples de malte envelhecido, com destilados alcoólicos simples de cereais ou álcool etílico potável de origem agrícola, ou ambos,

envelhecidos ou não, com o coeficiente de congêneres não inferior a 100 mg/100 mL de álcool anidro.

- Uísque de cereais (*"grain whisky"*): obtido a partir de cereais, envelhecido pelo período mínimo de dois anos, com o coeficiente de congêneres não inferior a 100 mg/100 mL de álcool anidro.
- *"Bourbon whisky"* (*"Bourbon whiskey"*): elaborado com no mínimo 50% de destilado alcoólico simples de milho, envelhecido pelo período mínimo de dois anos, com coeficiente de congêneres não inferior a 150 mg/100 mL de álcool anidro (BRASIL, 2009).

O processo de produção do uísque é descrito nas etapas a seguir.

Maltagem

A maltagem corresponde ao processo de germinação da cevada, na qual os grãos são adicionados à água, ativando as enzimas amilolíticas (alfa e beta--amilases), responsáveis pela hidrólise do amido. Na germinação, o amido é transformado em açúcares fermentáveis, os quais serão utilizados como substrato pelas leveduras na etapa de fermentação.

Na produção do uísque, podem ser empregados cereais como milho, cevada, trigo e centeio.

Maceração e cozimento

A maceração e o cozimento consistem na extração aquosa do amido e dos açúcares fermentáveis obtidos na etapa de germinação. A fervura é responsável por ajustar a densidade do mosto (1.045-1.050 g/L ou 10-12,5 brix) e por eliminar o DMS presente no malte; por isso, nessa etapa, é essencial que haja saída de evaporado. A etapa seguinte é o resfriamento para 20 °C.

Fermentação

No processo fermentativo, os açúcares fermentáveis disponíveis no mosto sofrem ação das leveduras do gênero *Saccharomyces cerevisiae*, que são adicionadas após o resfriamento do mosto na etapa de cozimento. O processo fermentativo ocorre em duas etapas:

- Primeira etapa: ocorre a conversão dos açúcares maltose e glicose em álcool etílico em um período de aproximadamente 48 horas.
- Segunda etapa: fermentação malolática (a partir do ácido málico), na qual as bactérias presentes produzem ácido lático, diminuindo o pH ao mesmo tempo que agregam novos compostos, como ésteres, aldeídos e ácidos orgânicos, responsáveis pelo aroma floral do mosto.

Destilação e maturação

Na destilação do uísque, são utilizados os sistemas da destilação descontínua de alambique, obtendo-se um destilado com sabor fortemente pronunciado, e o sistema contínuo de coluna de cobre ou aço inoxidável, resultando em destilados levemente saborizados. Após a destilação, segue-se a maturação ou o envelhecimento em barris de carvalho. Essa etapa é fundamental ao desenvolvimento de diversos sabores, agregando características sensoriais de aromas e sabores agradáveis à bebida destilada.

O processo de maturação ou envelhecimento tem como objetivo diminuir o sabor alcoólico e a agressividade da bebida, e é também nessa etapa que cerca de 60% das características sensoriais (cor, sabor e aroma), presentes no destilado, são oriundas da madeira, geralmente o carvalho-branco americano ou europeu. Sabores e aromas, como avelã, baunilha, caramelo, canela, castanhas e gengibre, são atribuídos ao envelhecimento em carvalho americano (*Quercus alba*); já os sabores de figo, frutas cristalizadas, laranja e noz-moscada são atribuídas ao carvalho europeu (*Quercus robur*).

Os uísques do tipo *Bourbon* devem ser obtidos de grãos americanos e armazenados por, no mínimo, um ano. O uísque puro malte deve ser envelhecido por, no mínimo, três anos.

Corte ou *blended*

Etapa na qual ocorrem as misturas de diferentes uísques elaborados com malte e os produzidos com grãos, resultando em uma bebida com características sensoriais únicas.

Filtração

O objetivo dessa etapa é remover materiais particulados, que interferem nas características do produto final, obtendo-se um destilado translúcido e claro, apto para a comercialização.

Bebidas destiladas retificadas: vodca e gim

Destilados retificados (álcool neutro), como o gim e a vodca, destacam-se pela purificação, quando os compostos denominados congêneres (ácidos orgânicos, ésteres e aldeídos de cadeias curta) são considerados como impurezas e retirados nessa etapa do processo de produção (OLIVEIRA, 2019; SANTOS *et al.*, 2013).

As bebidas alcoólicas classificadas no grupo das retificadas podem ser elaboradas utilizando-se diversas fontes de cereais pertencentes à família das Gramíneas, como trigo (*Triticum vulgare*), milho (*Zea mays*) e centeio (*Secale notanum*), ou outros cereais, como arroz (*Oryza sativa*), contendo, ou não, a cevada como ingrediente (OLIVEIRA, 2019). Outras fontes de carboidratos oriundos de tubérculos, como batata-inglesa (*Solanum tuberosus*), beterraba (*Beta* ssp.) e melaço, também podem ser utilizados na elaboração do mosto (MENEZES *et al.*, 2014).

A vodca, *vodka* ou *wodka*, de acordo com a legislação brasileira, Decreto n. 6.871 (BRASIL, 2009), é uma bebida com graduação alcoólica de 36-54% em volume a 20 °C de "álcool etílico potável" ou de destilado alcoólico simples de origem agrícola, ou retificada, seguido ou não de filtração por meio de carvão ativo como forma de atenuar as características sensoriais da matéria-prima original. Segundo a mesma legislação, a bebida poderá ser adicionada de açúcares até 2 g/litro e aromatizada com substâncias de origem vegetal.

Vodca

Quanto à vodca, destilado originário da Rússia e do Leste Europeu, relata-se o seu surgimento no século XVI. Nessa época, era um destilado fabricado a partir de qualquer cereal (FONSECA, 2020).

Para a produção da vodca são necessárias as seguintes etapas: moagem do grão, maltagem, fermentação, destilação e retificação, filtragem, aromatização e envelhecimento.

Moagem dos grãos

Nessa etapa, os grãos escolhidos, ou eventualmente tubérculos, como a batata-inglesa e a batata-doce, são submetidas à moagem para posterior utilização na etapa da maltagem. Quando se utiliza o melaço como fonte de carbono, o mosto poderá ser fermentado diretamente, porque os carboidratos estão disponíveis para conversão em álcool pela levedura.

Maltagem

Na maltagem, os grãos são triturados em moinhos de martelo ou rolos e as cascas separadas do endosperma contendo amido. Em seguida são misturados em água, formando assim o mosto, que sofrerá o processo de fermentação. Os cereais utilizados na composição do mosto devem passar pelo processo de gelatinização em temperaturas que variam entre 120-150 °C por um período aproximado de 2-3 horas, a fim de disponibilizar o amido que será utilizado pelo microrganismo no processo de fermentação.

Fermentação

O mosto passa por fermentação anaeróbia por ação das leveduras e bactérias em tanques hermeticamente fechados. Estas convertem os carboidratos oriundos da maltagem em álcool e outros compostos.

Destilação e retificação

O objetivo da destilação é concentrar o conteúdo alcóolico do mosto decorrente da evaporação da água, que ocorre em temperatura superior à do álcool. Em geral, para se obter uma concentração maior de álcool, é necessária a segunda destilação. Para a retirada das impurezas presentes ainda na vodca destilada, ela passa pelo processo de retificação, que absorve grande parte das impurezas.

Filtração e purificação

Ao contrário de destilados, como o uísque, que mantêm seu sabor e aroma, na vodca esses componentes são removidos, obtendo-se um líquido claro e puro. As impurezas, denominadas congêneres, são removidas nos processos de filtragem em filtros com carvão ativado. Partículas muito finas são removidas em filtros de cartucho durante aproximadamente 8 horas.

Aromatização

Na aromatização da vodca, emprega-se uma variedade de ingredientes, como café, pimentas e ervas, com o objetivo de mascarar o sabor do álcool puro, tornando a bebida mais palatável e atrativa ao consumidor.

Produção de gim

O gim é um destilado retificado com sabor marcante proveniente do zimbro (*Juniperus communis*), ingrediente obrigatório na fabricação da bebida, além de outros compostos. O nome vem de *genièvre*, palavra de origem francesa que siginifica zimbro (FONSECA, 2020).

O país de origem da bebida é a Holanda, no século XVII, onde primeiramente era empregado como medicamento. Na época, acreditava-se no poder curativo dos óleos essenciais presentes no zimbro para o tratamento de doenças renais. Tempos depois, a bebida tornou-se popular na Inglaterra e passou a ser consumida em diferentes classes sociais (SANTOS *et al.*, 2013).

• **FIGURA 6** Zimbro.
Fontes: arquivo das autoras.

A produção do gim ocorre de forma similar ao descrito na produção da vodca. No entanto, há o acréscimo de ingredientes botânicos na fabricação desse destilado, como bagas do zimbro, sementes do coentro, casca da laranja, canela, noz-moscada e pimenta-malagueta, entre outros.

Para a obtenção das características sensoriais da bebida, o álcool neutro é redestilado juntamente com os ingredientes botânicos macerados. O álcool é aquecido com os botânicos e vaporizado. Na vaporização, ocorre o carreamento das substâncias responsáveis pelo aroma e sabor contidos nos ingredientes botânicos macerados e diluídos posteriormente em água para atingir as concentrações alcoólicas médias em torno de 40% v/v (FONSECA, 2020).

REFERÊNCIAS BIBLIOGRÁFICAS

ABUJAMRA, L. B. *Produção de destilado alcoólico a partir de mosto fermentado de batata-doce*. Tese (Doutorado) – Faculdade de Ciências Agronômicas, Universidade Estadual Paulista Júlio de Mesquita Filho, Botucatu, 2009.

ADAM, D. V.; DALLAGO, R. M.; *Whisky. In*: A química das bebidas. Erechim: Edifapes, 2018. v. 1. p. 49-54.

ALCÂNTARA, A. S. Sequenciado genoma da levedura produtora de etanol. *Inovação Tecnológica*, 22 out. 2009. Disponível em: https://www.inovacaotecnologica.com.br/noticias/noticia.php?artigo=sequenciado-genoma-bacteria-produtora-etanol&id=01. Acesso em: 31 jul. 2022.

ALVES, M. M.; ROSA, M. S.; SANTOS, P. P.; PAZ, M. F.; MORATO, P. N.; FUZINATTO, M. M. Artisanal beer production and evaluation adding rice flakes and soursop pulp (*Annona muricata L.*). *Food Science and Technology*, p. 1-8, 2020.

AMÉRICO, H. N. *Obtenção de açúcares fermentescíveis a partir do malte de arroz para a produção de cerveja sem glúten*. Trabalho de Conclusão de Curso – Curso de Engenharia Química. Universidade do Extremo Sul Catarinense, Criciúma, 2017.

ARENDT, E. K.; ZANNINI, E. Barley. *Cereal Grains for the Food and Beverage Industries*, p. 155-201, 2013.

BORTOLLI, D. A. S. Leveduras e produção de cerveja: revisão. *Bioenergia em Revista: Diálogos*, ano 3, n. 1, p. 45-58, jan./jun. 2013.

BRASIL. *Decreto n. 6.871, de 7 de junho de 2009*. Regulamenta a Lei no 8.918, de 14 de julho de 1994, que dispõe sobre a padronização, a classificação, o registro, a inspeção, a produção e a fiscalização de bebidas. [Bebidas alcoólicas fermentadas: aditivos]. Brasília, DF, 2009.

BRASIL, V. C. B.; EVARISTO, R. B. W.; GUIMARÃES, B. P.; GHESI, G. F. Estudo prospectivo e tecnológico do trigo-sarraceno (*Fagopyrum esculentum*) com ênfase na produção de cerveja. *Cadernos de Prospecção*, Salvador, v. 12, n. 5, p. 1541-1559, dez. 2019.

BREWBEER, 2019. Disponível em: http://brewbeer.blog.br/entenda-como-e-produzido-o-malte-e--seu-papel-na-cerveja/.

COMPANHIA NACIONAL DE ABASTECIMENTO (Conab). *A cultura do trigo*. Organizadores Aroldo Antônio de Oliveira Neto e Candice Mello Romero Santos. Brasília: Conab, 2017.

D'ÁVILA, R. F.; LUVIELMO, M. M.; MENDONÇA, C. R.; JANTZEN, M. M. Adjuntos para a produção de cerveja: características e aplicações. *Estudos Tecnológicos em Engenharia*, v. 8, n. 2 p. 60-68, jul./dez. 2012.

DERELLO, R. S.; SILVA, L. M.; BOEGSZ JR., S. A química do lúpulo. *Química Nova*, n. 42, v. 8, ago. 2019.

EMPRESA BRASILEIRA DE AGROPECUÁRIA (Embrapa). *Documentos*, v. 26, dez. 2003.

FONSECA, S. S. *Destilação do álcool neutro para a produção de bebidas alcoólicas retificadas*. Trabalho de Conclusão de Curso, Universidade Federal de São Carlos, São Carlos, 2020.

FRANCO, B. D. G. M.; LANDGRAF, M. *Microbiologia de alimentos*. São Paulo: Atheneu, 2008.

GIL, V. *10 curiosidades del lúpulo y su relación con la cerveza*, 7 out. 2013. Disponível em: https://www.verema.com/blog/cervezas/1122768-10-curiosidades-lupulo-relacion-cerveza Acesso em: 10 nov. 2022.

GOUVEIA, L. A. G; FRANGELLA, V. S.; EXCEL, M. O. A quinoa: propriedades nutricionais e aplicações. *Nutrição Brasil*, v. 11, n. 1, jan./fev. 2012.

GUIMARÃES, R. R. A química da cerveja. *Química Nova*, v. 37, n. 2, p. 98-105, maio, 2015.

GURGEL, M.; CUNHA, J. M. F. *Cerveja com design*. São Paulo: Senac São Paulo, 2017.

GWIRTZ, J. A.; WILLYARD, M. R.; MCFALL, K. L. W. Wheat: more than just a plant. In: *Future of flour*: a compendium of flour improvement. Clenze: Erling, 2014.

KOK, Y. J.; YE, L.; MILLER, J.; OW, D. S. W.; BI, X. Brewing with malted barley or raw barley: what makes the difference in the processes? *Applied Microbiology and Biotechnology*, v. 103, p. 1059-1067, 2019.

KUNZE, W. *Technologie Brauer und Mälzer*. 7. ed. Berlin: VLB, 1996.

LI, Q.; WANG, J.; IU, C. Beers. *Current Developments in Biotechnology and Bioengineering*, p. 305-351, 2017.

MARTINI, C. S.; OMOTE, H. S.; PAULA, V. Envelhecimento do *whisky* através de tratamento térmico. *Revista Engenho*, v. 12, n. 1, p. 62-82, dez. 2020.

MEGA, J. F; NEVES, E.; ANDRADE, C. J. A história da produção de cerveja no Brasil. *Revista Citino*, v. 1, n. 1, p. 36-42, dez. 2011.

MENEZES, A. G. T.; MENEZES, E. G. T; ALVES, J. G. L. F. Produção de vodca a partir de batata (*Solanum tuberosum* L) cultivar ágata utilizando *Saccharomyces cerevisiae*. In: CONGRESSO BRASILEIRO DE ENGENHARIA QUÍMICA, Florianópolis, 2014.

MONTEIRO, R. F. G. *Saccharomyces cerevisiae* – O Modelo. Disponível em: https://microbiologia.icb.usp.br/cultura-e-extensao/textos-de-divulgacao/micologia/genetica-e-biologia-molecular-de-fungos/saccharomyces-cerevisiae-o-modelo/. Acesso em: 10 nov. 2022.

MOSHER, R. *Degustando cerveja:* tudo o que você precisa saber para avaliar e apreciar a bebida. São Paulo: Senac São Paulo, 2020.

OETTERER, M.; ARCE, M. A. B; SPOTO, M. H. F. Fundamentos de ciência e tecnologia de alimentos. Barueri: Manole, 2006.

OLIVEIRA, I.; FREIRE, K. Leveduras cervejeiras: o estado da arte. Jan. 2019. *Saúde Interativa*, Instituto Medeiros de Educação Avançada – IMEA. p. 1018-1039. Disponível em: https://www.researchgate.net/publication/334361194_Leveduras_Cervejeiras_o_estado_da_arte. Acesso em: 31 jul. 2022.

OLIVEIRA, S. S. *Análise cinética comparativa da produção de vodca conduzida em processo fermentativo descontínuo e descontínuo alimentado*. Universidade Federal de Campina Grande, Sumé, 2019.

OLIVER, G. *A mesa do mestre cervejeiro*: descobrindo os prazeres das cervejas e das comidas verdadeiras. São Paulo: Senac São Paulo, 2012.

PAVSLER, A.; BUIATTI, S. Cerveja não Lager. *Beer in Health and Disease Prevention*, p. 17-30, 2009.

PIMENTA, L. B.; RODRIGUES, J. K. L.; SENA, M. D. D.; CORRÊA, L. A.; PEREIRA, R. L. G. A história e o processo da produção da cerveja: uma revisão. *Cadernos de Ciência & Tecnologia*, Brasília, v. 37, n. 3, p. 1-18, 2020.

PINTO, F. O. *Isolamento, seleção e caracterização de leveduras selvagens com potencial de aplicação para a produção de cerveja*. Dissertação (Mestrado) – Universidade Federal do Rio Grande do Sul, Porto Alegre, 2018.

REBELO, A. L. *Cerveja sem glúten*: da pesquisa dos fatores inibidores do consumo ao desenvolvimento de um novo produto. Faculdade de Ciências da Universidade do Porto, 2020.

ROCHA, T. G. *O consumo de uísque Johnnie Walker pelo público jovem do Brasil*. Trabalho de Conclusão de Curso, Centro Universitário de Brasília, Brasília, 2012.

RODRIGUES, Y. B.; AGUILAR, I. G.; ALMEIDA E SILVA, J. B. Utilização do malte de sorgo na produção de cerveja: uma revisão bibliográfica. *Brazilian Journal of Food Technology*, Campinas, v. 21, p. 1-11, 2018.

SANTOS, J. I.; DINHAM, R.; ADAMES, C. *O essencial em cervejas e destilados*. 2. ed. rev. e ampl. São Paulo: Senac São Paulo, 2013.

SERVIÇO BRASILEIRO DE APOIO ÀS MICRO E PEQUENAS EMPRESAS (Sebrae). Disponível em: https://sebrae.com.br/sites/PortalSebrae. Acesso em: 31 jul. 2022.

SHORK, M. O. Elaboração de cerveja artesanal tipo ale com malte de milho e farinha de arroz. Trabalho de Conclusão de Curso, Curso Superior de Tecnologia de Alimentos, Universidade Tecnológica do Paraná, Campo Mourão, 2015.

SILVA NETO, E. S.; POÇAS, M. D.; UENO, C. T.; HACHIYA, J. S. A.; ESTEVAM, M.; CARVALHO, P. T.; SAKANAKA, L. Produção de malte de milho (*Zea mays*) como ingrediente na cerveja artesanal. *Tópicos em Ciência e Tecnologia de Alimentos*: resultados de pesquisas acadêmicas, v. 3, p. 391-418, set. 2017.

TALLET, P. *A história da cozinha faraônica*: a alimentação no Egito Antigo. São Paulo: Senac São Paulo, 2005.

UNAL, H.; IZLI, G.; IZLI, N.; ASI, B. B. Comparison of some physical and chemical characteristics of buckwheat (*Fagopirum esculentum Moench*) grains. *Journal of Food*, v. 15, n. 2, p. 257-265, 2017.

WIESER, H.; KOEHLER, P.; SCHERF, K. A. Composição química dos grãos de trigo. *Trigo – Uma Colheita Excepcional*, p. 13-45, 2020.

10

Fermentação de água

Ingrid Schmidt-Hebbel Martens

INTRODUÇÃO

O termo "fermentação de água" não está totalmente correto do ponto de vista do substrato utilizado para as fermentações a serem discutidas neste capítulo, uma vez que os microrganismos responsáveis pela fermentação necessitam mais do que apenas água para se reproduzir e fermentar o substrato. No entanto, o termo é utilizado para agrupar todas aquelas fermentações não alcoólicas, que se utilizam de substrato aquoso, ou seja, chás diversos e soluções açucaradas.

Este capítulo tem por objetivo mostrar ao leitor as opções que existem para a obtenção de produtos fermentados a partir de água, salientando suas características organolépticas, bem como os benefícios sobre a saúde humana.

CARBONATAÇÃO

A carbonatação consiste na incorporação de dióxido de carbono (CO_2) à bebida, ou seja, pode ser considerada como a saturação do líquido com gás carbônico (BARNABÉ, 2003; BENASSI JR., 2005). Bebidas carbonatadas são feitas usando-se altas pressões de CO_2, a fim de produzir altas concentrações de dióxido de carbono na água. Quando essa pressão é reduzida pela remoção da tampa, ou do selo da garrafa, o líquido efervesce. O nível ótimo de carbonatação varia de acordo com o sabor e a percepção dos consumidores; em geral, bebidas de frutas possuem baixo nível de carbonatação, e as colas, água tônica e sodas apresentam maior nível de CO_2 (SHACHMAN, 2004).

A carbonatação de bebidas aquosas pode ser feita de duas formas: injetando CO_2 na bebida ou produzindo esse gás durante a fermentação. Como este capítulo trata de bebidas fermentadas, será abordada apenas a carbonatação por produção de CO_2 por fermentação.

Fermentos em recipientes abertos, ou que permitam o escape do gás, podem ser levemente efervescentes se bastante ativos. No caso de se desejar carbonatar uma bebida, é preciso esperar até que a fermentação esteja progredindo ativamente (como evidenciado pelo borbulhamento vigoroso). Em seguida, o líquido é transferido e selado em garrafas que possam conter alguma pressão, como as de cerveja ou refrigerante. As garrafas devem ser deixadas para fermentar, mas apenas por um curto período – em alguns casos, medido em horas, dependendo da temperatura e do nível de atividade da fermentação.

Um fermento vigorosamente ativo, preso em uma garrafa, tem potencial para explodir. Portanto, é preferível utilizar garrafas PET para a carbonatação de bebidas como kombucha, uma vez que esse material, ao contrário do vidro, tem menos chance de machucar alguém se explodir por causa do excesso de CO_2, além de permitir o acompanhamento da carbonatação pelo endurecimento do recipiente.

Outra possibilidade de acompanhar a carbonatação é dada pelo acréscimo de algumas passas à garrafa, junto com o líquido a ser carbonatado. À medida que a carbonatação avança, as passas flutuam na superfície do líquido (KATZ, 2012).

KEFIR DE ÁGUA

História do kefir de água

A origem do kefir de água ainda não está esclarecida. A primeira descrição científica foi feita por Ward (1892), que chamou os grânulos de kefir de "plantas de gengibre", relatando terem sido importados por soldados britânicos durante a guerra da Crimeia (1853 a 1856). Waldherr (2010) menciona que teria sido Lutz, em 1899, quem descreveu um sistema semelhante como "Tibi", de origem mexicana, relacionados ao cacto *Opuntia*, de onde os grânulos teriam sido removidos das folhas. Kebler, em 1921, teria coletado os nomes sinônimos para esse sistema simbiótico, dentre eles "abelhas californianas", "abelhas africanas", "nozes de cerveja", "bálsamo de Gileade", "Bèbées" e "sementes de cerveja japonesas". Por fim, foram chamados de "grãos de kefir de açúcar" para distingui-los do kefir de leite, segundo Waldherr *et al.* (2010). Esse autor ainda menciona ser impossível rastrear a verdadeira origem dos grãos de kefir de água, sendo plausível a ideia de múltiplas fontes dos grãos.

Microbiologia do grão de kefir de água

Os grãos individuais de kefir de água têm a forma semelhante a uma couve-flor de 5-20 mm de diâmetro, aspecto transparente e estrutura elástica. Apesar de a propagação dos grãos em geral não acontecer sob condições assépticas nas famílias, a fermentação pode ser propagada por um longo período.

As razões moleculares para a formação do consórcio estável de bactérias e leveduras nos grãos de kefir são desconhecidas (WALDHERR *et al.*, 2010). A simbiose entre leveduras e bactérias nesses grãos somente é possível devido ao fato de o crescimento da levedura ocorrer por acidificação do meio pelas bactérias, enquanto o crescimento de bactérias é estimulado pela produção de fatores de crescimento (vitaminas) e compostos nitrogenados solúveis produzidos pelas leveduras (MAGALHÃES *et al.*, 2010).

Entre as bebidas fermentadas não láticas, o kefir de água, da mesma forma que o de leite, é produzido por um consórcio de várias bactérias e leveduras (NIKOLAOU *et al.*, 2019). Em geral, a sua microbiota é composta por uma estrutura do polissacarídeo dextrana, insolúvel em água, na qual vivem em simbiose as bactérias do ácido lático (BAL), bactérias de ácido acético (BAA) e leveduras. O polissacarídeo é um polímero de glicose com ligações alfa-1-6, e o *Lactobacillus hilgardii* foi identificado como a principal bactéria responsável pela produção do polímero, por meio da enzima glicosiltranferase (WALDHERR *et al.*, 2010).

Um estudo realizado no Brasil por Miguel *et al.* (2011) comparou microrganismos presentes em grânulos de kefir de diferentes regiões do país, e foram encontradas diferenças na composição da microbiota do grânulo de acordo com seu local de origem. A presença de *Lactobacillus* foi encontrada em todas as amostras de kefir; no entanto, houve diferenças nas espécies de ácido acético, como *Acetobacter lovaniensis* isolada dos estados da Bahia e Distrito Federal e *Gluconacetobacter liquefaciens* isolada dos estados da Bahia e Goiás.

O crescente interesse em alimentos que melhoram a saúde tem impulsionado o consumo de alimentos funcionais. O papel dos probióticos na modulação da imunidade contra patógenos é importante para a prevenção e tratamento de doenças infecciosas, e a eficácia de um probiótico depende principalmente da presença de diferentes cepas de microrganismos, da dose e do tipo de alimento (KANDASAMY *et al.*, 2017). O desenvolvimento de bebidas probióticas não lácteas é particularmente atraente por causa da ausência de alérgenos do leite e de colesterol, além de ser uma opção para vegetarianos estritos (veganos) (MORRIS *et al.*, 2016). Vários vegetais e frutas (soja, cebola, gengibre, cenoura, maçã, abacaxi, uva, marmelo, kiwi, pera, melão, morango, romã, tomate e coco) têm sido usados como substratos de kefir (CORONA *et al.*, 2016; FERNANDES *et al.*, 2017;

FIORDA *et al.*, 2017; RANDAZZO *et al.*, 2016), opção de diversificação e enriquecimento nutricional.

O kefir de água, embora seja tão fácil de produzir quanto o de leite, é bem pouco conhecido e, portanto, menos consumido, embora seja uma opção de baixo custo, seguro e isento de efeitos colaterais (ALSAYADI *et al.*, 2013; FIORDA *et al.*, 2017; MARSH *et al.*, 2014). Essa bebida é consumida principalmente no México e no Brasil, e aqui a produção ocorre apenas de forma caseira (MAGALHÃES *et al.*, 2010).

Para o cultivo de kefir de água utiliza-se uma solução aquosa de açúcar mascavo ou sucos de frutas; a composição microbiana e os produtos formados durante o processo de fermentação são similares aos grãos cultivados em leite. Os grãos são amarelos-claros quando cultivados em leite e ocres ou pardos quando cultivados em açúcar mascavo (OTLES; CAGINDI, 2003; WITTHUHN *et al.*, 2004; WESCHENFELDER *et al.*, 2011).

Essa bebida fermentada tradicional é feita pela adição de grãos de kefir de água a uma mistura de água, frutas (secas) e açúcar (GULITZ *et al.*, 2013; LAUREYS; DE VUYST, 2014; LAUREYS *et al.*, 2017; MARSH *et al.*, 2013; STADIE *et al.*, 2013). Normalmente essa mistura é fermentada em temperatura ambiente sob condições anaeróbias por dois a quatro dias, após os quais é peneirada para separar os grãos de kefir de água da bebida. O kefir de água (bebida) é levemente adocicado, ácido, alcoólico e espumante, de cor amarelada e aroma frutado. Os grãos de kefir de água consistem em exopolissacarídeos de dextrana (EPS), translúcidos, que têm uma estrutura quebradiça e são insolúveis em água (LAUREYS; DE VUYST, 2014; WALDHERR *et al.*, 2010).

Diferentes microrganismos ocorrem nos grãos de kefir de água, e os principais são as espécies de BAL, como *Lactobacillus hilgardii*, *Lactobacillus nagelii* e *Lactobacillus paracasei*; e a espécie de levedura *Saccharomyces cerevisiae* (LAUREYS *et al.*, 2017). A sacarose, principal substrato para os microrganismos dessa bebida, é convertida em EPS, etanol, CO_2, ácido lático, glicerol, ácido acético, manitol e uma variedade de compostos aromáticos (LAUREYS; DE VUYST, 2014; MARTÍNEZ-TORRES *et al.*, 2017).

O conteúdo do recipiente em que a fermentação de kefir de água ocorre geralmente fica separado da atmosfera por uma borracha de vedação ou bloqueio de água (GULITZ *et al.*, 2011; LAUREYS; DE VUYST, 2014; PIDOUX, 1989; STADIE *et al.*, 2013). Essa configuração impede a entrada de oxigênio (O_2) atmosférico, mas permite a liberação de CO_2, evitando assim o acúmulo excessivo de pressão no recipiente de fermentação. Consequentemente, a fermentação do kefir de água é um processo que começa de forma aeróbia (O_2 presente no ar dentro do recipiente de fermentação) e, aos poucos, torna-se anaeróbio; o oxigênio é consumido e/ou eliminado pelo CO_2 produzido pelas leveduras.

O oxigênio pode exercer impacto no crescimento e no metabolismo de vários microrganismos de kefir de água, como em leveduras (ACEITUNO *et al.*, 2012) e BAA (GUILLAMON e MAS, 2009, *apud* LAUREYS *et al.*, 2018), sugerindo que a presença de O_2 pode influenciar na diversidade de espécies microbianas e/ou na produção de metabólitos durante a fermentação da bebida.

Análise físico-química do kefir de água

Os grãos de kefir podem fermentar diversos líquidos doces, metabolizando o açúcar a ácido lático, etanol e gás carbônico, motivo pelo qual a bebida é carbonatada (LEROI; PIDOUX, 1993).

Magalhães *et al.* (2010) analisaram o conteúdo de etanol, ácidos orgânicos (ácidos lático e acético) e carboidratos (sacarose, glicose e frutose) durante a fermentação, verificando que o ácido lático diminuiu significativamente durante as 24 horas de fermentação. A concentração de etanol aumentou logo após o início da fermentação e atingiu o máximo com 12 horas de processo.

Leveduras dos gêneros *Saccharomyces, Candida, Kluyveromyces* e *Torulaspora* parecem ser os principais tipos responsáveis pela produção de etanol no kefir. Contudo, alguns representantes dos gêneros bacterianos heteroláticos, como *Lactobacillus* e *Lactococcus* homofermentativos, podem ter produzido uma fração da concentração de etanol encontrado na bebida. A produção de ácido acético aumentou durante o processo de fermentação, e, no final, a concentração foi de aproximadamente 1,4 mg/mL.

Essas observações indicam que o processo simultâneo de sacarificação e fermentação de álcool foi seguido pela produção de ácido acético. Parte do conteúdo de etanol pode ter sido convertida em ácido acético por bactérias heterofermentativas do gênero *Acetobacter* após 12 horas de fermentação. Essas bactérias apresentam atividade da álcool desidrogenase, que converte o etanol em acetaldeído. Os mesmos autores verificaram que o pH final da fermentação (4,1) aparentemente foi responsável pela presença de *Lactobacillus* como a principal espécie bacteriana com 24 horas de fermentação.

O aumento na concentração de açúcares redutores (glicose e frutose) está relacionado com a diminuição da sacarose e o total de sólidos solúveis [medido pela escala numérica Brix (°Bx)] no final da fermentação, e a hidrólise da sacarose pela invertase da levedura presente nos grãos de kefir resulta no aumento dos níveis de glicose e frutose.

Guerrero e Teran (2013) analisaram o °Bx da fermentação de grãos de kefir de água, utilizando açúcar refinado, açúcar não refinado e mel de abelha como fonte de carbono. Verificaram que o °Brix diminui conforme aumenta o tempo de fermentação para os dois tipos de açúcar utilizados. Isso era esperado, porque as bactérias presentes utilizam glicose e frutose como fonte de energia.

Em um outro estudo desenvolvido por Magalhães *et al.* (2010) é mostrado que o teor de sólidos solúveis foi reduzido no final da fermentação. A acidez expressa na porcentagem de ácido lático aumentou à medida que o tempo de fermentação passa para os três tipos de adoçantes. De Bruyne *et al.* (2007) determinaram que as bactérias do gênero *Leuconostoc* têm a capacidade de produzir ácido lático como o principal metabólito a partir de glicose e frutose, sendo esse gênero encontrado em quantidades consideráveis nos estudos de caracterização de kefir de água realizados pelos autores referidos.

Randazzo *et al.* (2016) fermentaram suco de maçã, uva, kiwi, romã, marmelo e figo-da-índia com grãos de kefir de água liofilizados e verificaram que o pH inicial dos sucos de fruta era inferior a 4, com exceção do de figo-da-índia, que apresentava pH acima de 6. Ao final da fermentação, o pH geral mostrou-se ligeiramente superior ao do respectivo suco de fruta, sobretudo no caso do kiwi e do marmelo. A única exceção foi o suco de figo-da-índia, para o qual os autores verificaram um decréscimo de 2,15 unidades no pH após a fermentação. Nesse mesmo estudo, o teor de etanol variou entre 1,03-4,96% (v/v); os kefires de romã, marmelo e uva mostraram os valores mais altos. A fermentação do kiwi produziu apenas 1,03% (v/v) de etanol. Em relação à concentração de ácido lático, o menor teor (0,02 g/L) foi detectado para os kefires de maçã e uva, enquanto o valor mais alto (1 g/L) foi registrado para o de figo-da-índia. O teor de ácido acético verificado estava abaixo de 0,10 g/L para os kefires de maçã e romã, enquanto níveis entre 0,11-0,16 g/L foram encontrados para os outros. Além disso, os níveis de etanol encontrados pelos autores se correlacionavam com a redução de sólidos solúveis, o que indica que a fermentação principal no kefir de fruta parece ter sido à base de levedura. O conteúdo total de polifenóis foi positivamente correlacionado com a atividade antioxidante antes e depois da fermentação. Como resultado desse estudo, os autores mostraram que o processamento de sucos de frutas com microrganismos de kefir de água determinou a produção de bebidas, em particular bebidas tipo kefir de maçã e uva, com alto valor agregado e apreciado pelos testadores, de acordo com a análise sensorial aplicada aos produtos.

Martínez-Torres *et al.* (2017) estudaram os três principais metabólitos dos grãos de kefir ao longo de uma fermentação tradicional de kefir de água com duração de 192 horas. O primeiro processo a ocorrer foi a fermentação alcoólica, realizada em particular por *Saccharomyces cerevisiae*. Após 24 horas, o acúmulo de ácidos lático e acético foi gerado por *Lactobacillus hilgardii* e *Acetobacter tropicalis* e, ao final da fermentação, o etanol foi quase totalmente consumido e oxidado a ácido acético, possivelmente por uma via dissimilatória de espécies de *Acetobacter*.

Laureys e De Vuyst (2016) analisaram o processo de fermentação de kefir de água utilizando meio de fermentação com extrato de figo. Cada fermentação em garrafa (eles utilizaram triplicata de amostras para análise dos parâmetros da fermentação) foi iniciada ao mesmo tempo com 15 g de grãos de kefir de água e 85 mL de meio de fermentação, preparado com 6 g de açúcar de cana não refinado, 65 mL de água da torneira e 20 mL de extrato de figo. O extrato de figo foi preparado pela adição de 20 mL de água destilada a 5 g de figos secos, após o que essa suspensão foi misturada e centrifugada (7.200 g, 20 minutos, 4 °C). O sobrenadante foi filtrado em um filtro de café para obter o extrato final de figo. As garrafas de fermentação foram incubadas em banho-maria a 21 °C. A massa do grão de kefir de água aumentou de 16,4 ± 0,5 para 28,6 ± 0,6 g durante as primeiras 24 horas de fermentação, permanecendo constante após esse tempo. A massa seca do kefir de água inicialmente aumentou de 13,8% ± 0,1% (massa/massa) em 0 hora (inóculo ainda não adicionado ao meio de fermentação do kefir de água) para 16,7% ± 0,2% (massa/massa) após três horas de fermentação. Depois disso, a massa seca diminuiu até ficar estável em 13-14% (massa/massa). O pH inicial do meio de fermentação do kefir de água era 4,85 ± 0,01. Esse valor caiu para 4,26 ± 0,03 após a adição de seus grãos à zero hora. Após 72 horas de fermentação, o pH atingiu 3,45 ± 0,01, e depois o pH diminuiu lentamente até atingir 3,35 ± 0,01 após as 192 horas de fermentação.

López-Rojo *et al.* (2017) estudaram a produção de kefir a partir de suco de abacaxi. Durante a fermentação, obtiveram uma redução de 1,55 unidade de pH, iniciando com pH 4,7 para o suco de abacaxi e finalizando com pH 3,15 para o kefir de abacaxi. A queda no pH se deve ao crescimento dos grãos de kefir e à consequente produção de etanol, favorecendo a acidificação do meio. Durante a fermentação, o ácido produzido é o ácido lático; os autores obtiveram 0,477 g de ácido lático/100 mL de kefir. Verificaram ainda uma relação linear entre a taxa de produção de fenóis totais e a taxa de variação da atividade antioxidante, indicando os fenóis como os principais fornecedores da atividade antioxidante, os quais são liberados e permanecem disponíveis durante a fermentação.

Benefícios do consumo de kefir de água

Há vários benefícios atribuídos ao kefir de água: tratamento de doenças do sistema digestório, úlceras, colite ulcerativa, intolerância gástrica, intestino irritável, divertículos, entre outros. No entanto, a comprovação científica para esses benefícios ainda não está totalmente estabelecida.

Zhang *et al.* (2015) avaliaram a eficácia das terapias probióticas no peso corporal e no índice de massa corporal (IMC) usando uma metanálise de ensaios clínicos randomizados e controlados como base de pesquisa. Concluíram que o consumo de probióticos pode reduzir o peso corporal e o IMC, com um efeito potencialmente maior quando várias espécies de probióticos foram consumidas.

Alsayadi *et al.* (2013) mencionam que os radicais livres têm forte relação com várias doenças. Por outro lado, diversos alimentos fermentados foram relatados como sendo fontes importantes de compostos antioxidantes. Os autores estudaram a atividade antioxidante do kefir de água, até então nunca relatada na literatura científica, com o objetivo de detectar e investigar a potência antioxidante dessa bebida. O kefir de água foi preparado pela fermentação de uma solução de açúcar com grãos de kefir por 24 horas. Os resultados obtidos nesse estudo mostraram a atividade antioxidante da bebida, sugerindo que tal atividade pode ser atribuída à presença de ácido lático, BAL e leveduras no kefir de água, mas também pode se referir a sua existência simultânea, e a seus metabólitos intra e extracelulares, bem como aos produtos de sua lise celular. Os autores concluíram que o kefir de água pode ser uma fonte interessante de antioxidantes naturais, com bom potencial para a melhoria da saúde.

Fiorda *et al.* (2017) verificaram que o kefir açucarado possui uma associação microbiana semelhante à fermentação tradicional do kefir do leite, especialmente entre as BAL e as espécies de leveduras, como *Lactobacillus*, *Leuconostoc*, *Kluyveromyces*, *Pichia* e *Saccharomyces*. No entanto, geralmente é observada uma pressão seletiva em nível de espécie, por exemplo, a estimulação do metabolismo das espécies de *Saccharomyces*, levando a um alto teor de álcool no produto final. Isso também parece estimular o crescimento das BAA, que se beneficiam do aumento da produção de etanol para o metabolismo do ácido acético.

Relatórios existentes sugeriram bioatividades importantes associadas ao consumo de bebidas com kefir açucarado, como atividades antimicrobianas, antiedematogênicas, anti-inflamatórias, antioxidantes, cicatrizantes e curativas. Outros substratos alternativos não lácteos, como frutas, vegetais e melaço, também foram testados para adaptação de grãos de kefir e produção de bebidas funcionais com características sensoriais distintas. Essa diversificação é de fundamental importância para a produção de novos produtos probióticos para atender pessoas com necessidades especiais (intolerância à lactose) e consumidores veganos.

KOMBUCHA

História da kombucha

A palavra kombucha é derivada das palavras japonesas "alga" (*kombu*) e "chá" (*cha*), segundo ensina Ernst (2003). Trata-se de uma bebida levemente alcoólica originária da Manchúria, obtida de infusões de chá doce que são fermentadas por uma simbiose microbiana de bactérias e leveduras. Tradicionalmente, o chá preto é a substância mais utilizada para o seu preparo (AMARASINGHE *et al.*, 2018).

A kombucha é consumida desde 220 a. C. (STADELMANN, 1961, *apud* GREENWALT *et al.*, 2000). Durante a Dinastia Tsin na Manchúria, o chá era procurado por suas supostas propriedades mágicas. À medida que as rotas comerciais se estendiam além do Extremo Oriente, a kombucha viajou para a Rússia e a Europa Oriental. O chá se tornou muito popular na Rússia e era consumido como um tratamento para doenças metabólicas, hemorroidas e reumatismo.

A maior parte da literatura e das informações sobre o chá originadas de médicos russos cita seus usos medicinais. Por exemplo, após a Segunda Guerra Mundial verificou-se que as regiões bebedoras de kombucha na Rússia tiveram taxas de câncer notavelmente mais baixas do que regiões em que não ocorria o consumo da bebida, apesar da poluição industrial e das toxinas presentes durante a guerra (FRANK, 1991, *apud* GREENWALT, 2000).

No período da Segunda Guerra Mundial, o consumo da kombucha se estendeu além da Rússia, para a Europa Ocidental e a África do Norte (BLANC, 1996). Usos europeus para o chá focavam a suposta desintoxicação e seus efeitos no sangue e no sistema digestório.

O chá fermentado é comumente conhecido como kombucha, sendo também conhecido por diversos outros nomes: *Tea Fungus, Kargasok Tea, Manchurian Cogumelo* e *Haipao*. Os usos atuais para o chá vão desde o consumo para melhorar a saúde até aplicações terapêuticas questionáveis para a cura de doenças crônicas como o câncer (GREENWALT *et al.*, 2000).

De acordo com Katz (2012) e Muresan *et al.* (2020) o consumo de kombucha vem aumentando desde a década de 1990 nos EUA, bem como na Europa (oriental e central), gozando de uma popularidade repentina maior do que qualquer outro alimento fermentado. O autor menciona que a marca líder de mercado nos EUA vendeu mais de 1 milhão de garrafas no ano de 2009, e, de acordo com reportagens da revista americana *Newsweek*, as vendas de kombucha quadruplicaram entre 2008 e 2009, representando um salto de 89 milhões para 324 milhões de dólares.

Microbiologia da kombucha

Em virtude das propriedades e efeitos benéficos do chá verde (*Camellia sinensis*), ele também representa uma fonte alternativa para a obtenção de kombucha (JOSHI; KUMAR, 2017), sendo possível também utilizar chá branco e chá-mate. O chá verde é considerado um meio de fermentação adequado devido a seu conteúdo de polifenóis (catequinas), flavonoides (quercetina, caempferol e miricetina), proteínas e aminoácidos, entre outros componentes (AMARASEKARA *et al.*, 2020).

Durante o processo de fermentação do chá de kombucha, um filme sólido polimérico é formado na interface ar-líquido do meio de cultura (VILLAREAL-SOTO *et al.*, 2019), composto por uma matriz polimérica de celulose microbiana (*matrix of microbial celullose*, MCF) e pelo consórcio simbiótico de bactérias e leveduras (*Symbiotic Culture of Bacteria and Yeast*, SCOBY), também conhecido como fungo do chá (AMARASEKARA *et al.*, 2020). A produção do tapete flutuante facilita a aeração para os microrganismos aeróbios. A cada lote de kombucha um novo filme é formado por cima do anterior, e pode ser utilizado para fazer lotes subsequentes da bebida.

Fontana *et al.* (1991) estudaram as substâncias estimuladoras da biossíntese de celulose que ocorrem naturalmente em infusões de plantas. Cafeína e compostos relacionados (teofilina e teobromina) foram identificados como estimulantes da capacidade da bactéria de produzir celulose. Aparentemente essas metilxantinas inibem o mecanismo normal de desligamento da enzima celulose sintase. Como resultado, a disponibilidade de oxigênio para a colônia é maximizada em chá cafeinado. No entanto, o aumento da cafeína em níveis de 4-16 vezes o nível normal de cafeína (40 mg) provou inibir a fermentação da kombucha (GREENWALT *et al.*, 1998).

Bactérias produtoras de ácidos acético e glucônico são as espécies procarióticas predominantes na cultura da kombucha, enquanto *Acetobacter xylinum* demonstrou ser a principal bactéria no tapete (HESSELTINE, 1965; LIU *et al.*, 1996; MAYSER *et al.*, 1995; ROUSSIN, 1996; SIEVERS *et al.*, 1995). *A. xylinum* produz os ácidos acético e glucônico e as celulose de fontes de carbono, como etanol e glicose, sendo também o organismo primário na produção de "nata" (celulose bacteriana), bem como de "mãe do vinagre" (*vinegar mother*) (GREENWALT, *et al.*, 2000).

A *American Type Culture Collection* guarda os isolados de leveduras obtidas a partir de um estudo microbiológico de uma série de colônias domésticas alemãs de kombucha. Esse estudo demonstrou que a composição da levedura da colônia é altamente variável, e que *Brettanomyces*, *Zygosaccharomyces* e *Saccharomyces* ocorreram com mais frequência nas amostras domiciliares alemãs estudadas (MAYSER *et al.*, 1995). Hesseltine (1965) relatou a presença de duas leveduras, *Pichia* e *Zygosaccharomyces* (NRRL Y-4810 e Y-4882), em kombucha, enquanto Liu *et al.* (1996) isolaram as leveduras *Saccharomyces cerevisiae, Zygosaccharomyces bailii* e *Brettanomyces bruzellensis* de amostras taiwanesas. Já Herrera e Calderón-Villagomez (1989, *apud* GREENWALT *et al.*, 2000), isolaram *Brettanomyces intermedius, Candida famata, Pichia membranaefaciens, S. cerevisiae* subsp. *aceti, S. cerevisiae* subsp. *cerevisiae, Torulaspora delbrueckii, Z. bailii* e *Zygosaccharomyces rouxii* do fungo do chá mexicano. *Saccharomyces, Torulopsis, Mycotorula, Schizosaccharomyces,* gêneros *Pichia, Torula, Mycderma* e *Candida* foram incluídos na lista de leveduras encontradas por Jankovic e Stojanovic (1994, *apud* GREENWALT *et al.*, 2000) na kombucha. Roussin (1996) verificou que as leveduras características encontradas nas kombuchas norte-americanas foram *Zygosaccharomyces* e *S. cerevisiae*.

Populações de microrganismos que fazem parte do SCOBY incluem diferentes bactérias, como *Komagataeibacter xylinus, Acetobacter aceti, Acetobacter pasteurianus* e *Gluconobacter oxydans*, e leveduras como *Brettanomyces, Zygosaccharomyces* e *Saccharomyces* (GREENWALT *et al.*, 2000; CARREÑO *et al.*, 2012; SPEDDING, 2018; VILARREAL-SOTO *et al.*, 2018).

Kombucha (*Medusomyces gisevii*) é uma colônia composta por pelo menos 12 espécies de microrganismos que vivem em simbiose. Esses microrganismos constituem um sistema biológico fascinante por sua complexidade e organização. A colônia é composta principalmente de leveduras (*Saccharomyces ludwigii, Schizosaccharomyces pombe, S. cerevisiae, Zygosaccharomyces bailii, Torulospora* spp. e *Pichia* spp.) capazes de converter açúcar em álcool, bem como por bactérias consumidoras de álcool (*Acetobacter xylinum, A. xylino, A. aceti, A. pausterianus* e *Bacterium gluconicum*), produzindo ácido acético. Esses microrganismos também modificam os princípios ativos do chá preto, em substâncias com efeitos benéficos para o corpo humano (WATAWANA *et al.*, 2015).

Dos estudos apresentados, fica evidente que a composição microbiológica da colônia de kombucha é variável, sendo resumida no Quadro 1.

• **QUADRO 1** Principais microrganismos encontrados na colônia de kombucha

Bactérias
Acetobacter xylinum
Acetobacter aceti
Acetobacter pasteurianus
Gluconobacter

(continua)

• **QUADRO 1** Principais microrganismos encontrados na colônia de kombucha (*continuação*)

Leveduras
Brettanomyces
Brettanomyces bruxellensis
Brettanomyces intermedius
Candida
Candida famata
Mycoderma
Mycotorula
Pichia
Pichia membranaefaciens
Saccharomyces
Saccharomyces cerevisiae subsp. *aceti*
Saccharomyces cerevisiae subsp. *cerevisiae*
Schizosaccharomyces
Torula
Torulaspora delbrueckii
Torulopsis
Zygosaccharomyces
Zygosaccharomyces bailii
Zygosaccharomyces rouzii

Fonte: Greenwalt *et al.*, 2000.

Composição química da kombucha

Marsh *et al.* (2014) e Villarreal-Soto *et al.* (2019) mencionam que kombucha é o nome do chá obtido por fermentação, mas também da cultura simbiótica, que se encontra na forma de biofilme celulósico. Durante a fermentação, em condições aeróbias, compostos presentes no chá verde ou preto – que servem de substrato para a cultura da kombucha, como compostos fenólicos, flavonoides ou aminoácidos, juntamente com a sacarose –, sofrem transformações sob a ação da cultura. Uma série de metabólitos, como ácidos orgânicos (acético e glucurônico) ou vitaminas (B1, B2, B12 e C), é obtida da fermentação.

Greenwalt *et al.* (2000) mencionam que a presença de vitaminas, minerais e compostos orgânicos na kombucha tende a variar de acordo com o chá/substrato utilizado, tempo de fermentação, concentração do chá, microrganismos ativos no inóculo, quantidade de açúcar e qualidade da água. Apesar disso, de maneira geral, a bebida apresenta vitaminas hidrossolúveis, ácidos orgânicos, minerais, proteínas e aminoácidos, purinas, açúcares, lipídios, pigmentos, enzimas, compostos fenólicos e demais metabólitos.

Para Spedding (2018), a kombucha é uma bebida complexa tida como refrescante e promotora da saúde; algumas pessoas atribuem o *status* de panaceia a essa bebida.

No entanto, apesar de sua longa história de consumo, permanece em grande parte um mistério quanto ao modo como todos os microrganismos presentes no SCOBY interagem para produzir uma bebida altamente ácida. Na verdade, apenas nos últimos dois anos muitos microrganismos envolvidos na massa gelatinosa foram finalmente identificados por meio da genética molecular moderna. Além disso, embora alguns artigos tenham focado as propriedades metabólicas, ou seja, os produtos químicos presentes na kombucha e em bebidas semelhantes, não há compreensão acerca da concentração dos componentes-chave, da melhor metodologia de avaliação sensorial desses produtos, bem como do potencial de produção de álcool e ácido acético (a nota ácida dominante) nessas bebidas.

Segundo Katz (2012), a polêmica em torno da kombucha utiliza argumentos exagerados tanto para a defesa da bebida, considerando-a uma panaceia capaz de curar inúmeras doenças, dentre elas asma, artrite, câncer, fadiga crônica, constipação, diabetes, colesterol alto, esclerose múltipla, reumatismo e insônia, como para a condenação da produção de kombucha, uma vez que não há associação clara entre o adoecimento de alguns consumidores e o consumo de kombucha. O micologista Paul Stamets publicou um artigo em 1995 que aumentou ainda mais a polêmica em torno da bebida, manifestando que "seria moralmente repreensível passar adiante a colônia de microrganismos da kombucha, tanto para pessoas saudáveis como doentes, quando, até a data, há tão pouco conhecimento sobre o seu uso adequado".

Por outro lado, deve-se levar em consideração que a humanidade consome alimentos fermentados, feitos a partir de substratos diversos, desde a Antiguidade. Katz (2012) salienta que as fermentações, incluindo kombucha, baseiam-se em criar condições seletivas para o crescimento dos microrganismos. Segundo ele, a ideia de que a kombucha está segura apenas nas mãos de especialistas técnicos nega a longa história de sua produção doméstica e em diversas comunidades, reforçando o culto à especialização.

De fato, nos últimos anos, diversos estudos têm sido publicados a respeito dos microrganismos presentes no SCOBY, descobrindo-se que as populações de microrganismos encontrados nas culturas de fungos do chá varia de país para país e provavelmente de região para região (TEOH *et al.*, 2004; REVA *et al.*, 2015). Isso faz com que novos produtores (pessoas não treinadas) concluam que todas as fermentações serão semelhantes, desde que seguidas as receitas padrão dos chás e do açúcar (geralmente sacarose) utilizados em qualquer parte do mundo. O uso de frutas, ervas e vegetais adiciona mais complexidade à mistura e pode afetar consideravelmente o fluxo metabólico (pouca pesquisa sobre esse aspecto está disponível, mas diversas frutas e outros sabores de kombuchas têm chegado ao mercado todos os anos).

Segundo Reiss (1994), o açúcar é considerado o melhor substrato para a fermentação da kombucha. Durante o processo de fermentação, a sacarose é degradada por meio de enzimas produzidas por leveduras presentes no SCOBY, que a convertem em glicose e frutose. Posteriormente, as leveduras transformam a glicose em CO_2 e álcool etílico, que são as principais fontes para a produção de ácidos responsáveis pelas características sensoriais do produto. Por outro lado, as bactérias acéticas, principalmente a *Acetobacter xylinnum*, utilizam a sacarose como fonte de carbono para produzir uma rede de celulose como metabólito secundário da fermentação, dando origem a um novo SCOBY (JAYABALAN, 2008).

Preparo da kombucha

A receita da kombucha pode variar, mas é comumente feita com uma infusão de folhas de chá preto em água recém-fervida, adoçada com 50-150 g/litro (5-15%) de sacarose, por cerca de 10 minutos. Depois de retirar as folhas, o chá é esfriado até a temperatura ambiente, e o SCOBY/colônia microbiana de um lote anterior, adicionado ao chá adoçado com cerca de 100 mL de kombucha da fermentação anterior. Em seguida, é coberto com um pano de algodão limpo e incubado em temperatura ambiente por cerca de sete a dez dias. Se a fermentação é prolongada além de dez dias, a acidez pode aumentar para níveis potencialmente prejudiciais ao consumo. Após essa primeira fermentação, a colônia microbiana é removida e a bebida de kombucha está pronta para o consumo (GREENWALT *et al.*, 2000; BRUSCHI *et al.*, 2018).

Katz (2012) menciona que, além do chá preto, pode-se utilizar chá verde, chá branco, kukicha, pu-erh ou outros chás, desde que sejam provenientes da planta de chá, e não de outras plantas (camomila, hortelã etc.). No lugar da sacarose, o autor menciona que algumas pessoas têm utilizado outras fontes de açúcar, como mel, agave, xarope de bordo, malte de cevada, suco de frutas e outros adoçantes, enquanto outros viram seus SCOBY murchar e morrer. Por isso ele sugere que, ao experimentar novas fontes de açúcar, seja utilizada apenas uma das camadas do SCOBY-mãe, durante alguns ciclos de fermentação, para verificar se o SCOBY efetivamente se adapta à nova fonte de açúcar, enquanto o SCOBY original é mantido em chá com açúcar.

Conforme o Centers for Disease Control and Prevention dos EUA (CDC, 1995), o consumo recomendado varia de 100-300 mL por dia. O produto final é um bebida ligeiramente carbonatada composta de ácidos orgânicos, vitaminas, minerais e componentes do chá, assemelhando-se ao gosto de cidra (GREENWALT *et al.*, 2000).

Embora a kombucha esteja apta ao consumo humano após a primeira fermentação, é possível fazer uma segunda fermentação, que será responsável pelo aprisionamento de gás na bebida, uma vez que é feita em recipiente fechado. Ao chá fermentado da primeira fermentação adicionam-se pedaços de frutas, sucos de frutas, legumes, ervas aromáticas, raízes, chás aromatizantes naturais, entre outros, na proporção de 20-25% (CRUM; LAGORY, 2016; MEDEIROS; CECHINEL-ZANCHETT, 2019; SILVA *et al.*, 2020). Essa mistura é transferida para garrafas fechadas, o que irá impedir a saída do gás formado durante a fermentação. As garrafas deverão ser deixadas em repouso em temperatura ambiente por um período médio de três a cinco dias, dependendo da temperatura ambiente. Após esse período, devem ser colocadas em refrigeração, abrindo-se a garrafa somente no momento do consumo.

Durante a segunda fermentação ocorre a carbonatação da bebida, devido à maior produção de CO_2, responsável pela gaseificação. Crum e LaGory (2016) e Katz (2012) incentivam a experimentação e a criatividade para o desenvolvimento de novos sabores, pois são possíveis inúmeras combinações. No entanto, Katz (2012) chama a atenção para o risco da carbonatação, uma vez que o líquido sob fermentação tem o potencial de explodir a garrafa; após a primeira fermentação ainda resta quantidade suficiente de açúcar para ocorrer uma fermentação vigorosa, com abundante produção de CO_2. Viaboni ([s. d.]) sugere que, para evitar acidentes graves ou até mesmo fatais, a segunda fermentação seja feita preferencialmente em garrafas PET, que, ao explodirem, não representam um risco tão grande quanto as garrafas de vidro. Outra sugestão é que diariamente, ao longo de toda a segunda fermentação, a tampa da garrafa seja aberta com cuidado para deixar escapar o excesso de gás.

Para Greenwalt *et al.* (2000), é fundamental que se utilizem recipientes e utensílios estéreis durante a preparação de kombucha, para evitar a contaminação por fungos presentes no ar ou organismos patogênicos.

FERMENTAÇÃO DE SORO DE LEITE (*WHEY*)

O soro de leite (*whey*) é o líquido remanescente do leite que foi coalhado e transformado em queijo, e representa o mais abundante resíduo da indústria de laticínios. Na produção de queijos, o líquido remanescente após a precipitação e remoção da caseína do leite durante a fabricação do queijo perfaz 85-95% do volume de leite (SISO, 1996).

A produção mundial de queijos aumentou 2% ao ano e atingiu cerca de 22 milhões de toneladas em 2015. Esse setor produz mais soro de leite do que qualquer outra indústria de laticínios; aproximadamente 8-9 litros de soro de leite são gerados para cada quilo de queijo produzido, mercado estimado globalmente em 180-190 milhões de toneladas/ano (EL-TANBOLY; EL-HOFI, 2018).

Em fábricas de queijo modernas, que dispõem de tecnologia avançada, o soro de leite representa uma fonte de subprodutos valiosos (p. ex., soro de leite em pó, concentrados de proteínas isolados de proteína e lactose) que tem múltiplas aplicações nas indústrias da alimentação, nutrição, farmacêutica e outras. Estima-se que cerca de 50% desse soro produzido em todo o mundo seja recuperado e transformado nesses produtos. No entanto, nos países da América Latina, a maior parte da indústria de queijo é considerada uma indústria de baixa tecnologia ou artesanal, na qual o soro de leite é tradicionalmente tido como um produto de "baixo valor econômico", descartando-se diariamente grande quantidade dele no meio ambiente sem tratamento prévio. Essa prática é considerada inaceitável do ponto de vista econômico, ambiental e nutricional, pois o soro retém cerca de 55% do valor nutricional original do leite, incluindo o seu teor de lactose, proteína, minerais e gordura, que podem ser recuperados ou convertidos em compostos valiosos por diversos processos tecnológicos (YADAV et al., 2015; MAZORRA-MANZANO; MORENO-HERNÁNDEZ, 2018).

Diante dessa realidade, vários autores têm estudado possibilidades de utilização do whey para fins alimentícios humanos. Geralmente o soro de leite tem sido direcionado à alimentação animal, quando não, lançado no solo ou em rios, lagos etc. O descarte no solo e na água traz prejuízos ao meio ambiente, de modo que se faz necessário buscar alternativas mais adequadas.

Athanasiadis et al. (2004) utilizaram grãos de kefir de leite para estudar o potencial dessa simbiose de microrganismos para a produção de bebida alcóolica a partir de soro de leite. Ao final do estudo, concluíram que seria possível produzir uma nova bebida alcoólica com características organolépticas aceitáveis, produzida pela fermentação do soro de leite por grânulos de kefir. A adição de 20% de leite e o término da fermentação em pH 4,1 melhoraram o sabor do produto, enquanto a adição de 1% de extrato de passas pretas acelerou o processo fermentativo sem contribuir para a aceitação do produto final pelos avaliadores.

Devido ao seu elevado conteúdo de aminoácidos essenciais (principalmente lisina, cisteína e metionina) e cistina, as proteínas do soro são das proteínas nutricionalmente mais valiosas. Em função da composição de aminoácidos, as proteínas do soro de leite têm valor biológico maior (mas também outros parâmetros que determinam o valor nutricional) quando comparado com a caseína ou outras proteínas de origem animal, incluindo as do ovo, que foram consideradas por muito tempo proteínas de referência (TRATNIK et al., 1998, apud JELIČIĆ et al., 2008).

Para fermentações de soro de leite, são utilizadas sobretudo culturas *starter* e probióticas de BAL, enquanto no caso de fermentações alcoólicas utiliza-se principalmente a espécie de levedura *Kluyveromyces*. Dessa forma, é possível produzir uma bebida de soro de leite fermentado com propriedades nutritivas e sensoriais desejáveis, sem a implementação de tecnologias complicadas e caras, como ultrafiltração e evaporação, que estão sendo usadas no caso de processamento de proteínas isoladas ou concentradas de soro de leite ou soro em pó em bebidas. Existem até algumas indicações de que a fermentação do soro de leite com cultura de iogurte (*Lactobacillus delbrueckii* ssp. *bulgaricus* e *Streptococcus termophilus*) produz um sabor de iogurte mais intenso em comparação ao obtido quando o leite desnatado é fermentado. Isso sugere a possibilidade de produzir bebidas desse soro com perfis sensoriais semelhantes aos das bebidas de leite fermentado ou com alguns atributos de sabor de iogurte líquido, seguindo os procedimentos de fabricação convencionalmente usados para o leite (GALLARDO-ESCAMILLA *et al.*, 2007).

REFERÊNCIAS BIBLIOGRÁFICAS

ACEITUNO, Felipe F; ORELLANA, Marcelo; TORRES, Jorge; MENDOZA, Sebastián; SLATER, Alex W.; MELO, Francisco; AGOSIN, Eduardo. Oxygen response of the wine yeast *Saccharomyces cerevisiae* EC1118 grown under carbon-sufficient, nitrogen-limited enological conditions. *Applied Environmental Microbiology*, v. 78, n. 23, p. 8340-8352, dez. 2012. Doi: 10.1128/AEM.02305-12. Acesso em: 31 jul. 2022.

ALSAYADI, Muneer; Al JAWFI, Yaser; BELARBI, Meriem; SABRI, Fatima S. Antioxidant potency of water kefir. *Journal of Microbiology, Biotechnology and Food Sciences*, v. 2, n. 6, p. 2444-2447, 2013. Disponível em: http://www.jmbfs.org/wp-content/uploads/2013/05/jmbfs-0310-alsayadi.pdf. Acesso em: 31 jul. 2022.

AMARASEKARA, Ananda S.; WANG, Deping; GRADY, Tony L. A comparison of kombucha SCOBY bacterial cellulose purification methods. *SN Applied Sciences*, v. 2, p. 240, 2020. Disponível em: https://springer.com/article/10.1007/s42452-020-1982-2. Acesso em: 31 jul. 2022.

AMARASINGHE, Hashani; WEERAKKODY, Nimsha S.; WAISUNDARA, VidurangaY. Evaluation of physicochemical properties and antioxidant activities of kombucha "Tea Fungus" during extended periods of fermentation. *Food Science and Nutrition*, v. 6, p. 659-665, 2018. Disponível em: https://onlinelibrary.wiley.com/doi/epdf/10.1002/fsn3.605. Acesso em: 31 jul. 2022.

ATHANASIADIS, I.; PARASKEVOPOULOU, A.; BLEKAS, G.; KIOSSEOGLOU, V. Development of a novel whey beverage by fermentation with kefir granules: effect of various treatments. *Biotechnolology Progress*, v. 20, n. 4, p. 1091-1095, 2004. Disponível em: https://aiche.onlinelibrary.wiley.com/doi/abs/10.1021/bp0343458. Acesso em: 31 jul. 2022.

BARNABÉ, D. Refrigerantes de acerola produzidos a partir de suco desidratado e extrato seco da fruta: análise química, sensorial e econômica. Dissertação (Mestrado) – Universidade Estadual Paulista, Botucatu, 2003.

BENASSI JR., M. B. Avaliação da influência do grau de maturação do fruto cítrico na composição química e sensorial de refrigerantes, refrescos e energéticos à base de suco de laranja. Tese (Doutorado) – Faculdade de Engenharia de Alimentos, Universidade Estadual de Campinas, Campinas, 2005.

BLANC, Philippe. J. Characterization of the tea fungus metabolites. *Biotechnology Letters,* v. 18, n. 2, p. 139-142, 1996. Disponível em: https://link.springer.com/article/10.1007/BF00128667. Acesso em: 31 jul. 2022.

BRUSCHI, Jefferson dos S.; SOUSA, Rogéria C. dos S.; MODESTO, Karina R. O ressurgimento do chá de kombucha. *Revista de Iniciação Científica e Extensão,* [*S. l.*], v. 1, n. esp, p. 162-168, 2018. Disponível em: https://revistasfacesa.senaaires.com.br/index.php/iniciacao-cientifica/article/view/68. Acesso em: 31 jul. 2022.

CARREÑO, Luz Dary; CAICEDO, Luis Alfonso; MARTÍNEZ, Carlos Arturo. Técnicas de fermentación y aplicaciones de la celulosa bacteriana: una revisión. *Ingeniería y Ciencia,* v. 8, n. 16, p. 307-335, 2012. Disponível em: https://dialnet.unirioja.es/servlet/articulo?codigo=5015223. Acesso em: 31 jul. 2022.

CENTERS FOR DISEASE CONTROL AND PREVENTION (CDC – USA). Unexplained severe illness possibly associated with consumption of Kombucha tea: Iowa, 1995. *Morbidity and Mortality Weekly Report,* v. 44, n. 48, p. 892-900. 892-3, 899-900, 1995. Disponível em: https://www.cdc.gov/mmwr/preview/mmwrhtml/00039742.htm. Acesso em: 31 jul. 2022.

CORONA, Onofrio; RANDAZZO, Walter; MICELI, Alessandro; GUARCELLO, Rosa; FRANCESCA, Nicola; ERTEN, Hüseyin; MOSCHETTI, Giancarlo; SETTANNI, Luca. Characterization of kefir--like beverages produced from vegetable juices. *Food Science and Technology,* v. 66, p. 572-581, 2016. Disponível em: https://www.sciencedirect.com/science/article/abs/pii/S0023643815303054. Acesso em: 31 jul. 2022.

CRUM, Hannah, LAGORY, Alex. *The big book of kombucha:* brewing, flavoring, and enjoying the health benefits of fermented tea. North Adams: Storey Publishing, 2016.

DE BRUYNE, Katrien; SCHILLINGER, Ulrich; CAROLINE, Lily; BOEHRINGER, Benjamin; CLEENWERCK, Ilse; VANCANNEYT, Marc; DE VUYST, Luc; FRANZ, Charles M. A. P.; VANDAMME, Peter. *Leuconostoc holzapfelii sp.* nov., isolated from Ethiopian coffee fermentation and assessment of sequence analysis of housekeeping genes for delineation of Leuconostoc species. *International Journal of Systematic and Evolutionary Microbiology,* v. 57, n. 12, p. 2952-2959, 2007. Disponível em: https://pubmed.ncbi.nlm.nih.gov/18048756/. Acesso em: 31 jul. 2022.

EL-TANBOLY, El Sayed; EL-HOFI M, Khorshid. Recovery of cheese whey, a by-product from the dairy industry for use as an animal feed. Journal of Nutritional Health and Food Engineering, v. 6, n. 5, p. 148-154, 2017. Doi: 10.15406/jnhfe.2017.06.00215. Acesso em: 31 jul. 2022.

ERNST, Edzard. Kombucha: A systemic review of the clinical evidence. *Forschende Komplementärmedizin und Klassische Naturheilkunde,* v. 10, p. 85-87, 2003. Disponível em: https://research.kombuchabrewers.org/wp-content/uploads/kk-research-files/kombucha-a-systematic-review-of-the-clinical-evidence.pdf. Acesso em: 31 jul. 2022.

FERNANDES, Meg da Silva;LIMA, Fernando Sanches;RODRIGUES, Daniele;HANDA, Cintia; GUELFI, Marcela; GARCIA, Sandra;IDA, Elza Iouko. Evaluation of the isoflavone and total phenolic contents of kefir fermented soymilk storage and after the in vitro digestive system simulation. *Food Chemistry,* v. 229, p. 373-380, 2017. Disponível em: https://pubmed.ncbi.nlm.nih.gov/28372188/. Acesso em: 31 jul. 2022.

FIORDA, Fernanda A.; PEREIRA, Gilberto V. de M.; THOMAZ-SOCCOL, Vanete; RAKSHIT, Sudip K.; PAGNONCELLI, Maria Giovana B; VANDENBERGHE, Luciana P. de S.; SOCCOL, Ricardo. Microbiological, biochemical and functional aspects of sugary kefir fermentation: a review. *Food Microbiology,* v. 66, p. 86-95, 2017. Disponível em: https://www.sciencedirect.com/science/article/abs/pii/S0740002017301120?via%3Dihub. Acesso em: 31 jul. 2022.

FONTANA, José D.; FRANCO, Valeria C.; DE SOUZA, Silvio J.; LYRA, Ivone N.; DE SOUZA, Angelita M. Nature of plant stimulators in the production of *Acetobacter xylinum* ("'tea fungus'") biofilm used in skin therapy. *Applied Biochemistry and Biotechnology,* v. 28/29, p. 341-351, 1991. Disponível em: https://link.springer.com/article/10.1007%2FBF02922613. Acesso em: 31 jul. 2022.

GALLARDO-ESCAMILLA, F. J., KELLY, Alan L.; DELAHUNTY, Conor M. Mouthfeel and flavour of fermented whey with added hydrocolloids. *International Diary Journal*, v. 17, n. 4, p. 308-315, 2007. Disponível em: https://www.sciencedirect.com/science/article/abs/pii/S0958694606001142?via%-3Dihub. Acesso em: 31 jul. 2022.

GREENWALT, C. J.; LEDFORD, R. A.; STEINKRAUS, K. H. 1998. Determination and characterization of the antimicrobial activity of the fermented tea Kombucha. *Lebensmittel-Wissenschaft und -Technologie*, v. 31, p. 291-296. Disponível em: https://research.kombuchabrewers.org/wp-content/uploads/kk-research-files/determination-and-characterization-of-the-antimicrobial-activity-of-the-fermented-tea-kombucha.pdf. Acesso em: 31 jul. 2022.

GREENWALT, C. J.; STEINKRAUS, K. H.; LEDFORD, R. A. Kombucha, the fermented tea: microbiology, composition, and claimed health effects. *Journal of Food Protection*, v. 63, n. 7, p. 976-981, 2000. Disponível em: https://meridian.allenpress.com/jfp/article/63/7/976/168061/Kombucha-the--Fermented-Tea-Microbiology. Acesso em: 31 jul. 2022.

GUERRERO, Miguel Ángel M.; TERAN, Irene D. *Caracterización microbiológica del kéfir de agua artesanal de origen ecuatoriano*. Universidad San Francisco de Quito, Colegio de Agricultura, Alimentos y Nutrición, Tesis de Grado, 2013.

GULITZ, Anna; STADIE, Jasmin; EHRMANN, Matthias A.; LUDWIG, Wolfgang; VOGEL, Rudi F. Comparative phylobiomic analysis of the bacterial community of water kefir by 16S rRNA gene amplicon sequencing and ARDRA analysis. *Journal of Applied Microbiology*, v. 114, p. 1082-1091, 2013. Disponível em: https://sfamjournals.onlinelibrary.wiley.com/doi/epdf/10.1111/jam.12124. Acesso em: 31 jul. 2022.

GULITZ, Anna; STADIE, Jasmin; WENNING, Mareike; EHRMANN, Matthias A.; VOGEL, Rudi F. The microbial diversity of water kefir. *International Journal of Food Microbiology*, v. 151, n. 3, p. 284-288, 2011. Disponível em: https://www.sciencedirect.com/science/article/abs/pii/S0168160511005344. Acesso em: 31 jul. 2022.

HESSELTINE, C. W. A millennium of fungi, food, and fermentation. *Mycologia*, v. 57, n. 2, p. 149-197, 1965. Disponível em: www.jstor.org/stable/3756821. Acesso em: 31 jul. 2022.

JAYABALAN, R.; SUBATHRADEVI, P.; MARIMUTHU, S.; SATHISHKUMAR, M.; SWAMINA-THAN, K. Changes in free-radical scavenging ability of kombucha tea during fermentation. *Food Chemistry*, v. 109, n. 1, p. 227-234, 2008. Disponível em: https://www.sciencedirect.com/science/article/abs/pii/S0308814607012940?via%3Dihub. Acesso em: 31 jul. 2022.

JELIČIĆ, Irena; BOŽANIĆ, Rajka; TRATNIK, Ljubica. Whey-based beverages- a new generation of diary products. *Mljekarstvo*, v. 58, n. 3, p. 257-274, 2008. Disponível em: https://www.researchgate.net/profile/Irena-Barukcic/publication/228631581_Whey-based_beverages-a_new_generation_of_diary_products/links/0912f508ac9ba0758a000000/Whey-based-beverages-a-new-generation-of--diary-products.pdf. Acesso em: 31 jul. 2022.

JOSHI, Vinod K.; KUMAR, Vikas. Influence of different sugar sources, nitrogen sources and inocula on the quality characteristics of apple tea wine. *Journal of the Institute of Brewing*, v. 123, p. 268-276, 2017. Disponível em: https://onlinelibrary.wiley.com/doi/full/10.1002/jib.417. Acesso em: 31 jul. 2022.

KANDASAMY, Sukumar; VLASOVA, Anastasia N.; FISCHER, David D.; CHATTHA, Kuldeep S.; SHAO, Lulu; KUMAR, Anand; LANGEL, Stephanie N.; RAUF, Abdul; HUANG, Huang-Chi; RAJASHEKARA, Gireesh; SAIF, Linda J. Unraveling the differences between gram-positive and gram--negative probiotics in modulating protective immunity to enteric infections. *Frontiers in Immunology*, v. 8, p.334, 2017. Disponível em: https://www.frontiersin.org/articles/10.3389/fimmu.2017.00334/full. Acesso em: 31 jul. 2022.

KATZ, Sandor Ellix. *The art of fermentation:* an in-depth exploration of essential concepts and processes from around the world. White River Junction: Chelsea Green Publishing, 2012.

LAUREYS, David; AERTS, Maarten; VANDAMME, Peter; DE VUYST, Luc. Oxygen and diverse nutrients influence the water kefir fermentation process. *Food Microbiology*, v. 73, p. 351-361, 2018. Disponível em: https://www.sciencedirect.com/science/article/abs/pii/S0740002017311498. Acesso em: 31 jul. 2022.

LAUREYS, David; DE VUYST, Luc. Microbial species diversity, community dynamics, and metabolite kinetics of water kefir fermentation. *Applied Environmental Microbiology*, v. 80, n. 8, p. 2564, 2014. Doi: 10.1128/AEM.03978-13. Acesso em: 31 jul. 2022.

LAUREYS, David; DE VUYST, Luc. The water kefir grain inoculum determines the characteristics of the resulting water kefir fermentation process. *Journal of Applied Microbiology*, v. 122, p. 719-732, 2016. Disponível em: https://sfamjournals.onlinelibrary.wiley.com/doi/full/10.1111/jam.13370. Acesso em: 16 nov. 2022.

LAUREYS, David; VAN JEAN, Amandine; DUMONT, Jean; DE VUYS, Luc. Investigation of the instability and low water kefir grain growth during an industrial water kefir fermentation process. *Applied Microbiology and Biotechnology*, v. 101, p. 2811-2819, 2017. Disponível em: https://link.springer.com/article/10.1007%2Fs00253-016-8084-5. Acesso em: 31 março 2021.

LEROI, F.; PIDOUX, M. Characterization of interactions between *Lactobacillus hilgardii* and *Saccharomyces florentinus* isolated from sugary kefir grains. *Journal of Applied Bacteriology*, v. 74, n. 1, p. 54-60, 1993. Disponível em: https://sfamjournals.onlinelibrary.wiley.com/doi/10.1111/j.1365-2672.1993.tb02996.x. Acesso em: 2 nov. 2022.

LÓPEZ-ROJO, Juan P.; GARCÍA-PINILLA, Santiago; HERNÁNDEZ-SÁNCHEZ, Humberto; CORNEJO MAZÓN, Maribel. Estudio de la fermentación de kéfir de agua de piña con tibicos. *Revista Mexicana de Ingeniería Química*, v. 16, n. 2, p. 405-414, 2017. Disponível em: https://www.redalyc.org/pdf/620/62052087007.pdf. Acesso em: 31 jul. 2022.

LIU, C. -H.; HSU, S. -H.; LEE, F. -L.; LIAO, C. -C. The isolation and identification of microbes from a fermented tea beverage, Haipao, and their interactions during Haipao fermentation. *Food Microbiology*, v. 13, p. 407-415, 1996. Disponível em: https://www.sciencedirect.com/science/article/abs/pii/S0740002096900477. Acesso em: 31 jul. 2022.

MAGALHÃES, Karina T.; PEREIRA, Gilberto V. de M.; DIAS, Disney R.; SCHWAN, Rosane F. Microbial communities and chemical changes during fermentation of sugary Brazilian kefir. *World Journal of Microbiology and Biotechnology*, v. 26, p. 1241-1250, 2010. Disponível em: https://www.research-gate.net/publication/256501581_Microbial_communities_and_chemical_changes_during_fermentation_of_sugary_Brazilian_kefir. Acesso em: 31 jul. 2022.

MARSH, Alan J.; HILL, Colin; ROSS, R. Paul; COTTER, Paul D. Fermented beverages with health-promoting potential: past and future perspectives. *Trends in Food Science & Technology*, v. 38, p. 113-124, 2014. Disponível em: https://www.sciencedirect.com/science/article/abs/pii/S0924224414001058. Acesso em: 31 jul. 2022.

MARSH, Alan; O'SULLIVAN, Olga; HILL, Colin; ROSS, R. Paul; COTTER, Paul D. Sequence-based analysis of the bacterial and fungal compositions of multiple kombucha (teafungus) samples. *Food Microbiology*, v. 38, p. 171-178, 2014. Disponível em: http://bit.ly/33f6rFI. Acesso em: 31 jul. 2022.

MARSH, Alan J.; O'SULLIVAN, Orla; HILL, Colin; ROSS, R. Paul; COTTER, Paul D. Sequence-based analysis of the microbial composition of water kefir from multiple sources. *FEMS Microbiology Letters*, v. 348, n. 1, p. 79-85, 2013. Disponível em: https://doi.org/10.1111/1574-6968.12248. Acesso em: 31 jul. 2022.

MARTÍNEZ-TORRES, Abigail; GUTIÉRREZ-AMBROCIO, Sandra; HEREDIA-DEL-ORBE, Pamela; VILLA-TANACA, Lourdes; HERNANDEZ-RODRIGUEZ, Cesar. Inferring the role of microorganisms in water kefir fermentations. *International Journal of Food Science and Technology*, v. 52, n. 2, p. 559-571, 2017. Disponível em: https://www.researchgate.net/publication/310763945_Inferring_the_role_of_microorganisms_in_water_kefir_fermentations. Acesso em: 31 jul. 2022.

MAYSER, P.; FROMME, S.; LEITZMANN, C.; GRUENDER, K. 1995. The yeast spectrum of the tea fungus Kombucha. *Mycoses*, v. 38, n. 7-8, p. 289-295. Disponível em: https://onlinelibrary.wiley.com/doi/abs/10.1111/j.1439-0507.1995.tb00410.x. Acesso em: 31 jul. 2022.

MAZORRA-MANZANO, Miguel A.; ROBLES-PORCHAS, Glen R.; GONZÁLEZ-VELÁZQUEZ, Daniel A.; TORRES-LLANEZ, María J.; MARTÍNEZ-PORCHAS, Marcel; GARCÍA-SIFUENTES,

Celia O.; GONZÁLEZ-CÓRDOVA, Aarón F.; VALLEJO-CÓRDOBA, Belinda. Cheese whey fermentation by its native microbiota: proteolysis and bioactive peptides release with ACE-inhibitory activity. *Fermentation*, v. 6, p. 19, 2020. Disponível em: https://doaj.org/article/3e6d0fc87681409a9185a-d13c1f39366. Acesso em: 31 jul. 2022.

MAZORRA-MANZANO, Miguel Ángel; MORENO-HERNÁNDEZ, Jesús Martín. Properties and options for the valorization of whey from the artisanal cheese industry. *CienciaUAT*, v. 14, n. 1, p. 133-144, 2019. Disponível em: https://revistaciencia.uat.edu.mx/index.php/CienciaUAT/article/view/1134. Acesso em: 31 jul. 2022.

MEDEIROS, Stéphany Christine Guimarães; CECHINEL-ZANCHETT, Camile Cecconi. Kombucha: efeitos in vitro e in vivo. *Infarma – Ciências Farmacêuticas*, v. 31, n. 2, p. 73-79, out 2019. Disponível em: KOMBUCHA: EFEITOS IN VITRO E IN VIVO | Guimarães Medeiros | Infarma - Ciências Farmacêuticas (cff.org.br). Acesso em: 31 jul. 2022.

MIGUEL, M. G. C. P.; CARDOSO, P. G.; MAGALHÃES, K. T.; SCHWAN, R. F. Profile of microbial communities present in tibico (sugary kefir) grains from different Brazilian states. *World Journal of Microbiology and Biotechnology*, v. 27, n. 8, p. 1875-1884, 2011. Disponível em: https://link.springer.com/article/10.1007/s11274-010-0646-6. Acesso em: 31 jul. 2022.

MORRIS, Michelle A.; CLARKE, Graham P.; EDWARDS, Kimberley L.; HULME, Claire; CADE, Janet E. Geography of diet in the UK women's cohort study: a cross-sectional analysis. *Epidemiology Open Journal*, v. 1, n. 1, p. 20-32, 2016. Disponível em: https://www.researchgate.net/publication/301547475_Geography_of_Diet_in_the_UK_Women%27s_Cohort_Study_A_Cross-Sectional_Analysis. Acesso em: 31 jul. 2022.

NIKOLAOU, Anastasios; TSAKIRIS, Argyrios; KANELLAKI, Maria; BEZIRTZOGLOU, Eugenia; AKRIDA-DEMERTZI, Konstantoula; KOURKOUTAS, Yiannis. Wine production using free and immobilized kefir culture on natural supports. *Food Chemistry*, v. 272, p. 39-48, 2019. Disponível em: https://www.sciencedirect.com/science/article/abs/pii/S0308814618314043. Acesso em: 31 jul. 2022.

OTLES, Semih; CAGINDI, Ozlem. Kefir: A Probiotic Dairy-Composition, Nutritional and Therapeutic Aspects. *Pakistan Journal of Nutrition*, v.2, n. 2, p. 54-59, 2003. Disponível em: https://docsdrive.com/pdfs/ansinet/pjn/2003/54-59.pdf. Acesso em: 2 nov. 2022.

PALMETTI, Néstor. *Nutrición depurativa*. 4. ed. Córdoba: Edição do autor, 2012. Disponível em: https://naturoven.files.wordpress.com/2017/07/palmetti-nestor-nutricion-depurativa.pdf. Acesso em: 7 nov. 2022.

PIDOUX, Michel. The microbial-flora of sugary kefir grain (the gingerbeer plant): biosynthesis of the grain from Lactobacillus-Hilgardii producing a polysaccharide gel. *World Journal of Microbiology and Biotechnology*, v. 5, p. 223-238, 1989. Disponível em: https://www.researchgate.net/publication/251112519_The_microbial-flora_of_sugary_kefir_grain_the_gingerbeer_plant_-_biosynthesis_of_the_grain_from_Lactobacillus-Hilgardii_producing_a_polysaccharide_gel. Acesso em: 31 jul. 2022.

RANDAZZO Walter; CORONA, Onofrio; GUARCELLO, Rosa; FRANCESCA, Nicola; GERMANÀ, Maria Antonietta; ERTEN, Hüseyin; MOSCHETTI, Giancarlo; SETTANNI, Luca. Development of new non-dairy beverages from Mediterranean fruit juices fermented with water kefir microorganisms. *Food Microbiology*, v. 54, n. 1, p. 40-51, 2016. Disponível em: https://core.ac.uk/download/pdf/53305255.pdf. Acesso em: 31 jul. 2022.

REISS, Jürgen. Influence of different sugars on the metabolism of the tea fungus. *Zeitschrift für Lebensmittel-Untersuchung und -Forschung*, v. 198, p. 258-261, 1994. Disponível em: https://link.springer.com/article/10.1007/BF01192606#citeas. Acesso em: 31 jul. 2022.

REVA, O. N.; ZAETS, I. E.; OVCHARENKO, L. P.; KUKHARENKO, O. E.; SHPYLOVA, S. P.; PODOLICH, O. V.; DE VERA, J-P.; KOZYROVSKA, N. O. Metabarcoding of the kombucha microbial community grown in different microenvironments. *AMB Express*, v. 5, n. 35, p. 1-8, 2015. Disponível em: https://amb-express.springeropen.com/track/pdf/10.1186/s13568-015-0124-5.pdf. Acesso em: 31 jul. 2022.

ROUSSIN, Michael R. Analyses of kombucha ferments: report on growers. *Information Resources*, LC, Salt Lake City, Utah, 1996. Disponível em: https://research.kombuchabrewers.org/wp-content/uploads/kk-research-files/analyses-of-kombucha-ferments.pdf. Acesso em: 31 jul. 2022.

SHACHMAN, Maurice. *The soft drinks companion*: a technical handbook for the beverage industry. Boca Raton: CRC, 2004.

SIEVERS, Martin; LANINI, Cristina; WEBER, Adrien; SCHULER-SCHMID, Ursula; TEUBER, Michael. Microbiology and fermentation balance in a kombucha beverage obtained from a tea fungus fermentation. *Syst. Appl. Microbiol*, v. 18, p. 590-594, 1995. Disponível em: https://www.sciencedirect.com/science/article/abs/pii/S0723202011804200. Acesso em: 31 jul. 2022.

SILVA, Daniela Paim da; SBRAVATI, Silvia; SEHNEM, Nicole Teixeira. Kombucha da serra: desenvolvimento de um novo sabor da bebida probiótica. *VII Congresso de Pesquisa e Extensão da FSG*, v. 7, n. 7, p. 852-854, fev. 2020. Disponível em: KOMBUCHA DA SERRA – DESENVOLVIMENTO DE UM NOVO SABOR DA BEBIDA PROBIÓTICA | Congresso de Pesquisa e Extensão da Faculdade da Serra Gaúcha. Disponível em: https://ojs.fsg.edu.br/index.php/pesquisaextensao/article/view/4147. Acesso em: 7 nov. 2022.

SISO, María Isabel González. The biotechnological utilization of cheese whey: a review. *Bioresource Technology*, v. 57, p. 1-11, 1996. Disponível em: https://www.sciencedirect.com/science/article/abs/pii/0960852496000363. Acesso em: 31 jul. 2022.

SPEDDING, Gary. *So what is kombucha?* An alcoholic or a non-alcoholic beverage? A Brief selected literature review and personal reflection; abstract-overview; Bdas, Llc Wpsp#2; Brewing and Distilling Analytical Services, LLC: Lexington, KY, USA, 2018. Disponível em: https://www.academia.edu/17939697/What_is_Kombucha_A_Review. Acesso em: 7 nov. 2022.

STADIE, Jasmin; GULITZ, Anna; EHRMANN, Matthias A.; VOGEL, Rudi F. Metabolic activity and symbiotic interactions of lactic acid bacteria and yeasts isolated from water kefir. *Food Microbiology*, v. 35, n. 2, p. 92-98, 2013. Disponível em: https://www.sciencedirect.com/science/article/abs/pii/S0740002013000701. Acesso em: 31 jul. 2022.

TEOH, A. L.; HEARD, G.; COX, J. Yeast ecology of kombucha fermentation. *International Journal of Food Microbiology*, v. 95, p. 119-126, 2004. Disponível em: https://www.sciencedirect.com/science/article/abs/pii/S0168160504001072. Acesso em: 31 jul. 2022.

VAN JEAN, Amandine; DUMONT, Jean; DE VUYST, Luc. Investigation of the instability and low water kefir grain growth during an industrial water kefir fermentation process. *Applied Microbiology and Biotechnology*, v. 101, p. 2811-2819, 2017. Disponível em: https://link.springer.com/article/10.1007%2Fs00253-016-8084-5. Acesso em: 31 jul. 2022.

VIABONI, Flávio. Saborizando e envasando a sua kombucha (2ª fermentação). *Blog Probióticos do Brasil*, [s. d.]. Disponível em: https://blog.probioticosbrasil.com.br/saborizar-aromatizar-2a-fermentacao-kombucha-scoby/. Acesso em: 31 jul. 2022.

VILLARREAL-SOTO, Silvia Alejandra; BEAUFORT, Sandra; BOUAJILA, Jalloul; SOUCHARD, Jean-Pierre; RENARD, Thierry; ROLLAN, Serge; TAILLANDIER, Patricia. Impact of fermentation conditions on the production of bioactive compounds with anticancer, anti-inflammatory and antioxidant properties in kombucha tea extracts. *Process Biochemistry*, v. 83, p. 44-54, 2019. Disponível em: https://www.sciencedirect.com/science/article/abs/pii/S1359511318316416. Acesso em: 31 jul. 2022.

VILLARREAL-SOTO, Silvia Alejandra; BEAUFORT, Sandra; BOUAJILA, Jalloul; SOUCHARD, Jean-Pierre; TAILLANDIER, Patricia. Understanding kombucha tea fermentation: a review. *Journal of Food Science*, v. 83, p. 580-588, 2018. Disponível em: https://core.ac.uk/reader/163105432?utm_source=linkout. Acesso em: 31 jul. 2022.

WALDHERR, Florian W.; DOLL, Viktoria M.; MEISSNER, Daniel; VOGEL, Rudi F. Identification and characterization of a glucanproducing enzyme from *Lactobacillus hilgardii* TMW 1.828 involved in granule formation of water kefir. *Food Microbiology*, v. 27, n. 5, p. 672-678, 2010. Disponível em: https://www.academia.edu/9239719/Identification_and_characterization_of_a_glucan_producing_ enzyme_from_Lactobacillus_hilgardii_TMW_1_828_involved_in_granule_formation_of_water_kefir. Acesso em: 31 jul. 2022.

WARD, H. Marshall. The "ginger-beer plant" and the organisms composing it: a contribution to the study of fermentation-yeasts and bacteria. *Philosophical Transactions of the Royal Society of London*, v. 83, p. 125-197, 1892. Disponível em: https://royalsocietypublishing.org/doi/10.1098/rspl.1891.0037. Acesso em: 31 jul. 2022.

WATAWANA, Mindani I.; JAYAWARDENA, Nilakshi; GUNAWARDHANA, Chaminie B.; WAISUNDARA, Viduranga Y. Health, wellness, and safety aspects of the consumption of kombucha. *Journal of Chemistry*, v. 2015, Article ID 591869, 2015. Disponível em: https://www.hindawi.com/journals/jchem/2015/591869/. Acesso em: 31 jul. 2022.

WESCHENFELDER, S.; PEREIRA, G.M.; CARVALHO, H.H.C.; WIEST, J.M. Caracterização físico-química e sensorial de kefir tradicional e derivados. *Arquivos Brasileiros de Medicina Veterinária e Zootecnia*, v.63, n.2, p.473-480, 2011. Disponível em: https://www.scielo.br/j/abmvz/a/dvNZJ4QX-4QfMgBxycwFYhwN/?format=pdf&lang=pt. Acesso em: 2 nov. 2022.

WITTHUHN, R Corli; SCHOEMAN, Tersia; BRITZ, Trevor J. Isolation and characterization of the microbial population of different South African kefir grains. *International Journal of Dairy Technology*, v. 57, n. 1, p. 33- 37, 2004. Disponível em: https://onlinelibrary.wiley.com/doi/10.1111/j.1471-0307.2004.00126.x. Acesso em: 2 nov. 2022.

YADAV, Jay Shankar Singh; YAN, Song; PILLI, Sridhar; KUMAR, Lalit; TYAGI, R. D.; SURAMPALLI, R. Y. Cheese whey: a potential resource to transform into bioprotein, functional/nutritional proteins and bioactive peptides. *Biotechnology Advances*, v. 33, n. 6, p. 756-774, 2015. Disponível em: https://www.sciencedirect.com/science/article/abs/pii/S073497501530015X?via%3Dihub. Acesso em: 31 jul. 2022.

YIKMIŞ, Seydi; TUĞGÜM, Sergen. Evaluation of microbiological, physicochemical and sensorial properties of purple basil kombucha beverage. *Turkish Journal of Agriculture – Food Science and Technology*, v. 7, p. 1321-1327, 2019. Disponível em: https://onlinelibrary.wiley.com/doi/full/10.1002/jib.417. Acesso em: 31 jul. 2022.

ZHANG, Qingqing; WU, Yucheng; FEI, Xiaoqiang. Effect of probiotics on body weight and body-mass index: a systematic review and meta-analysis of randomized, controlled trials. *International Journal of Food Sciences and Nutrition*, v. 67, n. 5, p. 571-580, 2015. Disponível em: https://pubmed.ncbi.nlm.nih.gov/27149163/. Acesso em: 31 jul. 2022.

11

Fermentação de leguminosas, sementes e nozes

Maria Raquel Manhani
Priscila Vaz de Arruda
Vanessa Aparecida Soares

INTRODUÇÃO

A fermentação é um processo natural que afeta inevitavelmente o abastecimento alimentar em todo o mundo. Fermentações realizadas por bactérias e leveduras selvagens são as mais abundantes, uma vez que esses microrganismos estão presentes nos diferentes ecossistemas, como ar, solo, água e intestinos de animais. A fermentação é a conversão de açúcares mediada por microrganismos em produtos como álcool e ácido lático, além de resultar em novos aromas, sabores e texturas nos alimentos e, principalmente, contribuir para um enriquecimento nutricional sobretudo da população com restrição a proteínas de origem animal, seja por razões de saúde, econômicas ou até mesmo culturais.

Para que ocorra a transformação das matérias-primas em produtos fermentados, microrganismos devem atuar sobre o substrato presente nele, resultando na formação de peptídeos, aminoácidos, vitaminas e outros oligoelementos essenciais, além de diminuir a concentração de fatores antinutricionais. Nesse sentido, a qualidade e o pré-tratamento adequado da matéria-prima são de extrema importância para a obtenção de produtos seguros e com valor nutricional relevante.

As leguminosas fazem parte de uma família de plantas descritas como Fabaceae, distribuídas por todo o mundo, e representam a terceira maior família de plantas existentes no mundo. Na natureza, são facilmente distinguíveis devido ao fato de produzirem frutos do tipo legume, o que origina o nome comum da família, popularmente chamado de vagem, a qual abriga as sementes. Outra característica que as separa das demais famílias de plantas diz respeito à possibilidade de simbiose com microrganismos capazes de fixar o nitrogênio (N_2) atmosférico no solo.

As leguminosas são extremamente ricas em proteínas, fibras, vitaminas e minerais, o que faz delas uma excelente alternativa para a alimentação humana e animal.

Por outro lado, os grãos de leguminosas apresentam naturalmente alguns fatores antinutricionais, como os inibidores de enzimas digestivas, o ácido fítico e os agentes quelantes.

As sementes de leguminosas, em geral, são dotadas de uma cobertura externa com a finalidade de proteção, regulação e delimitação. Essa capa mantém unidas as partes internas da semente e as protege de choques, abrasões e intempéries, além de atuar como barreira à entrada de microrganismos. A presença dessa película protetora representa uma dificuldade para o processo de fermentação. Dessa maneira, o prévio tratamento da matéria-prima, por exemplo, o remolho, é uma etapa essencial para tornar esse substrato acessível aos agentes microbianos, além de contribuir para a redução dos fatores antinutricionais.

Neste capítulo, serão apresentados diversos alimentos obtidos pela fermentação de leguminosas, sementes e castanhas, esclarecendo o tipo de fermentação e as condições em que são produzidos.

"QUEIJO" DE CASTANHAS

Para o preparo do "queijo" de castanhas (Figura 1), sugere-se o emprego de duas partes de oleaginosas cruas (avelã, amêndoas, castanha-de-caju ou do Brasil, por exemplo), sem sal e uma parte e meia de água filtrada. Após esse preparo, deve-se deixar a mistura de molho em temperatura ambiente por 8 horas e, posteriormente, escorrer e descartar a água. Uma parte de *rejuvelac* deve ser acrescentada – ele pode ser obtido na forma industrializada ou previamente preparado (o preparo será descrito mais adiante neste capítulo). A mistura será fermentada por dois a quatro dias em temperatura ambiente (25-30 °C), de forma que fique coberta por um tecido fino. Após o período de fermentação, pode-se acrescentar sal, temperos e flavorizantes conforme a preferência. Para a obtenção de "queijo" tipo cheddar, deve-se adicionar grão-de-bico fermentado; já para um "queijo" mais consistente, pode-se adicionar uma pequena porção de ágar-ágar (adaptado de CHEN *et al.*, 2020; NUTRITOTAL, 2020).

Em geral, no final da fermentação, após a adição de *rejuvelac*, obtém-se um produto oriundo das castanhas com características similares às do queijo com pH em torno de 3 (MELO *et al.,* 1998). O fluxograma do processo pode ser visualizado na Figura 2.

• **FIGURA 1** Diferentes "queijos" obtidos de castanhas.

Fonte: Chen *et al.*, 2020.

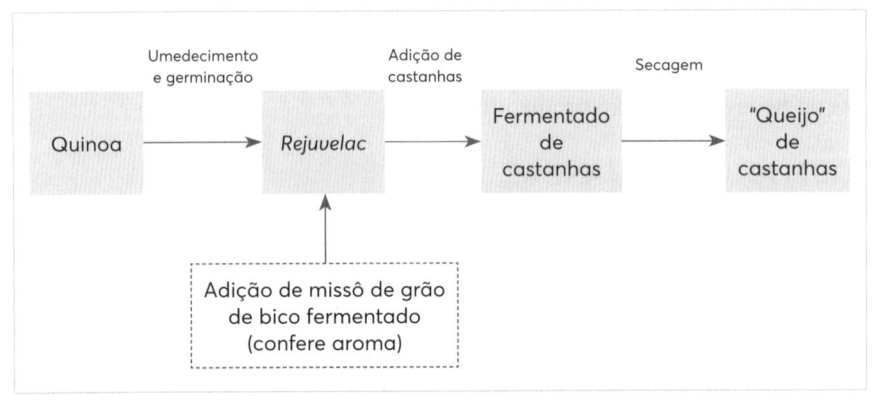

• **FIGURA 2** Etapas do processo de fermentação de castanha-de-caju.

Fonte: baseada em Chen *et al.*, 2020.

Similarmente à receita apresentada, Chen *et al.* (2020) determinaram a composição da microbiota durante a produção de queijos de castanha-de-caju adicionados de *rejuvelac* de quinoa (denominado "queijo brie") e suplementado com pasta de grãos-de-bico fermentada (denominado "queijo blue"). Na etapa de pré-fermentação do "brie", os gêneros predominantes foram *Pediococcus* (18%), *Weissella* (42%) e *Leuconostoc* (30%); no "blue", *Weissella* (60%), *Pediococcus* (10%), *Lactococcus* (10%) e *Lactobacillus* (16%) predominaram. De acordo com esses autores, as culturas *starters rejuvelac* e grão-de-bico influenciaram a composição microbiana dos produtos finais. No caso do "brie", o gênero *Pediococcus* predominou, com abundância relativa superior a 80%; e, no "blue", os gêneros *Weissella*, *Lactococcus* e *Pediococcus* foram os dominantes. Ainda segundo esses autores, houve alterações nutricionais no produto, como a diminuição dos teores de gorduras e vitamina B12 e o aumento dos níveis de sódio, cálcio, ferro, potássio, magnésio, cobre, zinco, selênio, níquel, fósforo, vitaminas B1 e B6, além do aumento de calorias.

SEMENTES FERMENTADAS

Quinoa, amaranto e chia

A quinoa (*Chenopodium quinoa* Willd.) é um pseudoceral (fruto na forma de grão que apresenta característica de cereais – HENDGES, 2014) muito popular no mundo, com alto valor nutricional.

De acordo com Hendges (2014) e Salas (2011), a quinoa é o único alimento vegetal que contém todos os aminoácidos essenciais. Os autores afirmam que ela também é rica em fibras, magnésio, vitaminas do complexo B, ferro, potássio, cálcio, fósforo, vitamina E e vários antioxidantes, podendo ser também um alimento indicado para indivíduos celíacos, por não conter glúten, e para diabéticos, por apresentar baixos índices glicêmicos.

O amaranto (*Amaranthus caudatus*), também um pseudocereal, destaca-se por ser uma excelente fonte proteica devido a sua composição balanceada em aminoácidos essenciais (RAVENSTHORPE, 2020). Segundo Tiengo (2007), essa semente é rica em fibras e apresenta níveis reduzidos de gorduras saturadas. Esse autor também verificou que o grão apresenta um teor de óleo entre 6-10% – dessa quantidade, os óleos insaturados representam cerca de 76% –, grande quantidade de ácido linoleico, tocoferol e compostos fenólicos, todos essenciais à nutrição humana.

Da mesma forma, a chia (*Salvia hispânica* L.) também é classificada como um pseudocereal de alto valor nutritivo e repleto de antioxidantes, contém ômega-3, fibras, vitaminas, minerais, como magnésio e potássio, e proteínas completas (EWERLING *et al.*, 2020). Muñoz *et al.* (2012) destacam a capacidade da semente de chia para absorver água e formar um gel, que pode ser misturado a diversos alimentos a fim de aumentar seu volume, sem ocasionar nenhum tipo de variação em relação ao sabor e ao valor calórico. Ainda segundo esses autores, a adição de chia na dieta pode ajudar a controlar os níveis de glicose no sangue e aumentar a saciedade.

As sementes apresentadas são muito utilizadas mundialmente, destacando-se seu uso no preparo do *rejuvelac*, que pode ser consumido puro ou servir de base para a obtenção de uma gama de produtos, como "queijos vegetais", "iogurtes vegetais", patês etc.

Para o preparo de *rejuvelac*, sempre são utilizados água filtrada e algum grão ou pseudoceral germinado, sendo esse processo dividido em duas etapas: germinação e fermentação (LEGNAIOLI, 2022).

Para o processo de germinação, deve-se lavar bem uma porção de grãos, transferindo-os para um pote de vidro previamente esterilizado, e adicionar três porções de água filtrada. Em seguida, o pote deve ser tampado com gaze ou voal, prendendo-se com um elástico. A mistura deve ficar em repouso em temperatura entre 22-27 °C durante 8-12 horas. Após esse período, a água do molho deve ser descartada e os grãos lavados novamente, retornando-os ao pote de vidro tampado e inclinado com ângulo de 45 graus, de boca para baixo, por oito horas, conforme ilustra a Figura 3. Passado esse tempo, se os grãos já estiverem germinados (com "narizinho apontando"), estão prontos para utilização; caso contrário, repetir a operação até que a germinação aconteça.

• **FIGURA 3** Germinação de quinoa em frasco inclinado.
Fonte: Sustentarea (2019)

Para a realização do processo fermentativo, deve-se medir uma porção dos grãos previamente germinados, transferindo-os para outro pote de vidro estéril e acrescentando cinco porções de água filtrada. Em seguida, cobrir o frasco com o tecido, prendendo-o com elástico, e deixá-lo em local fresco entre 20-22 °C, ao abrigo da luz. Após 24 ou 48 horas (se preferir uma bebida mais ácida), filtrar o líquido, que corresponderá ao *rejuvelac* (Figura 4). O produto pode ser mantido sob refrigeração por até 30 dias (adaptado de SUSTENTAREA, 2019).

• **FIGURA 4**   *Rejuvelac.*
Fonte: Legnaioli (2022).

O *rejuvelac* é uma bebida naturalmente probiótica com predominância de grande quantidade de bactérias láticas, além de enriquecer o sabor, a textura e o aroma dos alimentos.

De acordo com Chen *et al.* (2020), o *rejuvelac* oriundo de grãos de quinoa, empregado na produção de "queijo" de castanha-de-caju, reduz a alergia à semente. Ainda segundo esses autores, os gêneros *Pediococcus* e *Weisella* predominam no produto em questão.

PATÊS

Os patês são opções práticas, pois fáceis de preparar, que podem ser servidos de diversas formas e, dependendo da receita, ainda mantêm suas características por alguns dias sob refrigeração.

O grão-de-bico (*Cicer arietinum*) é a leguminosa mais utilizada como base para a formulação de patês, por ser rico em fibras e proteínas, embora não contenha todos os aminoácidos essenciais, sendo deficiente nos sulfurados. É muito rico em triptofano, precursor da seratonina (hormônio do "bem-estar"). Também se verifica que o grão-de-bico é uma boa fonte dos minerais fósforo, cálcio, magnésio, ferro, potássio, cobalto e manganês, além de gorduras saudáveis (MOLINA, 2010). Além disso, ele apresenta baixo índice glicêmico e fibras que prolongam a mastigação e atrasam o esvaziamento gástrico, o que proporciona maior saciedade (SHAH *et al.*, 2021).

Para a obtenção da base do patê, deixe uma porção de grão-de-bico de molho por 12 horas; após esse período, descarte a água e cozinhe o grão em panela de pressão com duas porções de água durante 30 minutos, com a quantidade de sal de sua preferência. Terminada essa etapa, filtre e descarte a água do cozimento. Triture os grãos cozidos em um liquidificador. Transfira a massa obtida para um recipiente de vidro esterilizado, adicione suco de limão (10% da massa obtida) e deixe em repouso por 4 horas; passado esse tempo, filtre novamente para eliminar o soro formado. Em seguida, retorne a massa obtida para um frasco de vidro esterilizado e adicione o *rejuvelac*, industrializado ou previamente preparado, na proporção de 10%. A fermentação deve ocorrer entre 4-8 horas, conforme a preferência de sabor (adaptado de ZAMBERLAN, 2021).

A base do patê de grão-de-bico pronta pode ser consumida dessa maneira, mas também, de acordo com a imaginação, coloque temperos e ingredientes de sua preferência. Como sugestão: alho, pimentão assado, beterraba assada, cenoura e nori, castanhas etc.

A base de patê apresentada pode ser preparada com outras leguminosas, como lentilha, ervilha ou tremoço, atentando-se à variação do tempo de cozimento, de acordo com o tipo de grão.

Chen *et al.* (2020) detectaram os gêneros *Streptococcus*, *Staphylococcus*, *Enterococcus* em pasta fermentada de grão-de-bico.

A lentilha (*Lens esculenta*) contém nutrientes benéficos, como fibras, ferro, proteínas, cobre, vitaminas e potássio. É muito parecida com o feijão, porém com tamanho menor e digestão mais fácil (não causa flatulência). Além disso, esse grão tem poucas calorias e baixos níveis de gordura. Por ser rica em vitaminas do complexo B, a lentilha é importante para o funcionamento saudável dos sistemas nervoso, digestivo e imunológico (SHONS *et al.*, 2009).

A ervilha (*Pisum sativum*) é uma leguminosa fibrosa e abundante em proteínas e vitaminas, especialmente a vitamina A, que beneficia a saúde dos olhos, da pele e do sistema cardiovascular. Além disso, é abundante em minerais como zinco, ferro, potássio, fósforo e cálcio, os quais ajudam no fortalecimento ósseo e muscular (CARVALHO, 2007; SALATA *et al.*, 2011). Como uma importante fonte de fibras, ajuda a controlar o apetite, regular o intestino, prevenir a sensação de inchaço, bem como a constipação. Além disso, promove a sensação de saciedade (CANNIATTI-BRAZACA, 2006).

O tremoço (*Lupinus albus*) é uma leguminosa que apresenta nutrientes indispensáveis ao bom funcionamento do organismo, como sais minerais (cálcio, ferro e fósforo), vitaminas (B1 e B2) e proteínas. Uma das principais vantagens dessa leguminosa é a regulação da gordura e ajuda no controle da diabete, pois reduz os níveis de açúcar no sangue. No entanto, apesar das vantagens nutricionais, o tremoço apresenta conteúdos elevados de alguns fatores antinutricionais, como alcaloides e taninos, além da pequena quantidade de inibidores de tripsina. Os alcaloides, além de tóxicos, conferem ao grão um amargor característico; e ainda que sua presença limite o uso do tremoço como alimento, esses fatores antinutricionais podem ter seu conteúdo diminuído, ou até mesmo eliminado, por meio de diferentes métodos tecnológicos ou caseiros, por exemplo, o remolho (MOLINA, 2010; TESSITORE, 2008).

CACAU E CAFÉ

Cacau

O cacaueiro (*Theobroma cacao* L.) é a árvore que produz o cacau, um fruto com grande expressão econômica no Brasil e no mundo. O cacau (Figura 5) apresenta talo, casca, polpa, placenta e sementes, e cada fruto pode conter entre 30-40 sementes envoltas numa polpa adocicada, mucilaginosa, levemente presa à placenta (DOYLE *et al.*, 1997).

A principal forma de utilização dos frutos do cacau é, sem dúvida, para a fabricação de chocolates, produtos contendo esse alimento nutritivo, bem como pó de cacau, mas ele também pode ser consumido *in natura* ou em forma de refresco, licor, e outros produtos obtidos de sua polpa (FERREIRA *et al.*, 2013).

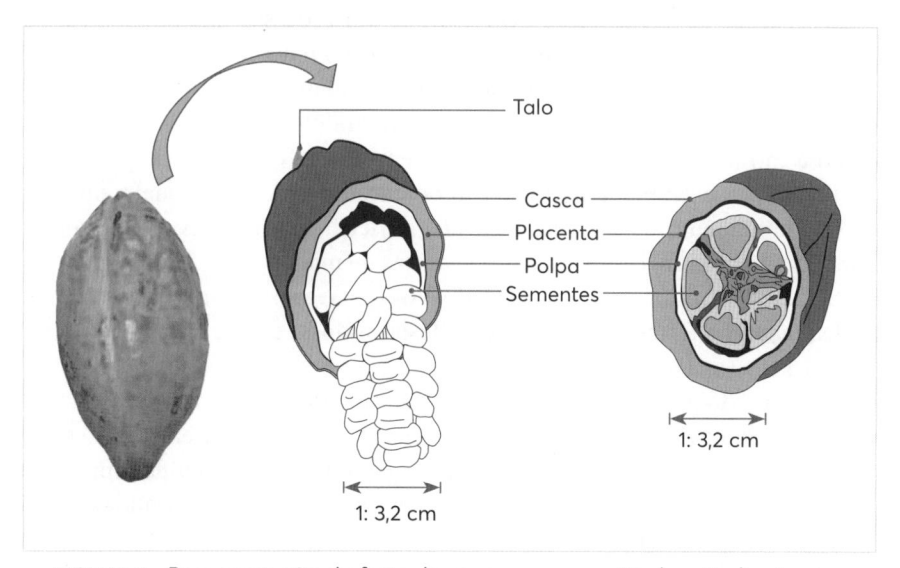

• **FIGURA 5** Representação do fruto do cacau e suas seções longitudinais e transversais. Escala: 1: 3,2 cm.

Fonte: baseada em Ferreira *et al.*, 2013, e Codex Alimentarius Commission, 2013.

Na verdade, os frutos de cacau são as sementes dos frutos do cacaueiro (*Theobroma cacao* L.), árvore que cresce apenas em uma estreita zona equatorial, sendo Forastero, Criollo e Trinitário suas principais variedades. Este último foi descrito como um híbrido entre Criollo e Forastero (DE VUYST; WECKX, 2016). As variedades e os genótipos (cultivares) determinam os rendimentos da colheita e a resistência às doenças, assim como as condições ambientais de cultivo contribuem para a composição, sabor e qualidade dos grãos secos de cacau fermentados. Quanto à composição, verifica-se que, principalmente, os teores de fenólicos e metilxantinas e a atividade antioxidante da semente são afetados não apenas em função de condições ambientais impostas, mas também de região geográfica, variações genéticas e diferentes metodologias de determinação desses compostos (NIEMENAK *et al.*, 2006; CARRILLO; LONDOÑO-LONDOÑO; GIL, 2014).

As sementes de cacau são recobertas por uma polpa branca, doce e rica em açúcares (10-15%), composta principalmente de glicose, frutose e sacarose, além de água (82-87%), pentosanas (2-3%), ácido cítrico (1-3%) e pectina (1-1,5%) (FERREIRA *et al.*, 2013).

Para obter um produto de qualidade, o pré-processamento das sementes do cacau é uma etapa essencial que abrange: colheita; abertura dos frutos; retirada das sementes; extração da polpa ou do exsudado; fermentação das sementes; secagem e, por fim, armazenamento das amêndoas (RAMÔA JÚNIOR, 2011).

As reações de fermentação ocorrem por um processo microbiológico, de ação enzimática, que resulta no melhoramento do *flavor* da semente; se realizado de forma correta, pode resultar em um produto do tipo fino ou especial (SCHWAN; FLEET, 2014). Segundo estes, a metodologia da fermentação, bem como a infraestrutura disponível, variam em função dos locais de produção; no Brasil, por exemplo, a fermentação do cacau ocorre tradicionalmente em caixas de madeira, os chamados cochos de fermentação, mas pode ocorrer também em montes, cestos, caixas ou gavetas de madeira.

Segundo Ferreira *et al.* (2013) e De Vuyst e Weckx (2016), vários fatores podem alterar a fermentação do cacau, destacando-se dentre eles:

- O tempo do processo, o qual depende do tipo de cacau, da época do ano e da metodologia de fermentação empregada, e pode variar entre 3-10 dias.
- Variações sazonais e condições climáticas, uma vez que temperaturas externas baixas dificultam o aumento da temperatura da massa úmida dentro do cocho de cacau.
- A aeração e o tamanho da massa, ou seja, a altura e o volume da massa úmida no cocho de fermentação são influenciados diretamente pelo número de revolvimentos (viradas) ao longo do processo.

- A mistura de diferentes variedades de cacau para o processo, o que pode resultar em lotes fermentados menos homogêneos.
- A morte da semente, o que pode resultar na perda de seu poder germinativo, bem como em sua transformação em amêndoas.

O processo fermentativo da semente consiste em duas categorias de reações: as alcoólicas e as acéticas, as quais ocorrem na polpa e dentro dos cotilédones, conforme a Figura 6 (A e B). Cada uma das reações é realizada por microrganismos específicos, que atuam de forma espontânea e natural (SCHWAN; FLEET, 2014).

Quando se removem a polpa e a semente do cacau de dentro do fruto, por processos manuais ou mecânicos, elas são imediatamente inoculadas com uma variedade de microrganismos do ambiente, muitos dos quais contribuem para a fermentação espontânea dessas matérias-primas (SCHWAN; WHEALS 2004; CAMU *et al.*, 2008; NIELSEN *et al.*, 2008). O processo fermentativo tem várias finalidades:

- Facilitar a remoção da polpa viscosa em torno das sementes e sua subsequente secagem.
- Contribuir para a cor e o sabor durante o desenvolvimento dos grãos de cacau não germinativos, uma vez que evita o crescimento embrionário e ativa as enzimas presente nas sementes.
- Reduzir o amargor e a adstringência, em particular pela troca de compostos por meio da difusão entre os cotilédones da amêndoa do cacau e o meio ambiente (SCHWAN; FLEET, 2014).

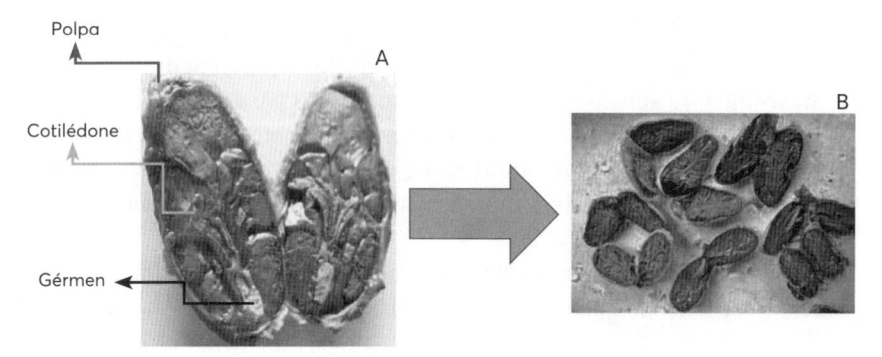

· **FIGURA 6**   A: corte longitudinal do interior de uma semente de cacau, variedade Forastero, com detalhes da polpa, cotilédone e gérmen. B: semente de cacau em fase final de fermentação, já sem o gérmen (após a morte do embrião).

Fonte: baseada em Ferreira *et al.*, 2013.

A fermentação permite eliminação da mucilagem externa, por meio da ação pectinolítica dos microrganismos, suprime a capacidade de germinação e, sobretudo, possibilita o desenvolvimento dos precursores do sabor chocolate dentro dos cotilédones (FERREIRA *et al.*, 2013).

Estudos de vários autores apontam uma diversidade de espécies de leveduras responsáveis pela fermentação dos grãos de cacau, dentre estas: *Hanseniaspora opuntiae/uvarum, Candida krusei, C. famata, C. holmii, Pichia membranaefaciens, Saccharomyces chevalieri* e *Kluyveromyces marxianus* (SCHWAN; FLEET, 2014; DE VUYST; WECKX, 2016; PEREIRA *et al.*, 2017).

O cacau pode ser processado com o intuito de se obter um chocolate caseiro, mas para isso alguns cuidados são necessários, conforme descrito a seguir (GLOBO RURAL, 2018):

- Primeiramente, os frutos maduros devem ser coletados com o uso de uma tesoura e descansar por dois dias.
- Em seguida, os frutos devem ser quebrados para a retirada das sementes e estas colocadas em um isopor com alguns furos no fundo para fermentar. Esse processo precisa ser realizado por 48 horas em recipiente fechado, a fim de permitir que o mel escorra nas primeiras horas da fermentação.
- Após esse período, as sementes devem ser revolvidas a cada 24 horas durante cinco dias, enquanto se observa o desaparecimento da polpa que as recobre. Nessa etapa, é possível notar a mudança do odor de álcool para o de vinagre, e a coloração do material torna-se marrom.
- Após a transformação das sementes com a morte do embrião em razão da presença do ácido acético, as amêndoas de cacau devem ser secas ao sol, espalhadas em uma camada fina, de preferência sob uma tela ou saco plástico e distante de produtos odoríferos e locais com fumaça, a fim de que não absorvam o cheiro devido ao alto teor de gordura que contêm.
- Em seguida, as amêndoas devem ser transferidas para um local com sombra entre 11 e 14 horas, se o sol estiver muito quente, de forma a cobri-las para proteger do clima úmido durante a noite – a secagem deve ser lenta e de dentro para fora até a umidade final de 6-8%; repetir esse processo durante uma semana.
- Indica-se armazenar as amêndoas em saco de aniagem e em local fresco e arejado distante de outros produtos com aroma.

Embora um processo de fermentação primária seja realizado na preparação de cada produto, a fermentação do cacau é absolutamente essencial para o desenvolvimento do sabor; ao passo que, em relação ao café, esse processo é menos crucial para dar sabor e mais importante para a remoção da polpa

(PEREIRA *et al.*, 2017; SCHWAN; FLEET, 2014). Por causa disso, a fermentação do cacau é mais comumente reportada em relação ao processo do café.

Café

O Brasil é o maior produtor e exportador de café do mundo, sendo essa produção de extrema importância na economia do país. A planta de café pertencente ao gênero *Coffea* e à família Rubiaceae, e, dentre as diversas espécies existentes, as principais são a *Coffea arábica* (café arábica) e a *Coffea canephora* (café conilon). O fruto do café tem características de uma polpa doce e fina, tendo em seu interior duas sementes que são os grãos do café (CHALFOUN; FERNANDES, 2013). A Figura 7 ilustra a anatomia do fruto do café.

A qualidade do café tem sido valorizada nos últimos anos, principalmente os cafés especiais. O sabor e o aroma destes são resultado da combinação de vários de seus constituintes químicos voláteis e não voláteis. Dentre eles, destacam-se: ácidos, aldeídos, cetonas, açúcares, proteínas, aminoácidos, ácidos graxos e compostos fenólicos, incluindo também a ação de enzimas, em alguns desses constituintes, geradoras de reações e compostos que interferem no seu sabor (CHALFOUN; FERNANDES, 2013).

O processamento dos grãos de café pode ser realizado, de preferância, por meio de dois métodos, definidos como úmidos ou secos. No processamento úmido, utilizado principalmente para o café arábica, realiza-se a despolpa do fruto maduro e, na sequência, os grãos são submetidos à fermentação submersa por 24-48 horas em tanques (SCHWAN; SILVA; BATISTA, 2012). Ainda segundo esses autores, o processamento a seco é realizado com as frutas inteiras de café, que são secas (ao sol) em plataformas e/ou no chão sem remoção prévia da polpa.

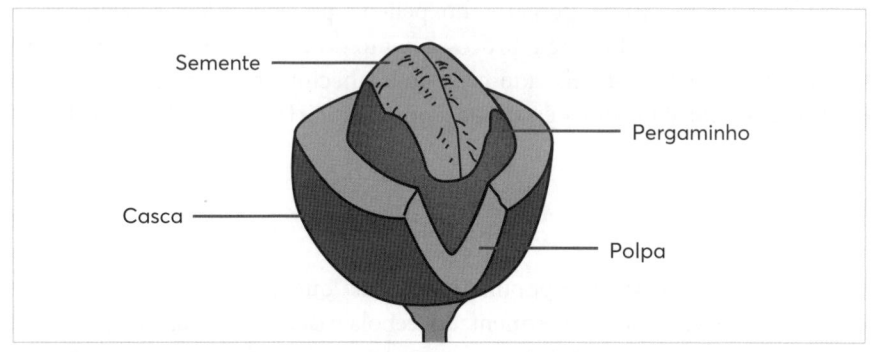

• **FIGURA 7**   Anatomia do fruto de café, de fora para dentro.
Fonte: adaptada de Marcelina; Couto (2018).

Em ambos os processamentos do café pode ocorrer uma fermentação espontânea pelos microrganismos provenientes dos frutos e do ambiente, sendo essa uma etapa na qual a polpa, rica em polissacarídeos (pectinas), é degradada, enquanto os grãos são simultaneamente secos até atingir 11-12% de umidade (SCHWAN; SILVA; BATISTA, 2012). A diferença entre os métodos de processamento refere-se ao tempo requerido para a fermentação, bem como ao conhecimento das espécies microbianas dominantes no café (VILELA *et al.*, 2010).

Alguns pesquisadores relatam mudanças significativas entre as bebidas de café em função dos métodos de seu processamento, uma vez que estes induzem diferentes reações metabólicas na polpa e, consequentemente, afetam as composições químicas dos grãos de café e, portanto, sua qualidade de degustação (HAILE; KANG, 2019).

As revisões de Pereira *et al.* (2017) e Silva (2014) reportam mais de 50 espécies de bactérias e leveduras identificadas durante o processo de fermentação do café. De acordo com Silva (2014), há maior diversidade de bactérias e leveduras no processamento úmido, o que provavelmente se deve a uma maior exposição do fruto à umidade, pois não existe controle de assepsia no local.

As espécies mais comumente encontradas no processamento a seco são: *Bacillus subtilis*, família *Enterobacteriaceae*, *Debaryomyces hansenii*, *Pichia guilliermondii* e *Aspergilus niger*. Com relação ao processamento úmido, destacam-se: *Leuconostoc mesenteroides*, *Lactobacillus plantarum*, *Enterobacteriaceae*, *Bacillus cereus*, *Hanseniaspora uvarum* e *Pichia fermentans* (PEREIRA *et al.*, 2016).

Outra etapa importante no processamento dos grãos de café diz respeito à secagem, uma vez que, se não realizada de forma correta, os grãos se tornam sensível, mostrando-se quebradiços na etapa de beneficiamento. Dessa forma, o café fica propenso a contaminação e deterioração por fungos e bactérias indesejáveis na estocagem (BATISTA *et al.*, 2016).

Levando-se em consideração o fato de uma grande quantidade de subprodutos, como polpa, casca, pergaminho, película prateada, além de águas residuárias, ser formada durante o processamento do café, é possível afirmar que esse processo requer um elevado grau de conhecimento para ser sustentável e destinar de forma correta esses subprodutos (SCHWAN; SILVA; BATISTA, 2012).

ACARAJÉ

O acarajé é uma iguaria popular nordestina que consiste em um bolinho de massa de feijão-fradinho fermentado, cebola e sal, frito em azeite de dendê, tendo como complementos o vatapá, o caruru, a salada de tomate e o camarão seco e defumado (SAMPAIO, 2015).

O feijão-fradinho (*Vigna unguiculata*), principal ingrediente no preparo das massas de acarajé e abaré, recebe várias denominações, como: "feijão de massacar", "feijão macaçá", "sempre verde", "pitituba" e "feijão de corda" (SANTOS, 2004). Esse tipo de feijão tem como característica não produzir caldo (facilita a fritura) e apresentar um sabor mais frutado (FREIRE FILHO, 2011; FIGUEROA, 2016).

Para preparar o bolinho, sugere-se deixar uma porção de feijão-fradinho de remolho em água filtrada por 24 horas, filtrando e descartando a água após esse período. A casca dos feijões deve ser retirada e estes, acrescidos de cebola, sal e pimenta, homogeneizados no liquidificador e transferidos para um recipiente, coberto com um tecido fino, deixando-se fermentar durante 24 horas em temperatura ambiente. Após esse período, a massa terá aumentado de tamanho em decorrência da ação dos microrganismos, de maneira semelhante ao que ocorre em pães (Figura 8A). Essa massa deve ser processada na batedeira, a fim de promover uma aeração e desnaturação proteica, por no mínimo 10 minutos. Depois disso, estará pronta para o molde em forma de bolinhos, os quais podem ser fritos (Figura 8B), caso se deseje o acarajé. Também é possível utilizar a massa para fazer panquecas (adaptado de SILVA, 2017).

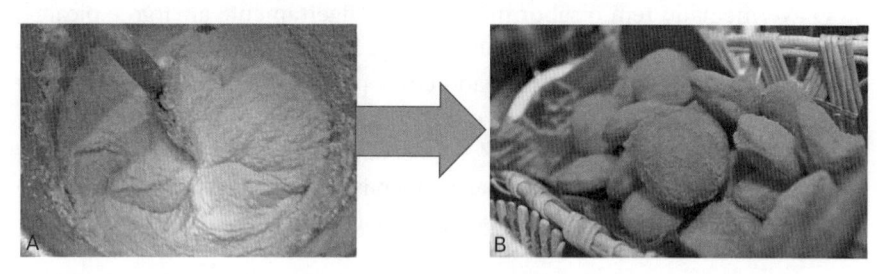

• **FIGURA 8**   A: massa de acarajé após a fermentação. B: bolinho de acarajé frito.
Fonte: Silva, 2017.

Segundo Guo *et al.* (2021), a fermentação espontânea de feijão-fradinho ocorre em razão da ação de bactérias láticas naturalmente presentes no grão, como *Levilactobacillus, Lactiplantibacillus, Companilactobacillus, Pediococcus, Lactobacillus, Weissella* e *Pseudomonas*. Os autores ainda sugerem que o feijão--fradinho é uma excelente fonte de bactérias láticas para serem isoladas.

MISSÔ

A fermentação de grãos de soja é um método muito antigo utilizado principalmente em países asiáticos, como China, Japão, Coreia do Sul e Tailândia.

O miso ou missô, como também é chamado no Brasil, é um ingrediente tradicional da culinária japonesa (Figura 9), obtido a partir da fermentação de arroz, cevada e soja com sal, resultando em uma pasta utilizada para fazer a sopa de missô ou misoshiru, ou empregada como tempero na culinária (Deshpande, 2000).

Os missôs variam conforme os tipos de grãos utilizados, como trigo, arroz e cevada, a quantidade de sal e o tempo de fermentação. Existem três principais tipos de missô: branco, amarelo e vermelho.

O branco é considerado o mais doce e leve de todos, além de ser um dos missôs mais produzidos no Japão, com menor concentração de soja e fermentação mais rápida (algumas semanas). Pode ser utilizado em sopas, molhos para saladas e molhos leves (FLEISHMAN, 2020; KAWANAMI, 2016; KUMAZAWA *et al.*, 2013).

O amarelo tem coloração dourada ou castanho-clara, com período de fermentação de aproximadamente um ano e sabor ainda considerado leve, entre o branco e o vermelho – ou seja, é mais salgado que o branco, porém menos salgado que o vermelho –, podendo ser utilizado em sopas, cozidos e outros pratos da culinária japonesa (FLEISHMAN, 2020; KAWANAMI, 2016; KUMAZAWA *et al.*, 2013).

O avermelhado tem o sabor mais salgado, ligeiramente amargo e picante, além de conter um percentual maior de soja e fermentação mais longa, que pode chegar a três anos. É empregado em sopa de missô por causa do sabor mais rico e profundo, assim como em marinadas e refogados (FLEISHMAN, 2020; KAWANAMI, 2016; KUMAZAWA *et al.*, 2013).

O missô tem alto valor nutricional e minerais, como manganês, zinco, fósforo e cobre, além de ser uma boa fonte de proteína, fibras e vitamina B12. Seu caráter

• **FIGURA 9** Tipos de missô.
Fonte: Kawanami, 2016.

probiótico contribui para uma boa digestão, além de possuir poderosos antioxidantes, que auxiliam no combate aos radicais livres do organismo, protegendo as membranas celulares do envelhecimento (KUMAZAWA *et al.*, 2013).

Para o preparo do missô, deve-se primeiramente obter o *koji*, deixando uma porção de arroz de remolho por 12 horas. Após esse período, filtre e cozinhe no vapor até o ponto de consistência de uma borracha (por causa da escassez de água), conforme a Figura 10A. Deixe esfriar até 40 °C e adicione o fungo *Koji kin* (*Aspergillus orizae*), industrializado ou de fabricação própria (ver Capítulo 13), mexendo até obter uma pasta homogênea. Durante todo o processo fermentativo, com variação entre 12-24 horas, é crucial a manutenção da temperatura ótima (40 °C), pois ela tende a se elevar e pode atingir 60 °C, o que inviabilizaria a sobrevivência do fungo. O ponto final e ideal da fermentação é obtido quando a superfície da pasta de arroz está coberta por um fungo branco (Figura 10B), exalando um aroma agradável de fermento (FLEISHMAN, 2020; KAWANAMI, 2016; KUMAZAWA *et al.*, 2013).

Para o preparo do missô, sugere-se medir meia porção de soja (referente à porção de arroz utilizada), deixando de remolho durante 8 horas. Após esse período, deve-se cozinhar em água filtrada, resfriar e adicionar ao *koji* em um processador, misturando até atingir a consistência de uma pasta, acrescida de meia porção do sal de sua preferência (Figura 11). Transfira essa pasta para recipientes plásticos estéreis, devidamente cobertos com filme plástico e tampados, a fim de evitar o contato com o ar, e aguarde alguns meses, conforme a preferência de fermentação.

Os principais microrganismos presentes no missô são as bactérias *Lactobacillus delbrueckii* e *Pediococcus halophilus* (SHURTLEFF; AOYAGI, 1983; TAMANG, 2016), as leveduras *Candida* e *Zygosaccharomyces* (MONTET; RAY, 2020; TAMANG, 2016) e o fungo filamentoso *Aspergillus* (DIMIDI *et al.*, 2019; TAMANG, 2016).

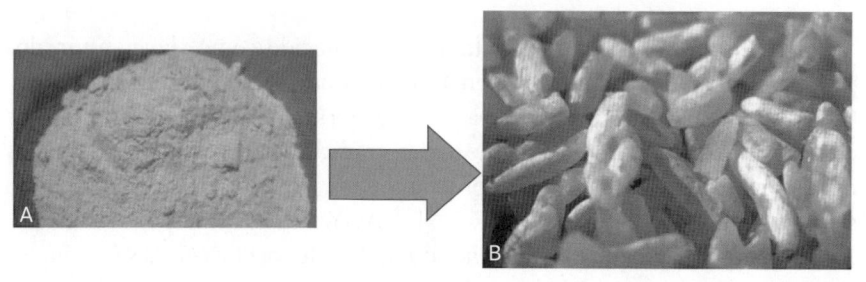

• **FIGURA 10** A: consistência de borracha, pós-cozimento do arroz. B: pasta de arroz coberta pelo fungo branco.
Fonte: adaptado de Ono, 2009.

• **FIGURA 11** *Koji* acrescido de sal.
Fonte: Ono, 2009.

As leveduras, presentes nos alimentos fermentados, desempenham a importante função de fermentar açúcares, para a produção de metabólitos secundários capazes de inibir o crescimento de bolores produtores de micotoxinas, aliado a diversas atividades enzimáticas, como a lipolítica, a proteolítica ou a glicosídica; e metabolizar o açúcar, produzindo álcoois e contribuindo para o aroma do missô. Além do álcool, elas também produzem proteínas, vitaminas e minerais, que contribuem no enriquecimento desses alimentos fermentados (MONTET; RAY, 2020; TAMANG, 2016).

O papel principal dos fungos filamentosos é a produção de enzimas proteolíticas e lipolíticas, que iniciam a degradação do material cru. O produto resultante (*koji*) atua como ponto de partida para a fermentação por bactérias e/ou leveduras na continuação do processo. Os bolores também contribuem para o aroma e a textura do produto final (DIMIDI *et al.*, 2019; GHATANI; TAMANG, 2017).

MOLHO DE SOJA

O molho de soja (Figura 12), também conhecido como *shoyu*, é um dos produtos de soja mais conhecidos em todo o mundo, sobretudo em países asiáticos, tradicionalmente produzido a partir da fermentação dessa leguminosa e do trigo. O modo de produção pode variar: tradicional ou químico, ocasionando alterações significativas no sabor e na textura, além de riscos à saúde, caso seja consumido em excesso (SHURTLEFF; AOYAGI, 2012).

No campo nutricional, uma colher do molho de soja fornece 38% da ingestão diária de sal recomendada. Embora tenha uma quantidade relativamente alta de proteínas e carboidratos em volume, não é uma fonte significativa desses nutrientes (NUTRITION DATA, 2021).

• **FIGURA 12** Molho de soja.
Fonte: Aditivos & Ingredientes, [s. d.].

Os processos de fermentação, envelhecimento e pasteurização resultam em uma mistura altamente complexa de mais de 300 substâncias que contribuem para o aroma, o sabor e a cor do molho de soja. Esses processos incluem: álcoois, açúcares, aminoácidos, como o ácido glutâmico (glutamato), e também ácidos orgânicos. As quantidades dessas substâncias mudam significativamente dependendo dos ingredientes básicos, da tensão do molde e do método de produção (LUH, 1995; YOKOTSUKA, 1985).

O *shoyu* é preparado a partir de quatro ingredientes básicos: soja, trigo, sal e agentes de fermentação. Para o seu preparo, adaptado de *Aditivos & Ingredientes* ([s. d.]) e Yokotsuka (1985), sugere-se:

- Deixar uma porção de grãos de soja em remolho por 15 horas em temperatura ambiente, trocando a água com frequência para evitar a acidificação do meio.

- Os grãos devem ter seu tamanho dobrado após o período do remolho e então ser filtrados e cozidos em panela de pressão durante uma hora.

- Após o cozimento, filtração e resfriamento até temperatura ambiente, acrescenta-se uma porção de farinha de trigo tostada e moída grosseiramente aos grãos, misturando-os bem. O *koji*, industrializado ou de fabricação própria, deve ser inoculado a essa mistura em bandejas rasas, geralmente de madeira com fundo perfurado, a fim de garantir a aeração ideal para o crescimento do fungo.

- A fermentação estará completa após 36 horas, em um ambiente com temperatura de 30 ºC.

- Transferir essa torta para recipientes esterilizados e adicionar salmoura em torno de 20% de cloreto de sódio, homogeneizando bem. Cobrir o recipiente com um tecido, tampando-o sem fechá-lo completamente. Essa massa recebe o nome de *moromi* e deve permanecer em temperatura ambiente de seis meses a três anos para que o processo fermentativo se desenvolva.

- Após o período de fermentação, o conteúdo deve ser prensado para que se separe o molho da torta o mais rápido possível, a fim de evitar a perda de aromas.
- O molho obtido deve ser pasteurizado, entre 70-80 °C, por um minuto, e posteriormente engarrafado.

Ao longo da fermentação do molho de soja ocorre uma sucessão microbiana. Na primeira etapa, o fungo *Aspergillus orizae* é o responsável pela quebra enzimática de proteínas insolúveis, originando polipeptídeos solúveis e aminoácidos. Esse fungo também hidrolisa o amido do trigo, gerando açúcares menos complexos e tornando-os fermentescíveis. Na segunda etapa, predominam bactérias láticas homofermentativas tolerantes a altas concentrações de sal, como *Lactobacillus delbruckii*, *Pediococcus cerevisae* e *Pediococcus soyae*, e também leveduras tolerantes a altas concentrações de sal, como *Saccharomyces rouxii*, *Zygosaccharomyces soya* e *Zygosaccharomyces major*. As leveduras presentes utilizam os substratos da primeira etapa para formar álcoois, principalmente o etanol (DESHPANDE, 2000).

NATTO

Natto ou natô é um alimento tradicionalmente fermentado a partir da soja, descoberto há mais de mil anos na região norte do Japão, que apresenta cheiro semelhante ao de amônia e consistência parecida com a do muco, o que o torna um produto divisor de opiniões (KIUCHI *et al.*, 1976; HOBART, 2020). No entanto, segundo este último autor, os japoneses há muito tempo consideram o natto um superalimento, pois acreditam que seu consumo está relacionado a um melhor fluxo sanguíneo e à redução do risco de acidente vascular cerebral, características particularmente atraentes em um país que abriga uma das populações mais velhas do mundo.

Segundo Kichi *et al.* (1976), há três tipos de natto: o "Itohiki-natô", o "Hama-natô" e o "Yukiwari-natô". O "Itohiki-natô" é produzido em grande quantidade no leste japonês. Já o "Hama-natô" é um alimento produzido somente em determinadas localidades específicas do Japão, como na vizinhança de Hamamatsu, tendo assim uma produção mais limitada; é obtido por meio de fermentação com as espécies do fungo *Aspergillus* e tem gosto semelhante ao miso de soja, sendo um produto pertencente à categoria de *shih* e *shoyu*. Com relação ao "Yukiwari-natô", ele é feito à base da mistura de "Itohiki-natô" com sal e *koji* de arroz e agitado em temperatura de 25-30 °C por duas semanas. Como ocorre com o molho de soja e o miso, o fungo escolhido para preparar o *koji* de arroz é o *Aspergillus oryzae* (KIUCHI *et al.*, 1976; SUNAO, 2001).

Produtos à base de natto geralmente têm cor escura, possuem elevado teor de ácidos graxos livres e alta digestibilidade, em decorrência da hidrólise parcial das proteínas da soja. Algumas pesquisas indicam que o teor de vitamina B2 aumenta durante o processo de fermentação; já o teor de lipídios e ácidos graxos variam em função do tipo de natto (ROSA *et al.*, 2009).

A Figura 13 apresenta o processo fermentativo para a fabricação do natto tradicional, bem como suas propriedades nutritivas.

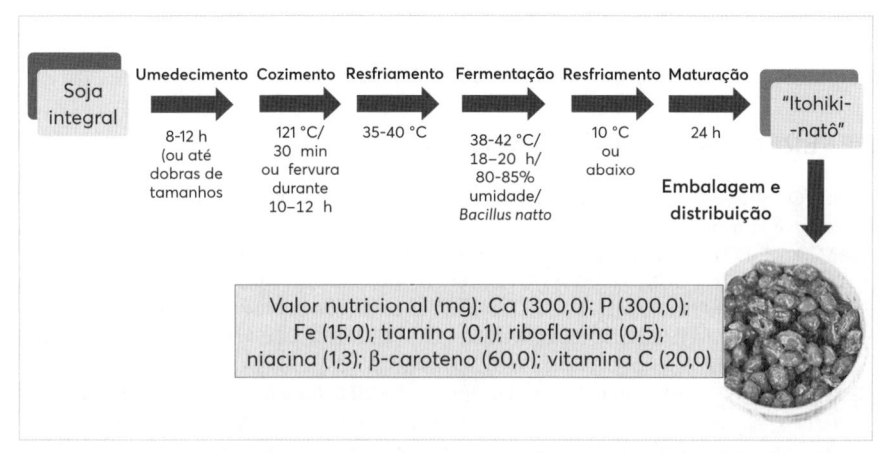

• **FIGURA 13**   Processo fermentativo de produção do natto tradicional ("Itohiki-natô") e sua composição nutricional.

Fonte: baseada em Sunao, 2001, e Kiuchi, 2001.

Segundo o conselheiro de exportação de soja dos EUA, Will McNair, o mercado de natto atingiu uma alta recorde em seu faturamento, de cerca de dois bilhões e meio de dólares, em 2019, um aumento de 48% em relação a 2013. De acordo com McNair, estima-se que somente em abril de 2020 o mercado de natto no Japão tenha atingido aproximadamente 1.080.000 dólares em valor de exportação elevado devido ao aumento da demanda (MCNAIR, 2020).

OUTROS TIPOS

A diversidade de alimentos e bebidas fermentados a partir de cereais e leguminosas é grande, empregando desde subprodutos, como sementes de abóbora e algodão, passando pelos mais comuns, como amendoim, gergelim, e chegando a outros peculiares, como pinhão e chia (BLANDINO *et al.*, 2003; VALERO-CASES *et al.*, 2020).

As características dos processos fermentativos nesses grãos são similares, envolvendo em sua maioria uma fase de germinação, seguida da fermentação.

Os principais tipos de microrganismos presentes na microbiota de leguminosas são bactérias, bolores e leveduras, responsáveis pelo aroma, textura, sabor e propriedades funcionais dos produtos. As bactérias são os microrganismos dominantes presentes tanto nos alimentos naturalmente fermentados como naqueles adicionados de cultura *starter*. Dentre as bactérias, as láticas são as mais comuns, e as não láticas podem estar presentes, porém geralmente em menor concentração.

Novos produtos podem ser obtidos por meio da variação ou combinação de grãos, bem como das condições de fermentação.

REFERÊNCIAS BIBLIOGRÁFICAS

ADITIVOS E INGREDIENTES. *Shoyo: da origem à industrialização*. Disponível em: https://aditivosin-gredientes.com.br/artigos/todos/shoyu-da-origem-a-industrializacao. [S. d.]. Acesso em: 17 mar. 2021.

AMANG, J. P. *Ethnic fermented foods and alcoholic beverages of Asia*. Springer, 2016. *E-book*.

BATISTA, L.; CHALFOUN, S.; BATISTA, C. F.; SCHWAN, R. Coffee: types and production. *Encyclopedia of Food and Health*. 2016. Doi: 10.1016/B978-0-12-384947-2.00184-7. Acesso em: 31 jul. 2022.

BLANDINO, A.; AL-ASEERI, M. E.; PANDIELLA, S. S.; CANTERO, D.; WEBB, C. Cereal-based fermented foods and beverages. *Food Research International*. v. 36, p. 527-543, 2003.

CAMU, N; DE WINTER, T; ADDO, S. K; TAKRAMA, J. S; BERNAERT, H; DE VUYST, L. Fermentation of cocoa beans: influence of microbial activities and polyphenol concentrations on the flavour of chocolate. *Journal of the Science of Food and Agriculture*, v. 88, n. 13, p. 2288-2297, 2008.

CANNIATTI-BRAZACA, S. G. Valor nutricional de produtos de ervilha em comparação com a ervilha fresca. *Ciência e Tecnologia de Alimentos*. v. 26, n. 4, p. 766-771, out./dez. 2006.

CARRILLO, L. C.; LONDOÑO-LONDOÑO, J.; GIL, A. Comparison of polyphenol, methylxanthines and antioxidant activity in Theobroma cacao beans from different cocoa-growing areas in Colombia. *Food Research International*, v. 60, p. 273-280, 2014.

CARVALHO, O. T. *Carotenoides e composição centesimal de ervilhas (Pisum sativum L.) cruas e processadas*. 2007. 93 p. Dissertação (Mestrado em Ciência dos Alimentos) – Faculdade de Ciências Farmacêuticas, Universidade de São Paulo, São Paulo, 2007.

CHALFOUN; S. M.; FERNANDES, A. P. Efeitos da fermentação na qualidade da bebida do café. *Visão Agrícola*. n. 12, p. 105-108, 2013.

CHEN, J. M.; AL, K. F.; CRAVEN, L. J.; SENEY, S.; COONS, M.; MCCORMICK, H.; REID, G.; O'CONNOR, C.; BURTON, J. P. Nutritional, microbial, and allergenic changes during the fermentation of cashew "cheese" product using a quinoa-based *rejuvelac* starter culture. *Nutrients*, v. 12, p. 648-660, 2020.

CODEX ALIMENTARIUS COMMISSION (CAC). *Code of practice for the prevention and reduction of ochratoxin A contamination in cocoa* (CAC/RCP 72-2013) FAO; Rome, Italy: 2013. Joint FAO/WHO Food Standards Program. Disponível em: http://www.fao.org/input/download/standards/13601/CXP_072e.pdf. Acesso em: 31 jul. 2022.

DE VUYST, L.; WECKX, S. The cocoa bean fermentation process: from ecosystem analysis to starter culture development. *Journal of Applied Microbiology*, v. 121, p. 5-17, 2016. https://doi.org/10.1111/jam.13045. Acesso em: 31 jul. 2022.

DESHPANDE, S. S. *Fermented grain legumes, seeds and nuts*: a global perspective. Food and Agriculture Organization of the United Nations. 2000. Disponível em: https://books.google.com.br/books?id=x-q5Nxnd7v5MC&printsec=frontcover&hl=pt-BR&source=gbs_ge_summary_r&cad=0#v=onepage&q&f=false. Acesso em: 9 nov. 2022.

DIMIDI, E.; COX. S. R.; ROSSI, M.; WHELAN, K. Fermented foods: definitions and characteristics, impact on the gut microbiota and effects on gastrointestinal health and disease. *Nutrients*, v. 11, n. 8, p. 1806-1832, 2019.

DOYLE, M. P.; BEUCHAT, L. R.; MONTVILLE, T. J. *Food microbiology*: fundamentals and frontiers. 2. ed. Washington: ASM, 1997.

EWERLING, M.; STEINMACHER, N. C.; SANTOS, M. R.; KALSCHNE, D. L.; SOUZA, N. E.; ARCANJO, F. M.; SOUZA, A. H. P.; RODRIGUES, A. C. Defatted chia flour improves gluten-free bread nutritional aspects: a model approach. *Food Science and Technology*, v. 40 (Suppl. 1), p. 68-75, jun, 2020.

FERREIRA, A. C. R.; AHNERT, D.; MELO NETO, B. A.; NETTO MELLO, D. L. *Guia de beneficiamento de cacau de qualidade*. Instituto Cabruca. Ilhéus, Bahia: 2013. Disponível em: https://vdocuments.mx/guia-beneficiamento-de-cacau-de-qualidade.html. Acesso em: 31 jul. 2022.

FIGUEROA, A. M. *Caracterização de amidos obtidos de diferentes feijões e sua aplicação em filmes biodegradáveis*. 2016. 101 p. Dissertação (Mestrado em Ciência e Tecnologia de Alimentos) – Universidade Estadual de Ponta Grossa, Ponta Grossa, 2016.

FLEISHMAN, C. Put miso in your 2020 menus. *International Probiotics Association*, 23 jan. 2020. Disponível em: https://internationalprobiotics.org/put-miso-in-your-2020-menus/. Acesso em: 31 jul. 2022.

FREIRE FILHO, F. R. *Feijão-caupi no Brasil*: produção, melhoramento genético, avanços e desafios. Teresina: Embrapa Meio-Norte, 2011.

GHATANI, K.; TAMANG., B. Assessment of probiotic characteristics of lactic acid bacteria isolated from fermented yak milk products of Sikkim, India: *Chhurpi, Shyow*, and *Khachu*. *Food Biotechnology*, v. 31, n. 3, p. 210-232, 2017.

GLOBO RURAL. *Aprenda a processar cacau e produzir chocolate caseiro*. 2018. Disponível em: https://revistagloborural.globo.com/vida-na-fazenda/gr-responde/noticia/2018/04/aprenda-processar-cacau-e-produzir-chocolate-caseiro.html. Acesso em: 31 jul. 2022.

GUO, Z.; WANG, Y.; XIANG, F.; HOU, Q.; ZHAG, Z. Bacterial diversity in pickled cowpea (*Vigna unguiculata* [Linn.] Walp) as determined by Illumina MiSeq sequencing and culture-dependent methods. *Current Microbiology*, v. 78, n. 4, p. 1286-1297, abr. 2021.

HAILE, M.; KANG, W. H. The role of microbes of coffee fermentation. *Journal of Food Quality*, Cairo, v. 2019 (2019). Doi: 10.1155/2019/4836709. Acesso em: 31 jul. 2022.

HENDGES, D. H. *Produção de cervejas com teor reduzido de etanol, contendo quinoa malteada como adjunto*. 2014. 94 p. Tese (Doutorado em Biotecnologia Industrial) – Escola de Engenharia de Lorena da Universidade de São Paulo, Lorena, 2014.

HOBART, E. *Natto, o superalimento japonês que parece muco e cheira mal*, 5 set. 2020. Disponível em: https://www.bbc.com/portuguese/geral-53970021. Acesso em: 31 jul. 2022.

KAWANAMI, S. *Sete curiosidades sobre o misso, sinônimo de saúde e longevidade no Japão*. 24 nov. 2016. Disponível em: https://www.japaoemfoco.com/7-curiosidades-sobre-miso-sinonimo-de-saude-e-longevidade-no-japao/. Acesso em: 9 nov. 2022.

KIUCHI, K. Miso & natto. *Food Culture*, v. 3, p. 7-10, 2001.

KIUCHI, K.; OHTA, T.; ITOH, H.; TAKABAYASHI, T.; EBINE, H. Studies of lipids of natto. *Journal of Agricultural and Food Chemistry*, v. 24, n. 2, p. 404-407, 1976.

KUMAZAWA, K.; KANEKO, S.; NISHIMURA, O. Identification and characterization of volatile components causing the characteristic flavor in miso (Japanese fermented soybean paste) and heat-processed miso products. *Journal of Agricultural and Food Chemistry*, v. 61, p. 11968-11973, 2013.

LEGNAIOLI, S. *Portal eCycle*. Disponível em: https://www.ecycle.com.br/8045-*rejuvelac*.html. Acesso em: 31 jul. 2022.

LUH, B. S. Industrial production of soy sauce. *Journal of Industrial Microbiology*, v. 14, p. 467-471, 1995.

MARCELINA, C.; COUTO, C. *Sou barista*. São Paulo: SENAC, 2018. 202 p.

MCNAIR, W. *Surge in natto's popularity may help swell soybean demand*, 2020. Disponível em: https://ussoy.org/surge-in-nattos-popularity-may-help-swell-soybean-demand/. Acesso em: 31 jul. 2022.

MELO, M. L. P.; MAIA, G. A.; SILVA, A. P. V.; OLIVEIRA, G. S. F.; FIGUEIREDO, R. W. Caracterização físico-química da amêndoa da castanha de caju (*Anacardium occidentale L.*) crua e tostada. *Ciência e Tecnologia de Alimentos*, Campinas, v. 18, n. 2, maio/jul. 1998.

MOLINA, J. P. *Fracionamento da proteína e estudo termoanalítico das leguminosas*: grão-de-bico (*Cicer aeritinum*), variedade cícero e tremoço branco (*Lupinus albus L.*). 2010. 68 p. Dissertação (Mestrado em Alimentos e Nutrição) — Universidade Estadual Paulista Júlio de Mesquita Filho, Araraquara, 2010.

MONTET, D.; RAY, R .C. *Fermented foods part 1*: biochemistry and biotechnology. CRC Press, 2020.

MUÑOZ, L. A.; COBOS, A.; DIAZ, O.; AGUILERA, J. M. Chia seeds: microstructure, mucilage and hydration. *Journal of Food Engineering*, v. 108, n. 1, p. 216-224, 2012.

NIELSEN, D. S.; SNITKJAER, P.; VAN DEN BERG, F. Investigating the fermentation of cocoa by correlating Denaturing Gradient Gel Electrophoresis profiles and Near Infrared spectra. *International Journal of Food Microbiology*, v. 125, p. 133-140, 2008.

NIEMENAK, N.; ROHSIUS, C.; ELWERS, S.; NDOUMOU, D. O.; LIEBEREI, R. Comparative study of different cocoa (*Theobroma cacao L.*) clones in terms of their phenolics and anthocyanins contents. *Journal of Food Composition and Analysis*, v. 19, n. 6-7, p. 612-619, 2006.

NUTRITION DATA. *Soy (shoyu) sauce made from soy and wheat*: facts and calories. Disponível em: https://nutrifox.com/nutrition/soy-sauce-made-from-soy-and-wheat-shoyu. Acesso em: 9 nov. 2022.

NUTRITOTAL PARA TODOS. *Como fazer queijo vegano*. 2020. Disponível em: https://nutritotal.com.br/publico-geral/material/como-fazer-queijo-vegano/. Acesso em: 9 nov. 2021.

ONO, M. *Misso*: passo-a-passo. 2009. Disponível em: http://marisaono.com/delicia/2009/09/27/misso--passo-a-passo/. Acesso em: 31 jul. 2022.

PEREIRA, G. V. M.; SOCCOL, V. T.; SOCCOL, C. R. Current state of research on cocoa and coffee fermentations. *Current Opinion in Food Science*, v. 7, p. 50-57, 2016.

PEREIRA, G. V. M.; SOCCOL, V. T.; BRAR, S. K.; NETO, E.; SOCCOL, C. R. Microbial ecology and starter culture technology in coffee processing. *Critical Reviews in Food Science Nutrition*, n. 2, v. 57(13), p. 2775-2788. Doi: 10.1080/10408398.2015.1067759. PMID: 26462969.

RAMÔA JÚNIOR, A. G. A. *Comportamento cinético de compostos polifenólicos e enzimas oxidativas na fermentação de cacau da Amazônia*. 2011. 93 p. Dissertação (Mestrado em Ciência e Tecnologia de Alimentos) – Instituto de Tecnologia (ITEC), Universidade Federal do Pará, Belém, 2011.

RAVENSTHORPE, M. *Amaranto*: um grão sem glúten, rico em proteínas e minerais. 22 mar. 2020. Disponível em: https://www.essentialnutrition.com.br/conteudos/amaranto/. Acesso em: 31 jul. 2022.

ROSA, A. M.; CLAVISO, J.; PASSOS, L. M. L.; AGUIAR, C. L. Alimentos fermentados à base de soja (*Glycine max* (Merrill) L.): importância econômica, impacto na saúde e efeitos associados às isoflavonas e seus açúcares. *Revista Brasileira de Biociências*, v. 7, n. 4, 2009.

SALAS, A. G. V. *Elaboração de produtos com características funcionais à base de quinoa (Chenopodium quinoa Willd.)*. 2011. 106 p. Dissertação (Mestrado em Tecnologia de Alimentos) – Faculdade de Ciências Farmacêuticas, Universidade de São Paulo, São Paulo, 2011.

SALATA, A. C.; GODOY, A. R.; KANO, C.; HIGUTI, A. R. O.; CARDOSO, A. I. I.; EVANGELISTA, R. M. Produção e qualidade de frutos de ervilha torta submetidas a diferentes níveis de adubação potássica. *Nucleus*, v. 8, n. 2, p. 127-134, out. 2011.

SAMPAIO, A. F. *Avaliação microbiológica e química de acarajés comercializados na cidade de Cruz das Almas, Bahia*. 2015. Dissertação (Mestrado em Microbiologia) – Universidade Federal do Recôncavo Bahiano, Cruz das Almas, 2015.

SANTOS, M. A. F. *Composição química e valor nutritivo de acarajé e abará comercializados em Salvador-BA*. 2004. 84 p. Dissertação (Mestrado em Nutrição) – Universidade Federal da Bahia, Salvador, 2004.

SCHWAN, R. F.; FLEET, G. H. (ed.). *Cocoa and coffee fermentations*. CRC Press, 2004.

SCHWAN, R.; SILVA, C.; BATISTA, L. *Coffee fermentation*. 2012. Doi: 10.1201/b12055-49. Acesso em: 31 jul. 2022.

SCHWAN, R. F.; WHEALS, A. E. The microbiology of cocoa fermentation and its role in chocolate quality. *Critical Reviews in Food Science and Nutrition*, v. 44, p. 205-221, 2004.

SCOTT, R.; SULLIVAN, W. C. Ecology of fermented foods. *Human Ecology Review*, p. 25-31, 2008.

SHAH, S. M. S.; ULLAH, F.; MUNIR, I. Biochemical characterization for determination of genetic distances among different indigenous chickpea (*Cicer arietinum* L.) varieties of North-West Pakistan. *Brazilian Journal of Biology*, v. 81, n. 4, p. 977-988, 2021.

SHONS, P. F.; LEITE, A. V.; NOVELLO, D.; BERNARD, D. M.; MORATO, P. N.; ROCHA, L. M.; REIS, S. M. P. M.; MIYASAKA, C. K. Eficiência proteica da lentilha (*Lens culinaris*) no desenvolvimento de ratos Wistar. *Alimentos e Nutrição*, v. 20, n. 2, p. 255-260, abr./jun. 2009.

SHURTLEFF, W.; AOYAGI, A. *History of soy sauce (160 CE-2012)*: extensively annotated bibliography and source book. Lafayette: Soyinfo Center, 2012. Disponível em: https://www.soyinfocenter.com/pdf/153/Sauc.pdf. Acesso em: 31 jul. 2022.

SHURTLEFF, W.; AOYAGI, A. *The book of miso*. Ten Speed Press, 1983.

SILVA, C. F. Microbial activity during coffee fermentation. *In*: SCHWAN, R. F.; FLEET, G. H. (ed.). *Cocoa and coffee fermentations*. CRC Press, 2014.

SILVA, S. Receita de acarajé tradicional da Bahia. *Tudo Receita*. 2017. Disponível em: https://www.tudo-receitas.com/receita-de-acaraje-tradicional-da-bahia-6321.html. Acesso em: 31 jul. 2022.

SUNAO, S. Alimentos orientais. *In*: AQUARONE, E.; SCHMIDELL, W.; LIMA, U. A. (ed.). *Biotecnologia industrial*: biotecnologia na produção de alimentos. São Paulo: Edgard Blücher, 2001. p. 465-489.

SUSTENTAREA. *Receita de rejuvelac*. Núcleo de Extensão da USP sobre alimentação sustentável. 2019. Disponível em: http://www.fsp.usp.br/sustentarea/2019/02/23/receita-*rejuvelac*/. Acesso em: 31 jul. 2022.

TAMANG, J. P.; WATANABE, K; HOLZAPFEL, W. H. Review: Diversity of microorganisms in global fermented foods and beverages. *Frontiers in Microbiology*, v. 7, p. 377, 2016.

TESSITORE, M. T. *Obtenção de extrato aquoso solúvel de tremoço amargo (Lupinus campestris)*. 2008. 81 p. Dissertação (Mestrado em Alimentos e Nutrição) – Faculdade de Ciências Farmacêuticas, Universidade Estadual Paulista Júlio de Mesquita Filho, Araraquara, 2008.

TIENGO, A. *Bioatividade do grão de amaranto avaliação in vitro da atividade ligante de ácidos biliares e inibidora da enzima angiotensina*. 2007. 94 p. Dissertação (Mestrado em Engenharia de Alimentos) – Faculdade de Engenharia de Alimentos, Universidade Estadual de Campinas, Campinas, 2007.

VALERO-CASES, E.; CERDÁ-BERNARD, D.; PASTOR, J. J.; FRUTOS, M. J. Non-dairy fermented beverages as potential carriers to ensure probiotics, prebiotics, and bioactive compounds arrival to the gut and their health benefits. *Nutrients*, v. 12, p. 1666-1684, 2020.

VILELA, D. M.; PEREIRA, G. V.; SILVA, C. F.; BATISTA, L. R.; SCHWAN, R. F. Molecular ecology and polyphasic characterization of the microbiota associated with semi-dry processed coffee (*Coffea arabica* L.). *Food Microbiology*, London, v. 27, n. 8, p. 128-135, 2010.

YOKOTSUKA, T. Soy sauce biochemistry. *Advances in Food Research*, v. 30. p. 195-329, 1985.

ZAMBERLAN, R. *Receitas de patês e vegetais*. Disponível em: https://pdfcoffee.com/queijos-iogurtes-e--outras-delicias-fermentadas-pdf-free.html. Acesso em: 9 nov. 2022.

12

Fermentação de produtos animais

Lucas Brandão Medina
Vanessa Alves Vieira

INTRODUÇÃO

A introdução da carne na alimentação sempre esteve ligada à evolução das civilizações. Os primeiros indícios de consumo mais aprimorado da carne surgiram com a descoberta do fogo. Depois houve a aproximação do homem e dos animais com o desenvolvimento da pecuária. Assim, passou a existir a preocupação com a alimentação e a morte do animal, pois ambas interfeririam diretamente no sabor e na qualidade do produto final. Estabeleceram-se, então, novas regras de abate, priorizando uma melhor variedade para a alimentação dos animais (PICHI, 2019).

Na cultura medieval, a carne era vista como símbolo de força, poder e riqueza, sendo reservada apenas aos nobres e guerreiros, pessoas que ocupavam o topo da hierarquia social. Para pessoas de menor poder aquisitivo eram destinados produtos de origem vegetal e crus, conforme descreve Amatuzzi (2016).

Com o passar do tempo e o desenvolvimento das sociedades, o consumo de carne aumentou, criando-se a necessidade de métodos para a conservação desse alimento tão perecível. Foi nesse momento que se começou a utilizar curas, defumação, fermentação e salga com o intuito de proteger o alimento, evitando a sua deterioração e, assim, prolongando seu consumo para os tempos de escassez, além de aprimorar seus sabores. Essas técnicas atuam para a inibição, o retardamento ou a diminuição na degradação enzimática e bacteriana de proteínas animais (KATZ, 2014).

O método de fermentação vem sendo utilizado com diferentes combinações: peixes e carnes podem ser fermentados e secos com ou sem salga ou cura, com ou sem defumação, dependendo do clima, dos recursos disponíveis e das diferentes tradições (KATZ, 2014).

NO BRASIL

De acordo com Gaspar (2013), a construção da culinária brasileira se beneficia de técnicas de fermentação e preservação de alimentos, tendo por base uma identidade gastronômica fundamentada por três culturas distintas: indígena, africana e portuguesa.

Quanto ao consumo de carnes entre os povos indígenas, destacam-se os animais de pequeno e médio porte, já que as principais ferramentas para o abate eram o arco e a flecha (ARAÚJO, 2010).

Segundo Gaspar (2013): "a caça era uma das principais fontes de alimento para o indígena. Animais como porco-do-mato, paca, veado, macaco, javali, capivara, cotia, tatu, gato-do-mato e anta eram preparados com pele e vísceras, além de peixes, moluscos, crustáceos e quelônios". O principal método de conservação de carnes era o moquém, no qual se desidrata os alimentos, mas preserva seu sabor. É um processo que lembra o fumeiro utilizado pelos europeus. A carne fica meio assada, sendo quase sempre necessário levá-la novamente ao fogo para o consumo.

De acordo com Léry (1889):

> [...] quanto ao modo de cozinhar e preparar a carne, nossos selvagens a fazem, moquear, na forma de seu costume. [...] enfincam em suficiente profundidade na terra quatro forquilhas [...] formam uma grande grelha de madeira, que na sua linguagem chamam de moquem. [...] E porque não salgam suas viandas para guardá-las, como cá nós fazemos, não têm outro meio de as conservar senão fazendo-as assar.

Nesse trecho do livro de Jean de Léry (1889), *História de uma viagem feita à terra do Brasil*, o autor explica como era o método de moquear os alimentos e questiona o motivo de os índios não utilizarem o método da salga das carnes. No entanto, eles ainda não tinham acesso ao sal nem à técnica. A utilização do sal veio com os portugueses. Também com eles chegaram certos costumes europeus de fermentar carnes e peixes, além da já citada salga.

O QUE É A FERMENTAÇÃO?

De acordo com Moreira (2015):

> [...] o processo de fermentação é baseado na competição entre espécies microbianas, onde uma ou mais espécies inibem as demais, por competição de nutrientes e pela produção de metabólitos antimicrobianos a partir dos substratos

presentes no próprio alimento. Os metabólitos, geralmente ácidos orgânicos, álcoois e CO_2, limitam o crescimento de agentes patogênicos e evitam a deterioração. Geralmente, a conservação pela fermentação necessita de métodos complementares de conservação, como: a pasteurização ou a armazenagem a frio.

Com a fermentação dos alimentos, há uma mudança nas propriedades organolépticas que torna o produto mais agradável, em aspecto visual e sabor, para os consumidores, variando de acordo com sua composição. A composição química da carne depende da raça e do tipo de animal, as quais afetam características como sabor, textura, maciez e suculência. A composição é feita basicamente por água, proteína, lipídios e cinzas, apresentando variação entre as espécies (ARAÚJO *et al.*, 2013).

Dentro da reação química da fermentação, há três possíveis classificações para a fermentação: lática, alcoólica e acética. Segundo Marzocco (2007):

> [...] a principal reação de fermentação em cárneos é a fermentação láctica. Pois para realizarmos as fermentações alcoólica ou acética precisamos de alimentos com altos índices de carboidratos e açúcares, o que não é proveniente nas carnes, tendo sua composição principal por proteínas.

Como explicam Carioni *et al.* (2001), a função das bactérias ácido-láticas (BAL) na fermentação de carnes é a rápida produção de ácido lático. Geralmente, nas fermentações, há a utilização de um ou mais microrganismos com características acidificantes, como os lactobacilos ou pediococos, que provocam o resultado de estabilizar o produto biologicamente. É possível também a utilização de um microrganismo nitrato-redutor, se houver nitrato; estes são do tipo micrococos ou estafilococos coagulase negativa.

A rápida produção de ácido lático provoca a redução do pH, o que inibe a ação de microrganismos patogênicos (INCZE,1998) e aumenta a vida de prateleira do produto processado (HUGAS,1998); outras funções das BAL são a produção de *flavor* diferenciado e a desnaturação das proteínas, resultando na expulsão da água, que é a principal responsável pela textura (VERSCOVO *et al.*, 1993). Alguns autores têm demonstrado que a produção de ácido lático e a consequente queda do pH são o fator mais importante na inibição do crescimento de *Clostridium botulinum* em embutidos fermentados (CHRISTIANSEN, 1975).

Sobre as bactérias nitrito-redutoras, de gêneros *Staphylococcus* e *Micrococcus,* elas são combinadas às BAL, tendo como importante função a preservação da gordura em relação ao oxigênio (O_2), auxiliando na não rancificação, decomposição que se identifica em alguns produtos cárneos crus (CARIONI *et al.*, 2001).

Embutidos fermentados são, convencionalmente, preparados a partir da mistura de carnes bovina e suína moídas em diferentes proporções, podendo haver uso de carne de outros animais, com variações na composição e na adição de condimentos. Diferencia-se dos demais embutidos pela elevada presença de ácido lático, que lhes confere sabor característico, e pelos baixos teores de umidade e valores reduzidos de atividade de água (Aa). Podem ser classificados como secos ou semissecos, dependendo da quantidade de água perdida durante o processo (AMIF, 1997). Segundo Pearson e Gillet (1999, *apud* MATOS, 2007), os embutidos semissecos normalmente são defumados e submetidos a temperaturas de pelo menos 63 °C antes da secagem, enquanto os secos não são cozidos e podem ser defumados ou não.

Para favorecer as condições de produção de alimentos fermentados seguros, o Food Safety Inspection Service (FSIS-USDA) recomenda que a fermentação ocorra de forma que o pH 5,3 (ou menos) seja alcançado em intervalo adequado para inibir o crescimento de determinadas bactérias patógenas (como a *Escherichia coli* e o *Staphylococcus aureus*). No caso da presença da *E. coli* O157:H7, a redução do pH para valores abaixo de 5,3 tem sido considerada insuficiente para inativá-la, sendo assim, aconselha-se a etapa de cozimento para sua destruição e e como garantia da segurança alimentar do produto (AMIF, 1997).

Segundo Nassu (2002c), as culturas *starter* (iniciadoras) são adicionadas a produtos cárneos para assegurar confiabilidade ao produto em termos de saúde pública, a fim de que, em menor tempo de fermentação, se obtenha um produto final de qualidade e padronizado, com textura, aroma e sabor constantes, e, ainda, vida de prateleira prolongada. Daí a necessidade de alcançar o pH 5,3 ou menos, em determinado período, em que o ambiente favorável para o crescimento do microrganismo *Staphylococcus aureus* esteja efetivamente controlado a pH < 5,3.

O Quadro 1 apresenta os principais microrganismos utilizados na fermentação de embutidos, a função que exercem nos embutidos, as substâncias produzidas, bem como o efeito verificado no produto (CHATLI *et al.*, 2015).

Buscando reduzir o tempo necessário para diminuição do pH, experimentos foram feitos em embutidos de carne ovina por meio da adição de glucona-delta-lactona (GDL) à preparação (em substituição à cultura iniciadora), em comparação a uma amostra adicionada apenas de culturas iniciadoras, obtendo-se o seguinte resultado, segundo MATOS (2007): a amostra adicionada de GDL que apresentava pH próximo de 5,6 alcançou pH 5,3 logo após a mistura dos ingredientes à massa cárnea. Já com o uso de culturas iniciadoras foi necessário tempo de fermentação maior que dez horas para alcançar esse pH. Após 26 horas de fermentação, a massa adicionada de GDL apresentou pH 4,81 e acidez de 1,03%, e a de cultura revelou pH final 4,37 e acidez de 1,26%. Os produtos acabados evidenciaram Aa entre 0,92 (GDL) e 0,93 (cultura). Os embutidos adicionados de cultura apresentaram maior dureza (20,38 contra 17,31 kgf) e resistência ao corte (1,50 contra 1,16 kgf/cm), o que indica melhor consistência (firmeza) do que os embutidos adicionados de GDL.

Os microrganismos mais utilizados na fermentação de carnes são os do gênero *Lactobacillus* e *Pediococcus*, comumente conhecidos como BAL, responsáveis pela acidificação do produto. Além dessas, pode-se utilizar bactérias do gênero *Staphylococcus* não patogênicas e *Micrococcus*, empregadas para a formação de coloração mais intensa e quando não for desejável a acidificação do produto. Algumas culturas comerciais utilizam a combinação de bactérias (BACUS, 1984a e 1984b).

• **QUADRO 1** Principais microrganismos fermentadores

Microrganismos	Função	Substâncias produzidas	Efeitos no produto
Lactobacillus spp.	Acidificação e produção de bacteriocinas	Ácido lático, etanol, dióxido de carbono, bacteriocinas, aminas biogênicas e compostos voláteis	Sabor, preservação do alimento e segurança alimentar
Pediococcus spp.	Acidificação e manutenção da qualidade	Ácidos lático e acético, etanol e dióxido de carbono	Preservação e aroma
Staphylococcus xylosus	Aroma	Metilcetonas e compostos voláteis	Propriedades organolépticas
S. carnosus, Kocuria varians	Aroma e desenvolvimento de cor	Degrada os aminoácidos e inibe a oxidação dos ácidos graxos insaturados	Cor e controle da rancificação das gorduras pela decomposição do peróxido
Debaryomyces hansenii	Cor e sabor	Amônia, ácido acético, etanol e compostos voláteis	Propriedades organolépticas

Fonte: Chatli *et al.*, 2015.

Em análises feitas em embutidos de carne caprina (Nassu, 2002c), empregando três culturas *starters* comerciais, observou-se que todas as culturas testadas podem ser utilizadas, pois se obtêm por meio delas produtos seguros em relação ao crescimento de *S. aureus*. A análise também mostrou pequenas diferenças durante a fermentação delas (cada uma correspondendo a um tratamento, todos adicionados na proporção 0,02%):

1. *Staphylococcus xylosus* e *Pediococcus pentosaceus* (Floracarn SPX, nome comercial pela Chr. Hansen Ind. e Com. Ltda.): apresentou menor queda de pH, maior Aa e menor produção de ácido lático em relação às outras culturas. Ainda assim, a cultura atende aos requisitos para comercialização.
2. Mistura 50:50 de duas cepas de *Pediococcus* sp. (LHP, nome comercial idem): apresentou valores de pH e Aa semelhantes aos da terceira cultura e maiores do que os da primeira.
3. *Lactobacillus farciminis*, *Staphylococcus xylosus* e *Staphylococcus carnosus* (Floracarn FF-2, nome comercial idem): apresentou valores de pH e Aa semelhantes aos da segunda cultura, e teve maior produção de ácido lático dentre as três culturas. Resultado já esperado, por se tratar de uma cultura de fermentação ultrarrápida em razão da presença do microrganismo *Lactobacillus farcimini* em sua composição. Sabe-se que os microrganismos do gênero *Lactobacillus* são mais acidificantes que os *Pediococci* (BACUS, 1984a), presentes nas outras duas culturas utilizadas no experimento.

SEGURANÇA ALIMENTAR E BOTULISMO

A queda do pH é um dos principais fatores para a inibição do *Clostridium botulinum* (*C. botulinum*) – bactéria causadora do botulismo – em embutidos fermentados. A doença tem como principais sintomas: fraqueza, dificuldades na fala, cansaço e visão turva. Segundo Katz (2014), esse microrganismo é tão temido porque não há nenhum sinal de deterioração, nem qualquer processo de apodrecimento visível, mas produz a neurotoxina do botulismo, extremamente perigosa, mesmo ingerida em pequenas doses.
Como explica Katz (2014):

> [...] o botulismo, antigamente, era associado aos embutidos, já que seu nome é de origem latina para a palavra linguiça. Observou-se que as pessoas adoeciam após a ingestão de linguiças curadas cruas, produzidas com tripas e recheadas com carnes, ambiente com alto potencial para a proliferação da bactéria.

Nos tempos atuais, na América do Norte, houve um aumento de relatos de casos de botulismo no Alasca, onde alguns nativos tradicionalmente fermentavam os peixes em covas forradas com grama e passaram a usar plásticos para acondicionar o peixe em fermentação, criando assim um ambiente anaeróbio perfeito para o *C. botulinum*.

Em razão dessa perigosa possibilidade, todo e qualquer processo de fermentação deve passar por criteriosos parâmetros de segurança. Diferentemente dos vegetais crus, nos quais é seguro fazer experimentações sem medo, as carnes e peixes têm potencial maior de perigo. Faça seus experimentos, mas sempre atento e sem descartar os riscos que o cercam se não for feito de maneira correta, segura e limpa (KATZ, 2014).

MÉTODOS AUXILIARES NO PROCESSO DE FERMENTAÇÃO

Salga

A salga foi um dos primeiros processos de conservação de carnes e peixes, utilizada pelos romanos e na Grécia Antiga (KURLANSKY, 2003).

O método consiste em adicionar uma grande quantidade de sal ao alimento, cobrindo-o completamente. Assim, ocorre a redução da Aa no alimento, desacelerando a velocidade da decomposição e possibilitando maior durabilidade. Dois exemplos muito comuns de conservação pela salga são o bacalhau e a carne de sol, produtos que são desidratados e conseguem prolongar sua vida de prateleira (KATZ, 2014).

Cura

Seguindo os estudos de Roça ([s. d.]), a cura de carnes e peixes tem como intenção a conservação de um produto por meio de adição de sal, compostos fixadores de cor (nitratos e/ou nitritos), açúcar e condimentos, e, por consequência, a melhoria nas propriedades sensoriais. A utilização do nitrato foi descoberta casualmente devido a sua presença como impureza no cloreto de sódio empregado.

A cura de carnes é um procedimento com a finalidade de conservar a carne por um período mais longo, além de lhe conferir determinadas qualidades sensoriais, como sabor e aroma mais agradáveis e coloração avermelhada, que torna o produto mais apetitoso para o consumo.

Outra importante informação está relacionada ao tempo dessa cura. O resultado adequado será determinado pela velocidade dos ingredientes nos tecidos, que depende, por sua vez, dos métodos de aplicação dos mesmos, da gramatura da peça de carne, da quantidade de gordura e da temperatura (ROÇA, [s. d.]).

A grande diferença entre a cura e a salga é a utilização dos nitritos ou nitratos na cura, que em excesso podem causar grandes problemas à saúde. A alta ingestão de nitritos e nitratos pode reagir com o ambiente ácido do estômago e resultar em compostos cancerígenos (KATZ, 2014).

A cura possui derivações de métodos muito utilizados: a seco, por imersão em salmoura e por injeção de salmoura. A cura a seco, o método mais antigo, é feita a partir da mistura de sal, nitrato e açúcares. Basicamente essa mistura é aplicada por toda a extensão da carne, ou, no caso dos embutidos, a adição dela à mistura de carne (ROÇA, [s. d.]). Lembrando que, de acordo com a Instrução Normativa n. 92, 18 de setembro de 2020, da Secretaria de Defesa Agropecuária do Ministério da Agricultura, Pecuária e Abastecimento (Mapa), o limite estabelecido é de 2,4 g de sal de cura para cada quilo de carne/salmoura que será usado na fabricação. Já na produção caseira, para consumo pessoal, é opcional, observando os riscos e benefícios do uso ou da falta do sal de cura.

Um exemplo popular de embutido fermentado e curado é o salame. A produção de ácido lático (pela fermentação), a cura e a secagem pelo ar preservam a carne, e as bactérias *Kocuria e Staphylococcus* facilitam a cura ao metabolizar o nitrato em nitrito. Os bolores e leveduras também auxiliam no processo (KATZ, 2014).

Existem dois fatores que reforçam a eficácia da fermentação na produção de salames. Ao moer a carne, ocorre um aumento na superfície de contato para organismos fermentadores, e a mistura com outros ingredientes BAL e *starters*) permite uma uniformização da fermentação. As tripas utilizadas como invólucro também exercem um papel importante como barreira de proteção, que permite uma maturação segura e possibilita ao alimento respirar (KATZ, 2014).

Outro processo é a imersão em salmoura, um procedimento no qual as carnes ficam imersas em uma solução dos componentes da cura misturados à água. De acordo com Roça ([s. d.]), é um método também lento, por ser difícil atingir de forma igual todas as partes das carnes. O procedimento que resulta numa distribuição homogênea da salmoura e torna o processo mais rápido é a injeção de salmoura, via arterial e intramuscular, em diversos pontos.

Para um produto com resultados mais rápidos e assertivos, podem ser combinados diversos processos entre si.

Defumação

Segundo Roça (2009), a defumação ou fumagem é o processo de expor alguns tipos de alimentos à fumaça proveniente da queima de partes de plantas, com o objetivo de conservá-los e modificar seu sabor.

Nesse procedimento, os alimentos são expostos à fumaça, originária da queima de serragem, lenha de árvores frutíferas ou carvão, e ficam por várias horas desidratando e adquirindo sabor. Há uma grande opção de alimentos que podem ser defumados, desde batatas a pernis. Os cárneos defumados também apresentam uma grande variedade, de salmão a carnes frescas, linguiças e carnes curadas (BEZERRA, 2019).

A defumação tem três variações diferenciadas pela temperatura: fria, morna e quente.

A defumação a frio mantém a temperatura do alimento na faixa de 25-35 °C. É um processo mais lento comparado ao de temperaturas mais elevadas, e requer maior cuidado. Se um alimento cru é exposto por consecutivas horas a temperaturas medianas, forma-se o ambiente ideal para a proliferação de bactérias e pode haver deterioração, de acordo com Nassu ([s. d.]).

Há também o método de defumação morna, no qual a temperatura fica por volta dos 35-65 °C, e o método quente com temperaturas entre 65-85 °C, que, além de defumarem, cozinham o alimento, proporcionando maciez (BEZERRA, 2019).

FERMENTADOS DE CARNE

O consumo de cárneos fermentados pelo mundo é muito extenso. Eles podem ser produzidos por processos distintos, conforme já citado, e diferentes tipos de carnes: porco, boi, ovelha, frango, javali, entre outros. As bactérias utilizadas também são diversas e podem variar de país para país.

Um dado importante refere-se aos embutidos ao redor do mundo. Todo país tem um tipo de "enchido" tradicional, variando suas receitas, temperos, métodos de preparo e até formatos. Da Argentina à Turquia, nos deparamos com produtos e suas variações, que são muito interessantes (LISTA DE SALSICHAS, [s. d.]).

O Quadro 2 apresenta alguns exemplos de embutidos e fermentados consumidos pelo mundo (LEROY, 2016).

• **QUADRO 2**   Embutidos e fermentados consumidos pelo mundo

Tipos	País de origem	Particularidades
Embutidos do Mediterrâneo fermentados e secos	Itália (salame), França (*rosette*), Espanha (*fuet*)	▪ Grande variedade de receitas e tipos ▪ Muito temperados com pimenta, alho e ervas ▪ Suavemente fermentados, secos, maturados e moldados
Chorizo	Espanha	▪ Contém páprica ▪ Há variantes que são secas por longos períodos e defumadas ▪ Pode conter porco ibérico
Linguiças secas e fermentadas do norte europeu	Alemanha, Noruega e Bélgica	▪ Ampla variedade de receitas e tipos ▪ Caracterizados pelos sabores ácidos ▪ Fortemente defumados ▪ Algumas variações de salames também são produzidas

(continua)

- **QUADRO 2** Embutidos e fermentados consumidos pelo mundo (*continuação*)

Tipos	País de origem	Particularidades
Teewurst e Mettwurst	Alemanha	▪ Úmido e cremoso ▪ Linguiças de porco que são moderadamente secas ou nao ▪ Defumadas e altamente perecíveis
Salame húngaro	Hungria	Típico salame com uma combinação diferente de defumação e bolor
Lap Cheong	China e Vietnã	▪ Diferentes tipos de secagem com carnes de porco e frango ▪ Utilizam arroz e podem ser temperados com molho de soja, agua de rosas e saquê

Fonte: Leroy, 2016.

O preparo de um embutido e suas análises

No preparo de algum embutido fermentado de carne, observa-se que a gordura é essencial ao sabor e textura, portanto, a sua redução pode afetar a aceitabilidade do produto (MITTAL; BARBUT, 1994).

Sendo assim, qualquer tentativa de reduzir o teor de gordura em alimentos deve levar em consideração a contribuição da gordura nas propriedades organolépticas desse produto (NASSU, 2002a).

Embutidos fermentados apresentam maiores problemas quando se trata da redução do teor de lipídios, pois esse parâmetro é determinado em larga escala pela gordura adicionada (toucinho suíno), cuja função tecnológica é importante (NASSU, 2002a). O toucinho contribui para evitar a compactação da massa, estimulando a evaporação contínua, imprescindível a uma boa maturação e aromatização do produto (WIRTH, 1991).

Cross *et al.* (1980), em estudo sobre o efeito de diferentes teores de gordura nas características químicas e sensoriais de produtos reestruturados de carne bovina, relataram que, quanto maior o teor de gordura, maior seriam a maciez e a suculência dos produtos estudados. Porém, em análise de embutido caprino (NASSU, 2002a), sobre a amostra com 20% de gordura na preparação, foram observados desagrados em relação à textura "demasiadamente macia", ao passo que foram feitos menos comentários negativos sobre a amostra com 10% de gordura. Contudo, é preciso atenção, pois, segundo Keeton (1994), produtos que têm a porcentagem de gordura reduzida em 10% da formulação usual resultam em textura dura, borrachenta ou farinhenta. Para Nassu (2002a), nas amostras com 10 e 20% de gordura, destacaram-se comentários positivos em relação ao aroma e ao sabor do produto. Logo, a porcentagem de gordura mais adequada está entre 10-20% para o embutido fermentado de carne de caprinos (NASSU, 2002a).

Em relação ao sal [cloreto de sódio (NaCl)] adicionado, e seus possíveis malefícios, observa-se que as indústrias de produtos cárneos estão atualmente dando importância à quantidade de NaCl adicionada em seus produtos em decorrência de sua relação com a hipertensão. Os sais empregados na substituição parcial do NaCl são os cloretos de potássio (KCl), de magnésio (MgCl) e de lítio (LiCl), mas apresentam restrições, uma vez que podem influenciar na qualidade sensorial dos produtos, conforme a quantidade utilizada (IBAÑEZ *et al.*, 1995; IBAÑEZ *et al.*, 1996).

Outra alternativa ao NaCl é o lactato de potássio, que, se adicionado em certa proporção e combinado com o cloreto de sódio, apresenta resultado satisfatório. Em estudo realizado (CICHOSKI *et al.*, 2009) para a elaboração do salame tipo italiano, substituindo parcialmente o NaCl por solução de lactato de potássio a 60%, na razão de 0,75 e 1,5%, observou-se que, nas superfícies dos salames com 1,5% de lactato de potássio e 1,5% de NaCl, os valores de TBARS (do inglês: *Thiobarbituric acid reactive substances* – substâncias reativas ao ácido tiobarbitúrico, formadas como um subproduto da peroxidação lipídica, produtos de degradação de gorduras que podem ser detectadas pelo ensaio TBARS usando ácido tiobarbitúrico como reagente) e o número de colônias de BAL, *Micrococcaceae* e *Staphylococcus xylosus*, foram menores, enquanto os valores de umidade, Aa e pH foram maiores do que aqueles encontrados nas superfícies dos salames contendo 0,75% de lactato de potássio e 2,25% de NaCl. A concentração de 1,5% de lactato de potássio apresentou ação antioxidante e tamponante, enquanto a de 0,75% favoreceu o processo de desidratação e o desenvolvimento das BAL, *Micrococcaceae* e *Staphylococcus xylosus*.

Produtos embutidos fermentados, tipo salame, também são uma alternativa de processamento na indústria da carne, pois, além da obtenção de um produto estável em temperatura ambiente, o sabor ácido proporcionado pela presença das BAL ajuda a mascarar o sabor e o aroma característicos de algumas carnes, como a de caprinos. Recomenda-se ainda a utilização de carne proveniente de animais mais velhos na formulação de produtos fermentados por apresentarem teor de umidade mais baixo e coloração mais acentuada (SILVEIRA; ANDRADE, 1991).

Vale ressaltar que o processamento desse tipo de alimento deve seguir rigorosamente as normas de boas práticas de fabricação, pois se trata de um produto consumido cru com probabilidade de se tornar potencialmente perigoso devido à produção de toxinas por microrganismos patogênicos, como *Staphylococcus aureus*. Além da utilização de matérias-primas de boa qualidade, alguns parâmetros de processamento devem ser observados. Temperaturas de fermentação altas podem ocasionar alguns problemas tecnológicos em relação à segurança do produto. A acidificação rápida proporciona aroma e sabor fortes, e a temperatura alta pode promover a fusão da gordura utilizada na formulação do produto. Além disso, o principal problema será o crescimento e a produção de toxina de *S. aureus*, dadas as condições de temperatura e concentração de sal. É recomendado que a fermentação, isto é, a redução do pH, seja feita pela adição de culturas *starters* à formulação, e que um pH de 5,3 ou menor seja alcançado dentro de determinado intervalo. Além disso, a umidade relativa e a temperatura na câmara de fermentação e secagem devem ser rigorosamente controladas (Nassu, 2002b).

A seguir são apresentados dois exemplos das etapas necessárias para produção de embutido fermentado, com variação na proteína principal.

Embutido fermentado – caso 1

• **QUADRO 3**   Etapas para confecção de embutido fermentado de carne caprina
Moagem da carne/toucinho em discos de 8 mm
Congelamento da carne/toucinho em sacos plásticos, com 2 cm de espessura
Armazenagem em *freezer* (−18 °C)
Descongelamento da matéria-prima a 0 °C
Nova moagem da carne, junto com toucinho, em discos de 6 mm
Formulação: adição de ingredientes (sais de nitrato/nitrito, cloreto de sódio, glicose, sacarose, condimentos, antioxidante natural e cultura *starter* por último)
Preparo da massa em misturadeira (3 minutos)
Embutimento em tripas de colágeno reconstituído
Pré-maturação em temperatura de refrigeração (5 °C/24 horas)
Maturação/secagem em câmara com temperatura e umidade relativa (U. R.) controladas: ▪ 22-23 °C/U. R. 85-95%/24 horas   ▪ 18-20 °C/U. R. 80-90%/24 horas   ▪ 12-15 °C/U. R. 70-80%/12 horas
Embutido fermentado tipo salame

Fonte: Nassu, 2002b.

Embutido fermentado – caso 2

Seguindo o experimento de Carioni *et al.* (2001), com base em um estudo de embutidos de carne de pato, pode-se observar a formulação, o modo de preparo e as análises com o passar do tempo. O estudo demonstra o uso de culturas iniciadoras para o processo de fermentação e seu resultado.

▪ O embutido segue a formulação: carne de coxa e sobrecoxa de pato desossada (84,74%); gordura de pato (8,50%); proteína de soja isolada (1,90%);

NaCl (1,90%); alho (0,10%); vinho (1,00%); pimenta-do-reino (0,07%); noz--moscada (0,04%); açúcar (0,50%); sais de cura (nitrato e nitrito; 1%) e eritorbato de sódio (0,25%).

- A carne da coxa e sobrecoxa de pato foi moída.
- Após a moagem da carne adicionaram-se 10^6-10^7UFC/g de massa, do cultivo iniciador (*Lactobacillus plantarum* BN e *Kokuria varians*), açúcar, proteína isolada de soja, alho e vinho.
- A massa foi homogeneizada por acrescentados de gordura de pato, NaCl e sal de cura.
- O embutimento da massa foi feito em tripa de colágeno para salame em embutideira manual.
- As peças foram pesadas individualmente e, em seguida, defumadas em uma câmara de 1 m de largura por 1 m de comprimento e 3 m de altura.
- A temperatura de defumação foi 23 °C ± 1 °C por cerca de 19 horas.
- Posteriormente, as peças foram pesadas para o cálculo da quebra de peso durante a defumação.
- Os embutidos defumados foram maturados durante 25 dias sob os seguintes parâmetros:
  - Temperatura de 17 °C, umidade de 70-80% e ventilação de 0,5 m/s nos primeiros sete dias.
  - Do oitavo ao 14º dia a temperatura de maturação foi de 16 °C, umidade de 75-80% e ventilação de 0,5.
  - Do 15º ao 25º dia a temperatura foi de 15 °C, umidade de 76-82% e ventilação de 0,5 m/s.
- O resultado em relação ao pH final foi de 4,99 e 5,06. Houve um leve aumento de pH no 18º dia, que pode ser o resultado da produção de amônia e outros compostos originados pela quebra da proteína.
- O valor final da acidez foi de 0,39%, produto do ácido lático que se deu pelo crescimento das culturas láticas e pela secagem do embutido.

Os ácidos produzidos por BAL diminuem o pH e contribuem para a conservação do produto cárneo fermentado. O ácido lático confere *flavor* ácido e desnatura a proteína, resultando na textura associada a salames fermentados. Um dos mais importantes constituintes dos salames, tanto no aspecto nutricional como no tecnológico, são as proteínas, e entre suas propriedades estão a solubilidade, a viscosidade, a ligação água-gordura e a emulsificação. A análise da fração proteica mostrou um valor médio de 18,71% na massa do embutido e 23,42% no embutido maturado (CARIONI *et al.*, 2001).

Também é possível obter um embutido fermentado sem a adição de culturas iniciadoras. Segundo o experimento de CASSOL (2018), os parâmetros de composição química proximal da amostra sem *starter* tiveram valores adequados, exigidos pela legislação. Os parâmetros de pH, cor e perda de peso não apresentaram diferença significativa entre o uso ou não de cultura *starter*. A amostra sem iniciadores apenas obteve cor pouco avermelhada e textura menos interessante, de acordo com os degustadores, gerando então um produto de menor aceitação.

Preparo caseiro de carne de sol

Este passo a passo para o preparo de carne de sol pode facilmente ser executado para o consumo caseiro. O processo é simples e alia a salga à fermentação da carne, com referência de Oliveira ([s. d.]).

- **CARNE SOL**

Ingredientes

- 1 kg de miolo de alcatra cortado em quatro partes iguais
- 75 g de sal grosso
- 25 g de açúcar mascavo

Preparo

Quebre 75g de sal grosso (para ficar um pouco mais fino) e misture 25g de açúcar mascavo.

Em seguida, seque muito bem a carne com um pano de prato ou papel toalha. Em uma tigela, espalhe bem a mistura de sal e açúcar na carne cobrindo toda a sua extensão. Tampe e deixe na geladeira por dois dias, escorrendo sempre o líquido formado.

No segundo dia, transfira a carne para uma assadeira e a deixe descoberta, para seque.

Após o segundo dia, a carne de sol já estará pronta para a utilização em qualquer receita. Pode ser que haja uma alteração de coloração, de um vermelho vivo para um tom amarronzado, provocada pela perda de líquidos, que também auxiliará na intensificação do sabor da carne.

FERMENTADOS DE PEIXE

Molho de peixe

Condimento derivado da fermentação do peixe. O termo é empregado para vários produtos usados na gastronomia asiática (RIVELLO; ABRANTES, [s. d.]).

Alguns molhos são feitos com peixes frescos e outros com os secos, de diversas espécies e partes do animal, e até mesmo com os seus restos, podendo também conter moluscos. Dentre as variações, algumas podem conter apenas sal, e outras, grande variedade de ervas e especiarias. Há molhos elaborados a partir de baixa fermentação para preservar o sabor do peixe, e outros com alta fermentação, proporcionando aromas mais fortes. Um dos molhos mais conhecidos é o *nam pla*, da culinária tailandesa, feito à base de anchovas (MOLHO DE PEIXE, [s. d.]).

Para a fermentação, utilize peixes pequenos e frescos de água salgada, com as vísceras. Na produção do *nam pla*, os peixes ficam descansando em temperatura ambiente durante 24-48 horas antes da salga para assim dar início ao processo de fermentação (KATZ, 2014). Em seguida, o sal é adicionado e bem misturado para distribuí-lo – cerca de 25% em relação ao peso do peixe, porém alguns outros usam muito mais (KATZ, 2014).

Não há adição de água; o peixe é colocado em pote de cerâmica, barril, tanque ou outro recipiente com um peso sobre ele – como na produção de chucrutes – a fim de eliminar bolhas e impedir sólidos de flutuar para o topo (KATZ, 2014).

Assim como o azeite de oliva, há versões consideradas de maior ou menor qualidade. As de maior qualidade são aquelas da primeira extração do molho de peixe. Depois da primeira extração, o produtor adiciona água aos barris para fazer extrações subsequentes, mais diluídas. A maior parte dos molhos de peixe encontrados à venda é uma mistura da primeira extração com as extrações seguintes (COZINHA TÉCNICA, [s. d.]).

Dependendo da temperatura, do teor de sal, e da tradição, o molho de peixe é deixado para fermentar por 6-18 meses, e deve ser mexido periodicamente (KATZ, 2014).

Uma receita muito tradicional que leva o molho de peixe é o *Paad Thai*, um macarrão de origem tailandesa.

- **PAAD THAI**

Ingredientes
- 130 g de macarrão de arroz
- 50 mL de óleo de amendoim
- 20 g de pasta de tamarindo
- 50 mL de molho de peixe
- 55 g de mel
- 30 mL de vinagre
- ½ pimenta vermelha (ou a gosto)
- 20 g de cebolinha picada
- 1 dente de alho picado
- 2 ovos

- ½ repolho pequeno picado
- 100 g de broto de feijão
- 120 g de camarões descascados
- 120 g de tofu
- 50 g de amendoim torrado picado
- Coentro fresco picado a gosto

Preparo

Coloque o macarrão em uma tigela grande e adicione água fervente para cobrir.

Deixe descansar até que o macarrão amoleça. Escorra.

Regue com uma colher de sopa de óleo de amendoim. Reserve.

Misture a pasta de tamarindo, o molho de peixe, o mel e o vinagre e leve ao fogo médio, até ferver levemente. Adicione a pimenta vermelha e reserve.

Em uma frigideira, coloque o óleo de amendoim restante em fogo alto, adicione a cebolinha e alho.

Acrescente os ovos e, quando eles começarem a coagular, mexa bem.

Coloque o repolho e os brotos de feijão e mexa até que o repolho comece a murchar. Em seguida, acrescente os camarões e o tofu.

Misture tudo e acrescente o molho de pasta de tamarindo.

Espere a massa aquecer e sirva em seguida, polvilhando com amendoins e coentro fresco.

Fonte: elaborada pelos autores.

Peixe em conserva

De acordo com a Portaria n. 63, 13 de novembro de 2002, do Mapa, a conserva de peixe é um alimento elaborado a partir de matéria-prima fresca ou congelada, descabeçada, eviscerada (com exceção de gônadas e rins) e sem nadadeira caudal, acrescido de meio de cobertura, acondicionado em um recipiente hermeticamente fechado, que deve ser submetido a um tratamento térmico que garanta sua esterilidade comercial. Esse regulamento fixa a classificação das conservas segundo sua forma de apresentação, tais como descabeçada e eviscerada, filé, medalhão ou posta, pedaço, picado, massa (pasta) e outras formas de apresentação, além da designação do produto para venda, composição e requisitos, aditivos e coadjuvantes de tecnologia, contaminantes, higiene, pesos e medidas, rotulagem, métodos de análises e amostragem (BRASIL, 2002).

A conservação e o aumento da vida útil do pescado dependem do processo térmico utilizado. Porém, existem adaptações para diferentes tipos de pescado, tendo em vista a qualidade e a segurança para o produto, e a qualidade está estreitamente ligada ao tratamento térmico, pois ele é o responsável pelas transformações nas características sensoriais, textura, sabor, cor e aroma (Torrezan *et al.*, 2013).

A Figura 1 apresenta o processo de conserva de filés de cachapinta. A cachapinta é um peixe de água doce resultado do cruzamento da fêmea do cachara (*Pseudoplatystoma fasciatum*) com o macho do pintado (*Pseudoplatystoma corruscans*). Peixe de carne saborosa, baixo teor de gordura, sem espinhas intramusculares, por isso, é considerado nobre (TORREZAN *et al.*, 2013).

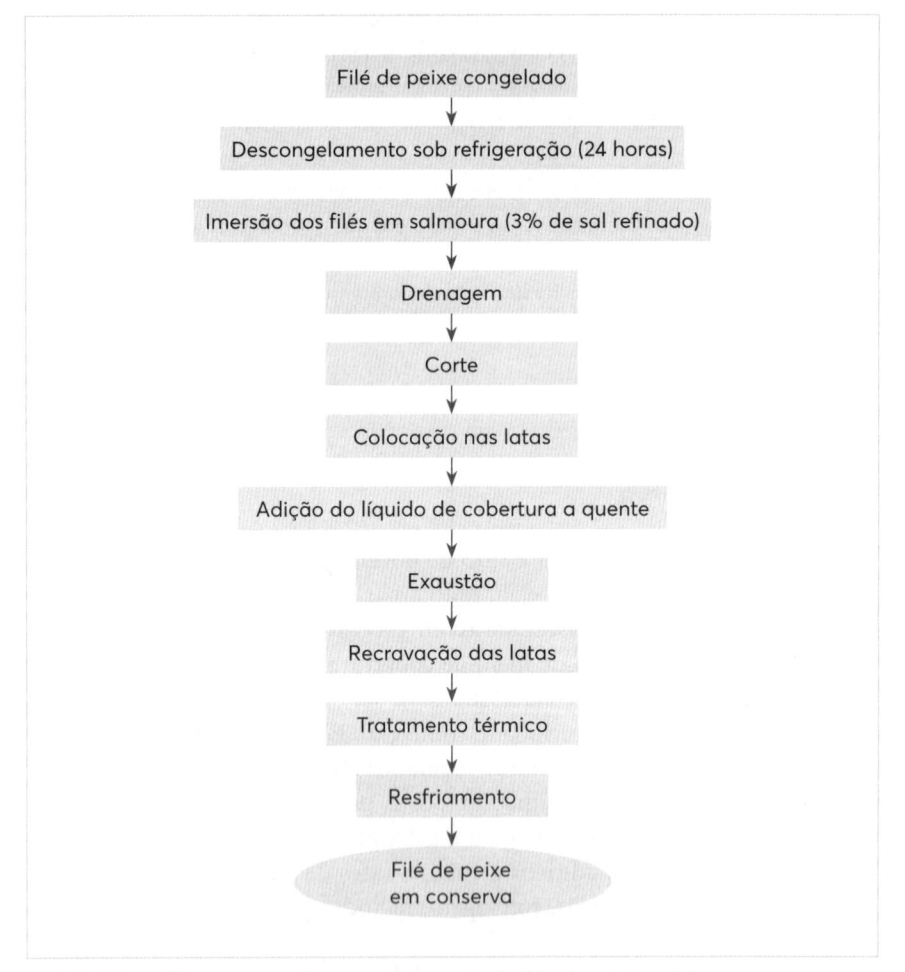

• **FIGURA 1** Fluxograma do processamento de filé de cachapinta em conserva.
Fonte: Torrezan et al., 2013.

Surstromming, o peixe podre da culinária sueca

O *surstromming* sueco, conhecido pelo odor e sabor fortes, é um exemplo de arenque do Mar Báltico, e *sur* significa azedo. Conservado em salmoura de baixa concentração (3-4% de sal), é fermentado em barris por um ou dois meses nas temperaturas amenas do verão nórdico. Nos dias atuais, o *surstromming* é transferido para um ambiente mais salgado e hermeticamente fechado em latas para continuar a maturação.

O momento certo para o consumo é quando a lata fica bem estufada, e recomenda-se que se abra fora de casa, caso contrário, o ambiente é tomado pelo mau cheiro (KATZ, 2014).

Gravifisk, o peixe enterrado

Segundo Katz (2012), enterrar o peixe ou a carne é um dos métodos mais antigos aplicados pelo Homem para armazenar, proteger e preservar os excedentes, além de esconder a caça de outros insetos, predadores e ladrões, possibilitando a ele voltar e coletá-lo.

A prática de enterrar peixes ou carnes para fim de conservação tem sido amplamente documentada em vários locais, principalmente nas regiões mais frias.

O salmão curado escandinavo *gravlax* (que significa "salmão sepultado") surgiu na Idade Média, como uma forma de conservação do peixe usada pelos pescadores na Península Escandinava. Eles salgavam e enterravam o salmão na praia, acima da linha da maré alta, deixando-o fermentar nas areias geladas (VILLA ROSSA, 2018). Essa prática de enterrar o peixe não é mais usada, e nem tem uma fermentação significativa; hoje, ele é coberto de sal grosso, açúcar e aneto, o filé é enrolado em tecido ou plástico e conservado em refrigeração por 2-4 dias. Variantes mais modernas de marinada podem incluir endro, pimentas branca e preta, sementes de coentro, raiz forte, purê de beterraba, destilado enriquecido com substâncias aromáticas, vodca, bebida alcoólica aromatizada com anis, aguardente ou conhaque (GRAVAD LAX, [s. d.]).

O peixe enterrado, como a maioria dos processos de fermentação, tem um processo lento, e pode ir longe demais. Os limites não são claros, no entanto, deve-se tomar alguns cuidados: o peixe, quando enterrado, não pode ser embalado em plástico, pois isso estimula o crescimento do *C. botulinum*, utilize sacos de estopa; e o buraco deve ser revestido com grama ou folhas (KATZ, 2014).

High meat

De acordo com Katz (2012), o *high meat* é um método de preservar carnes e peixes que começaram a entrar em processo de deterioração. O criador dessa dieta, chamado Aajonus Vonderplanitz, passou a acreditar na eficácia da dieta depois de uma experiência dramática de cura no Alasca, quando comeu carne enterrada.

O processo de *high meat* foi adaptado para pessoas que não vivem no rigoroso clima ártico. Sugere-se maturar a carne em cubos dentro de frascos hermeticamente fechados na geladeira, arejando-os de tempos em tempos. Há relatos de odor repulsivo, e, como em todos os processos relatados, os experimentos devem seguir as orientações de cuidado, higiene e segurança ao máximo.

FERMENTAÇÃO DE OVOS

Há diversas formas de se fermentar ovos. O ovo bem cozido e descascado pode ser colocado em água com concentração de sal e algum *starter* para acelerar o processo de fermentação, ou simplesmente ser enterrado em um pote de vegetais em fermentação, onde será protegido pela acidificação dos legumes (KATZ, 2014).

O *pidan* é um alimento fermentado alcalino à base de ovos, consumido há muitas gerações na China. A cor esverdeada escura e o sabor particular desse produto resultaram em seu reconhecimento como o "ovo de mil anos" (ovo milenar, ovo centenário) na sociedade ocidental. Ele pode ser picado e misturado a tofu e temperos, como molho de soja e óleo de gergelim, produzindo um acompanhamento prático para refeições caseiras, o *pidan* também aparece em muitos cardápios de restaurantes, devido a sua crescente popularidade.

A fermentação do *pidan* é causada pelas reações químicas entre o hidróxido de sódio e os componentes do ovo. O álcali penetra na casca e na membrana do ovo, causando mudanças químicas em seus componentes, o que resulta na gelificação da clara. Reações de Maillard entre a glicose da albumina (clara) e aminoácidos, combinadas com o pigmento do chá durante a fermentação, contribuem para o desenvolvimento da cor marrom na clara gelatinosa. A clara se solubiliza a 40 °C, o que contribui para sua digestibilidade. A decomposição das proteínas produz polipeptídeos e aminoácidos. Cistina e cisteína, produzidas pela hidrólise das proteínas, podem ser continuamente decompostas em amônia e sulfeto de hidrogênio, o que contribui para o sabor característico do *pidan*. Neste, o sulfeto de hidrogênio, produzido a partir da proteína decomposta, reage com o ferro da gema, dando a ela sua cor verde-escura típica. As estruturas em formatos de cristais formadas entre a gema e a clara vêm de produtos de proteína degradada, como aminoácidos alcalinizados. Normalmente um *pidan* de alta qualidade possui maior quantidade desses "cristais".

Dependendo do método de processamento, vários tipos desse alimento são encontrados, como o *pidan* com estruturas de cristais, o *pidan* de gema mole e o *pidan* de gema dura (LI; HSIEH, 2004).

Muitas variações de métodos podem ser encontradas de fontes diferentes, mas Wang e Fung (1996, *apud* LI; HSIEH, 2004) catalogaram três principais tipos: o da cobertura de pó, o do revestimento e o da imersão.

1. Método da cobertura de pó: tradicionalmente são usados ovos de pata frescos, revestidos com uma fina camada de pasta de lama e rolados em um pó, no qual todos os ingredientes foram misturados, antes de embalados e selados no frasco. Os ovos enrolados em pó podem fermentar por 20-30 dias em temperatura ambiente. Os ingredientes usados para a produção do pó variam ligeiramente de acordo com a estação (Tabela 1). Esse método produz *pidan* de gema dura. As suas vantagens são o baixo custo e a facilidade de manuseio.

2. Método do revestimento: uma pasta lamacenta contendo os ingredientes do revestimento é preparada (Tabela 1). Ovos de pata frescos são completamente revestidos com a pasta lamacenta preparada e enrolados em casca de arroz. Esta evita que os ovos revestidos grudem um no outro. Eles são então colocados em potes, selados com lama e podem fermentar por 40 dias no verão e 50 dias no inverno.

3. Método da imersão: todos os ingredientes são misturados em uma solução de salmoura. Os ovos são imersos na solução por 45 dias a 20-25 °C. Depois que o processo de cura é concluído, os ovos são removidos, lavados com água e deixados para secar ao ar. Posteriormente, são revestidos com parafina líquida antes da comercialização.

• **TABELA 1** Componentes em kg para produção de mil ovos fermentados

Ingredientes	Cobertura de pó	Revestimento	Imersão
Na_2CO_3	1,5	10	3,6
CaO	3,8-4,2 (primavera e outono) 4,5-5,5 (verão)	25	14
PbO	-	0,45	0,37
Sal	1,4	4	2
Chá	0,1	5	1,5
Lama amarela	2	-	-
Lama seca	-	25	0,5
Cinza de madeira	-	25	1
Água	3	50	50

Fonte: Trongpanish e Dawson, 1974.

A seguir uma receita que permite a produção caseira dos ovos de maneira mais simples, de acordo com Joëlle (2019).

- **OVOS MILENARES**

Ingredientes

- 12 ovos grandes de pata
- 1 litro de água
- 25 g ou 10 saquinhos de chá preto
- 40 g de hidróxido de sódio culinário/soda cáustica culinária
- 50 g de sal
- 150 g de cera de abelha

Preparo

Em uma panela larga, ferva a água. Retire do fogo, junte o chá e o sal. Misture até dissolver completamente.

Aguarde esfriar até temperatura ambiente e retire todo o chá.

Em uma área bem ventilada, e com o uso de luvas, misture cuidadosamente a soda cáustica e mexa para dissolver bem.

Transfira esse líquido para um recipiente com tampa e então coloque delicadamente os ovos dentro dele.

Tampe bem o recipiente e deixe em um local escuro e fresco (fora da geladeira) por 24 a 30 dias (tempo menor no verão, tempo maior no inverno).

Após esse período, retire os ovos do líquido, lave em água corrente e deixe secar bem em papel.

Derreta a cera de abelha e cuidadosamente mergulhe metade do primeiro ovo na cera. Deixe descansar com a cera para cima até secar. Pode-se usar a própria cartela de ovos para posicionar. Repita com todos os ovos.

Então, mergulhe o primeiro ovo novamente na cera. Repita com os outros até obter quatro camadas de cera de um lado.

Repita a operação mergulhando o outro lado de todos os ovos. Obtêm-se assim ovos bem recobertos com quatro camadas de cera.

Deixe os ovos cobertos de cera no mesmo local fresco e escuro (fora da geladeira) por mais algumas semanas ou mesmo meses.

Retire da cera apenas no momento do consumo.

REFERÊNCIAS BIBLIOGRÁFICAS

AMATUZZI, Renato Toledo Silva. A carne e o microcosmos alimentar medieval: virilidade, força e poder. *Anais dos Encontros Internacionais de Estudos Medievais*, v. 2, n. 1, p. 369-379, 2016. Disponível em: http://www.abrem.org.br/revistas/index.php/anais_eiem/article/view/294. Acesso em: 31 jul. 2022.

AMERICAN MEAT INSTITUTE FOUNDATION (AMIF). *Good manufacturing practices for fermented dry & semi-dry sausage.* Washington, DC, 1997. Disponível em: https://meathaccp.wisc.edu/validation/assets/GMP%20Dry%20Sausage.pdf. Acesso em: 31 jul. 2022.

ARAÚJO, Lucas. *Cultura indígena.* Bahia, 2010. Disponível em: http://indigena-grupo.blogspot.com.br/2010/07/culinaria-indigen.html. Acesso em: 31 jul. 2022.

ARAÚJO, Wilma M. C.; BORGO, Luiz Antônio; BOTELHO, Raquel B. A.; MONTEBELLO, Nancy di Pilla. *Alquimia dos alimentos.* Brasília: Senac, 2013.

BACUS, Jim. Update: meat fermentation 1984. *Food Technology,* v. 38, n. 6, p. 59-69, 1984a. Disponível em: https://agris.fao.org/agris-search/search.do?recordID=US8530773. Acesso em: 31 jul. 2022.

BACUS, Jim. *Utilization of microorganisms in meat processing:* handbook for meat plant operators. Letchworth: Research Studies, John Wiley & Sons, 1984b.

BEZERRA, André. Defumação de alimentos: o guia completo para você fazer em casa. *Gazeta do Povo,* Curitiba, 11 set. 2019. Disponível em: https://www.gazetadopovo.com.br/bomgourmet/produtos-ingredientes/defumacao-alimentos/#:~:text=A%20defuma%C3%A7%C3%A3o%20nada%20mais%20%C3%A9,e%20alguns%20tipos%20de%20peixes. Acesso em: 31 jul. 2022.

BRASIL. Ministério da Agricultura, Pecuária e Abastecimento. Secretaria de Defesa Agropecuária. *Instrução Normativa n. 92, de 18 de setembro de 2020.* Dispõe Sobre a Identidade e os Requisitos de Qualidade do Charque, da Carne Salgada Curada Dessecada, do Miúdo Salgado Dessecado e do Miúdo Salgado Curado Dessecado. Disponível em: https://www.in.gov.br/en/web/dou/-/instrucao--normativa-n-92-de-18-de-setembro-de-2020-278692460. Acesso em: 31 jul. 2022.

BRASIL. Ministério da Agricultura, Pecuária e Abastecimento, Secretaria de Defesa da Agropecuária. *Portaria n. 63, de 13 de novembro de 2002.* Disponível em: http://freitag.com.br/files/uploads/2018/02/portaria_norma_434.pdf. Acesso em: 31 jul. 2022.

CARIONI, Felipe Oliveira; PORTO, Anna Cláudia Simas; PADILHA, José Carlos Fiad; SANT'ANNA, Ernani Sebastião. Uso de culturas iniciadoras para a elaboração de um embutido à base de carne de pato (*Cairina moschata*). *Food and Science Technology,* v. 21, n. 3, 2001. Disponível em: https://www.scielo.br/scielo.php?script=sci_arttext&pid=S0101-20612001000300015#:~:text=A%20principal%20fun%C3%A7%C3%A3o%20das%20bact%C3%A9rias,produ%C3%A7%C3%A3o%20de%20flavor%20diferenciado%20e. Acesso em: 31 jul. 2022.

CASCUDO, Luís da Câmara. *História da alimentação no Brasil:* cardápio indígena, dieta africana, ementa portuguesa. São Paulo: Companhia Editora Nacional, 1967. v. 1.

CASTEJON, Manoela. Práticas alimentares na Idade Média. *Feira entre Mundos.* Brasília, 2018. Disponível em: https://www.feiraentremundos.com.br/praticas-alimentares-na-idade-media/. Acesso em: 10 nov. 2022.

CHATLI, Manish Kumar; KUMAR, Pavan, VERMA, Akhilesh K; MEHTA, Nitin; MALAV, Om Prakash; KUMAR, Devendra; SHARMA, Neelesh. Quality, functionality, and shelf life of fermented meat and meat products: a review. *Critical Reviews in Food Science and Nutrition,* v. 57, p. 13, p. 1-51, 2015. Disponível em: https://www.researchgate.net/publication/280753066_Quality_Functionality_and_Shelf_Life_of_Fermented_Meat_and_Meat_Products_A_Review. Acesso em: 31 jul. 2022.

CHRISTIANSEN, L. N. Effect of sodium nitrite and nitrate on *C. botulinum*: growth and toxin production in summer style sausage. *Journal of Food Science,* v. 40, p. 488-493, 1975. Disponível em: https://onlinelibrary.wiley.com/doi/abs/10.1111/j.1365-2621.1975.tb12511.x. Acesso em: 31 jul. 2022.

CICHOSKI, Alexandre José; ZIS, Luciana Cristina; FRANCESCHETTO, Carla. Características físico-químicas e microbiológicas da superfície do salame tipo italiano contendo solução de lactato de potássio. *Ciência e Tecnologia de Alimentos,* Campinas, v. 29, n. 3, p. 546-552, 2009. Disponível em: https://www.scielo.br/scielo.php?script=sci_arttext&pid=S0101-20612009000300015&lng=pt&nrm=iso&tlng=pt. Acesso em: 31 jul. 2022.

COZINHA TÉCNICA. *Molho de peixe, namplá, fish sauce*. [S. d.]. Disponível em: https://www.cozinhatecnica.com/2018/04/molho-de-peixe-nam-pla-fish-sauce/#:~:text=Assim%20como%20o%20azeite%20de,fazer%20extra%C3%A7%C3%B5es%20subsequentes%2C%20mais%20dilu%C3%ADdas. Acesso em: 31 jul. 2022.

CROSS, H. R.; BERRY, B. W.; WELLS, L. H. Effects of fat level and source on the chemical, sensory and cooking properties of ground beef patties. *Journal of Food Science*, v. 45, n. 4, p. 791-793, 1980. Disponível em: https://onlinelibrary.wiley.com/doi/abs/10.1111/j.1365-2621.1980.tb07450.x. Acesso em: 31 jul. 2022.

GASPAR, Lúcia. *Índios do Brasil*: alimentação e culinária. Recife: Fundação Joaquim Nabuco, 2013. Disponível em :https://pesquisaescolar.fundaj.gov.br/pt-br/artigo/indios-do-brasil-alimentacao-e--culinaria/. Acesso em: 10 nov. 2022.

GRAVAD LAX. In: WIKIPÉDIA, a enciclopédia livre. Flórida: Wikimedia Foundation, 2022. Disponível em: <https://pt.wikipedia.org/w/index.php?title=Gravad_lax&oldid=64445567>. Acesso em: 31 jul. 2022.

HUGAS, M. Bacteriocinogenic lactic acid bacteria for the biopreservation of meat and meat products. *Meat Science*, v. 49, p. 139-150, 1998. Disponível em: https://www.sciencedirect.com/science/article/abs/pii/S0309174098900444. Acesso em: 31 jul. 2022.

IBAÑEZ, Carmen; QUINTANILLA, L.; CID, Concepción; ASTIASARÁN, Iciar; BELLO, José. Dry fermented sausages elaborated with *Lactobacillus plantarum: Staphylococcus carnosus*. Part I: Effect of partial replacement of NaCl with KCl on the stability and the nitrosation process. *Meat Science*, v. 44, 4, p. 227-234, 1996. Disponível em: https://www.sciencedirect.com/journal/meat-science/vol/44/issue/4. Acesso em 31 jul. 2022.

IBAÑEZ, Carmen; QUINTANILLA, L.; IRIGOYEN, A.; GARCIA-JALÓN, I.; CID, Concepción; ASTIASARÁN, Iciar; BELLO, José. Partial replacement of sodium chloride with potassium chloride in dry fermented sausages: Influence on carbohydrate fermentation and the nitrosation process. *Meat Science*, v. 40, n. 1, p. 45-53, 1995. Disponível em: https://www.sciencedirect.com/journal/meat-science/vol/40/issue/1. Acesso em: 31 jul. 2022.

INCZE, Kálmán. Dry fermented sausages. *Meat Science*, v. 49, p. 169-177, 1998. Disponível em: https://www.sciencedirect.com/science/article/abs/pii/S0309174098900468. Acesso em: 31 jul. 2022.

JOËLLE. How to make century eggs. *Kindred Kitchen*. Disponível em: https://www.kindredkitchen.ca/2019/09/30/how-to-make-century-eggs/. 2019. Acesso em: 31 jul. 2022.

KATZ, Sandor Ellix. *A arte da fermentação*. Tradução de Cristina Yamagami. São Paulo: Pioneira, 2014.

KEETON, Jimmy T. Low-fat meat products: technological problems with processing. *Meat Science*, v. 36, n. ½, p. 261-276, 1994.Disponível em: https://www.sciencedirect.com/journal/meat-science/vol/36/issue/1. Acesso em: 31 jul. 2022.

KURLANSKY, Mark. *Salt*: a world history. Penguin, 2003. Disponível em: https://pt.wikipedia.org/wiki/Hist%C3%B3ria_do_sal#cite_note-Kurlansky-2 – Acesso em: 31 jul. 2022.

LEROY, Frédéric; DE VUYST, Luc. Fermented foods: fermented meat products. *In*: CABALLERO, B. *et al. Encyclopedia of food and health*. Cambridge (USA): Academic Press, 2016. p. 656-660. Disponível em: https://www.sciencedirect.com/topics/agricultural-and-biological-sciences/fermented-meat--products. Acesso em: 31 jul. 2022.

LÉRY, Jean de. *História de uma viagem feita à terra do Brasil*. Tradução de Tristão de Alencar Araripe. Rio de Janeiro: J. Leite, 1889.

LI, Jian-Rong; HSIEH, Yun-Hwa P. Traditional Chinese food technology and cuisine. *Asia Pac J Clin Nutr*, v. 13, n. 2, p. 147-155, 2004. Disponível em: http://apjcn.nhri.org.tw/server/APJCN/13/2/147.pdf. Acesso em: 31 jul. 2022.

LISTA DE SALSICHAS. In: WIKIPÉDIA, a enciclopédia livre. Flórida: Wikimedia Foundation, 2022. Disponível em: https://en.wikipedia.org/wiki/List_of_sausages. Acesso em: 31 jul. 2022.

MARZOCCO, Anita; TORRES, Bayardo Baptista. *Bioquímica básica*. 3. ed. Rio de Janeiro: Guanabara Koogan, 2007.

MATOS, Rosali Amaral. Efeito do tipo de fermentação na qualidade final de embutidos fermentados cozidos elaborados a base de carne ovina. *Boletim do CEPPA*, v. 25, n. 2, p. 225-226, 2007. Disponível em: https://www.researchgate.net/publication/228876466_Efeito_do_tipo_de_fermentacao_na_qualidade_final_de_embutidos_fermentados_cozidos_elaborados_a_base_de_carne_ovina. Acesso em: 31 jul. 2022.

MITTAL, Gauri Shankar; BARBUT, Shai. Effects of fat reduction on frankfurters' physical and sensory characteristics. *Food Research International*, v. 27, n. 5, p. 425-431, 1994. Disponível em: https://www.sciencedirect.com/journal/food-research-international/vol/27/issue/5. Acesso em: 31 jul. 2022.

MOLHO DE PEIXE. In: WIKIPÉDIA, a enciclopédia livre. Flórida: Wikimedia Foundation, 2021. Disponível em: <https://pt.wikipedia.org/w/index.php?title=Molho_de_peixe&oldid=62220584>. Acesso em: 31 jul. 2022.

MOREIRA, Catarina. Conservação dos alimentos por fermentação. *Revista de Ciência Elementar*, v. 3, n. 4, p. 218, 2015. Disponível em: https://wikiciencias.casadasciencias.org/wiki/index.php/Conserva%C3%A7%C3%A3o_dos_Alimentos_por_Fermenta%C3%A7%C3%A3o. Acesso em: 31 jul. 2022.

NASSU, Renata Tieko. Efeito do teor de gordura nas características químicas e sensoriais de embutido fermentado de carne de caprinos. *Pesquisa Agropecuária Brasileira*, Brasília, v. 37, n. 8, p. 1169-1173, 2002a. Disponível em: https://www.scielo.br/scielo.php?script=sci_arttext&pid=S0100-204X2002000800015. Acesso em: 31 jul. 2022.

NASSU, Renata Tieko. Processo agroindustrial: obtenção de embutido fermentado tipo salame de carne de caprinos. *Comunicado Técnico*, Ministério da Agricultura, Pecuária e Abastecimento, Fortaleza, n. 74. 2002b. Disponível em: https://pt.scribd.com/document/149393900/cot-74. Acesso em: 31 jul. 2022.

NASSU, Renata Tieko. *Técnicas*. [S. d.]. Disponível em: http://www.agencia.cnptia.embrapa.br/gestor/tecnologia_de_alimentos/arvore/CONT000gc8yujq202wx5ok01dx9lcq03l6mp.html#:~:text=%2D%20Defuma%C3%A7%C3%A3o%20a%20frio%3A%20a%20fuma%C3%A7a,g%-C3%A1s%20de%20cozinha%20ou%20propano. Acesso em: 31 jul. 2022.

NASSU, Renata Tieko. Utilização de diferentes culturas *starter* no processamento de embutido fermentado de carne de caprinos. *Ciência Rural*, Santa Maria, v. 32, n. 6, p. 1051-1055, 2002c. Disponível em: https://www.scielo.br/scielo.php?script=sci_arttext&pid=S0103-84782002000600021&lng=en&nrm=iso&tlng=pt. Acesso em: 31 jul. 2022.

OLIVEIRA, Rodrigo. *Carne de sol*. [S. d.]. Disponível em: https://www.panelinha.com.br/receita/carne-de-sol. Acesso em: 31 jul. 2022.

PICHI, Vasco. *História, ciência e tecnologia da carne*. 2019. Disponível em: https://www.girodoboi.com.br/destaques/historia-da-carne-bovina-acompanha-a-evolucao-da-humanidade/#:~:text=A%20hist%C3%B3ria%20come%C3%A7a%20l%C3%A1%202,sem%20o%20uso%20do%20fogo. Acesso em: 31 jul. 2022.

RIVELLO, Leo; ABRANTES, Vini. *Gourmet a dois*. [S. d.]. Disponível em: https://gourmetadois.com/ingrediente/molho-de-peixe-340.html. Acesso em: 31 jul. 2022.

ROÇA, Roberto de Oliveira. *Cura de carnes*. São Paulo, [s. d.]. Disponível em: https://www.fca.unesp.br/Home/Instituicao/Departamentos/Gestaoetecnologia/Teses/Roca111.pdf. Acesso em: 31 jul. 2022.

ROÇA, Roberto de Oliveira. *Defumação*. São Paulo, [s. d.]. Disponível em: https://www.fca.unesp.br/Home/Instituicao/Departamentos/Gestaoetecnologia/Teses/Roca112.pdf. Acesso em 29/12/2020.

SILVEIRA, E. T. F.; ANDRADE, J. *Aspectos tecnológicos de processamento e qualidade de embutidos fermentados*. Campinas: FEA/Unicamp, 1991.

TORREZAN, Renata; OLIVEIRA, Cátia Maria; PONTES, Sérgio Macedo; FURTADO, Ângela Aparecida Lemos; PENTEADO, Ana Lúcia; FREITAS, Sidnéia Cordeiro; MÁRISCO, Eliane Teixeira. Processamento de filé de cachapinta em conserva. *Comunicado Técnico*, Ministério da Agricultura, Pecuária e Abastecimento, Rio de Janeiro, n. 193. 2013. Disponível em: https://www.infoteca.cnptia.embrapa.br/infoteca/bitstream/doc/973265/1/2013CTE0193.pdf. Acesso em: 31 jul. 2022.

TRONGPANISH, K.; DAWSON, L. E. Quality and acceptability of brine pickled duck eggs. *Poultry Science*, v. 53, p. 1129-1133, 1974.

VERSCOVO, M.; TORRIANI, S.; DELLAGLIO, F.; BOTTAZZI, V. Basic characteristics, ecology and application of *Lactobacillus plantarum*: a review. *Animal Microbiology Enzimology*, v. 43, p. 261-284, 1993. Disponível em: https://agris.fao.org/agris-search/search.do?recordID=IT9461820. Acesso em: 31 jul. 2022.

VILLA ROSSA. *Gastronomia – salmão e perfume de chás e limão-siciliano*. 2018. Disponível em: https://www.villarossa.com.br/oficina-culinaria-salmao-e-perfume-de-chas-e-limao-siciliano/#:~:text=O%20gravlax%20surge%20na%20Idade,o%20fermentar%20nas%20areias%20geladas. Acesso em: 31 jul. 2022.

WIRTH, F. Reducing the fat and sodium content of meat products. What possibilities are there? *Fleischwirtschaft*, Frankfurt, v. 71, n. 3, p. 294-297, 1991.

13

Cultivando esporos de fungos

Silvia Satie Tuyama
Pedro Linhares Machado Marchi

INTRODUÇÃO

O consumo de fermentados em diversas regiões do planeta é documentado na história em diversas ocasiões. Basicamente toda cultura tem uma forma de fermentado que lhe é, senão originária, extremamente próxima. Nas Américas, há o *pisco* chileno, o *cauim* dos índios tupis brasileiros (ALMEIDA, 2015) e até mesmo o tucupi (CASCUDO, 2017) da região Norte.

Na Europa, há uma infinidade de conservas, como a *jardiniere* italiana, o *sauerkraut,* conhecido como chucrute, associado à cozinha alemã – embora haja menção a esse preparo desde os tempos do Império Romano por Catão (2017), que descrevia o método de conservar repolho e outros vegetais utilizando-se do sal.

O continente africano também fornece exemplos de alimentos fermentados no decorrer de sua história. Segundo Cascudo (2017), a cozinha africana é desenvolvida e diversificada. Mesmo que não se fizesse uso de graxos para cocção, havia a presença de fermentados na forma de diversos vinhos, como o de mel e o de palmeira. Benkerroum (2013), em seu artigo, ainda cita como fermentados o *Basterma,* semelhante ao *pastrami,* e a *Harissa,* um molho de pimenta originário da Tunísia.

O estudo de todas essas vertentes de alimentos fermentados é extremamente interessante, bem como a sua degustação. Contudo, neste capítulo serão descritos alguns fermentados de origem asiática. Segundo o *Chef profissional* (INSTITUTO AMERICANO DE CULINÁRIA, 2010), temos na Coreia do Sul o *kimchi*, feito com acelga e uma série de temperos como *gochugaru* (uma espécie de pimenta picante que pode ser usada em pó ou em flocos). O molho *hoisin,* tradicional na cozinha chinesa, deriva de uma pasta fermentada de soja. Na Tailândia, há o *nam pla,* um molho fermentado à base de peixes salgados e armazenados por pelo menos oitos meses antes de serem processados, coados e comercializados.

Mesmo com muita diversidade de produtos fermentados no continente asiático, vamos nos ater a estudar e ilustrar os cultivos de fungos em algumas produções bem tradicionais da cozinha japonesa. Falaremos sobre as culturas de *Aspergillus oryzae* (*A. oryzae*), presentes no arroz *koji* e no *amazakê,* e de *Rhizopus oligosporus* (*R. oligosporus*), presente no preparo do *tempeh.*

Deve ser ressaltado que o hábito de consumir alimentos fermentados na Terra do Sol Nascente é algo muito presente na cultura do país, e seus métodos, muitos deles milenares, são retratados dentro da cultura culinária e popular desde documentários como *55 Generations of Sake* até menções em quadrinhos do Moyasimon.

Após essa breve introdução, na qual foram apresentados alguns produtos de origem fermentada pelo mundo e feita a exposição prévia de nossos objetos de estudo, vamos ao conteúdo referido.

ARROZ, SOJA E MICRORGANISMOS

Esta seção tratará, de maneira simples, as características de insumos como o arroz e a soja, mostrando a influência desses ingredientes em regiões onde são largamente utilizados.

Arroz

A espécie *Oryza sativa* L. tem origem incerta, mas diz-se que sua provável ancestral seja a *Oryza rufipogum* Griffith, surgida na Ásia. Há a possibilidade de que tenha sido domesticada em vários lugares, mas certamente no sudeste da Ásia. É uma espécie anual com até 1 m, e cresce em locais alagados, secos ou mistos. A China e a Índia são os maiores produtores mundiais; na Europa é a Itália, e nas Américas, o Brasil. Propaga-se por meio de grãos (FELIPPE, 2007).

Segundo Felippe (2007), o arroz, popularizado da Ásia central para o Oriente Médio, da China foi adotado pela Coreia e pelo Japão em 2000 a. C. Sua planta propagou-se e e deu origem a diversas variedades com nomes populares distintos em cultivares de locais baixos e alagados ou altos e secos.

Foi cultivado na Mesopotâmia e na Pérsia no século II a. C. Uma das hipóteses de sua chegada à África se baseia no fato de já existir no Egito, entretanto, alguns acreditam que tenha chegado no continente entre os séculos VII e XVI. Teve grande importância na Etiópia, ao longo do Rio Nilo, por volta do século

XIII. Os portugueses introduziram o arroz na costa central ocidental da África, mas foi Alexandre da Macedônia quem conheceu o arroz na Índia e o levou para a Europa (FELIPPE, 2007).

De acordo com Felippe (2007), os celtas e iberos levaram o arroz para a Península Ibérica da região entre os mares Cáspio e Negro, mas há quem acredite que a introdução do arroz em Portugal e na Espanha foi realizada pelos árabes durante a ocupação moura.

Considerado a maior fonte de carboidratos para os povos asiáticos, o arroz é como o trigo para os europeus e americanos. Descascado e polido, o grão é um produto básico da alimentação, consumido de diversas maneiras. Grãos mais grudentos geralmente são usados para pudins; os polidos perdem grande parte da proteína, e também, com a retirada de seu envoltório mais interno, originam o farelo. Este é constituído pelo pericarpo, pela camada de aleurona, o germe ou embrião e fragmento do endosperma (FELIPPE, 2007).

O pericarpo do arroz constitui o fruto sem a semente. A camada de aleurona tem células recheadas de proteína. Ao germinar, a aleurona é fonte de enzimas que transformarão o amido em açúcares; estes, por sua vez, farão parte dos nutrientes usados para que o embrião ou germe cresça. O endosperma alimenta o embrião quando germina. Oito por cento do grão processado torna-se farelo, o qual contém cerca de 50% de carboidratos, 20% de óleo e 5% de proteínas. No Japão, o farelo de arroz é muito popular, sendo chamado de *nuka*. O arroz fermentado é matéria-prima da cerveja, do saquê e do vinho de arroz (FELIPPE, 2007).

Ainda segundo Felippe (2007), *sakamai* é o arroz utilizado para fazer o saquê no Japão, após removidos aproximadamente 50% dos envoltórios para o preparo da bebida. Assim, é utilizada apenas uma parte do endosperma do grão polido, que depois é lavado e deixado em água para inchar. Os grãos são cozidos no vapor e inoculados com esporos do bolor *koji kin* ou *koji*, que, ao germinarem, transformam o amido do arroz em glicose, processo conhecido como sacarificação. Para a fermentação, adiciona-se levedura que transforma a glicose em álcool. Fermenta-se por um mês em barricas de madeira e filtrase, em seguida por mais dois a três meses em barril de madeira.

Soja

Originária da China, a *Glycine max* (L.) Merr. parece ter sido selecionada a partir da *Glycine soja* Siebold & Zucc. Cultura anual com planta de aproximadamente 0,5-1 m, possui flores de cor malva-pálida axilar, vagens de cerca de 3 cm, e, após semeada, leva de 90 a 160 dias para produzir frutos. Propaga-se por meio de sementes (KINUPP; LORENZI, 2014).

Principal matéria-prima utilizada na fabricação de óleo, a soja representa 55% das sementes oleaginosas cultivadas. O maior produtor mundial de soja, responsável por 40%, são os EUA. É possível que esse vegetal tenha sido selecionado no nordeste da China, no século XI a. C.

Com cerca de 40% de proteínas e 20% de óleo, a soja é o alimento vegetal mais rico, contendo todos os aminoácidos não produzidos em nosso corpo necessários para a nutrição humana. Seu óleo contém 45-60% do ácido graxo linoleico, 18-34% do oleico, 9-15% do palmítico, 3-8% do linolênico e 2-5% do esteárico (FELIPPE, 2007).

Depois de refinado, o óleo de soja é vastamente utilizado para a fabricação de óleo de cozinha, margarinas e molhos de salada. O bagaço das sementes é torrado e moído e produz misturas de alto teor proteico para rações animais, sendo uma parte utilizada para o consumo humano. A semente de soja cozida ou torrada é bastante consumida pelos orientais, mas no Ocidente é majoritariamente transformada em farinha de soja. Das sementes torradas e moídas também são feitos o leite de soja, o tofu e o missô.

O leite de soja, segundo Felippe (2007), é rico em vitaminas do grupo B. Dele podem ser feitos o iogurte e o queijo de soja, conhecido como tofu, que tem consistência de queijo macio. Por absorver bem os temperos e o gosto dos outros alimentos, o tofu é ideal para cozidos, sopas, grelhados ou frituras.

O missô é a pasta de soja fermentada, que demora cerca de um ano para ficar pronta. Resulta da fermentação de sementes de soja cozidas com trigo assado, acrescentando-se o fermento *koji*, produzido do arroz inoculado pelo fungo *Arpergillus oryzae* (FELIPPE, 2007).

Existem variações de missô, desde o mais branco e leve, conhecido como *shiro--miso*, ao vermelho profundo e de sabor forte, o *aka-miso*. Pode também ser feito de soja (*mame miso*), da mistura de soja e arroz (*kome miso*) e da mistura de soja e cevada (*mugi miso*) (INSTITUTO AMERICANO DE CULINÁRIA, 2010).

Ainda de acordo com Felippe (2007), o molho *Worcestershire*, conhecido como molho inglês no Brasil, tem o missô como um de seus ingredientes. Um tipo de carne de soja alternativa, conhecida como *tempeh*, que é comercializado enlatado, congelado ou seco, também é consumido em alguns países asiáticos. Já o molho de soja, ou *shoyu*, é feito de soja e trigo fermentados e, mesmo sendo salgado, tem baixo teor de sódio.

Fermentação

Diversos alimentos produzidos devem suas características às atividades fermentativas de microrganismos e, por isso, têm vida de prateleira maior que a da matéria-prima da qual foram feitos. Apresentam também maior estabilidade, aroma e sabor característicos, resultantes da ação direta ou indireta dos microrganismos fermentadores. Alguns têm seu conteúdo de vitaminas e digestibilidade aumentados, outros contam com a toxicidade reduzida e, em alguns casos, a fermentação aumenta o teor tóxico. De qualquer maneira, a categoria de alimentos fermentados tem grande importância e está relacionada ao bem-estar nutricional da população mundial.

Segundo Jay *et al.* (2005), os parâmetros intrínsecos e extrínsecos definem as atividades dos organismos fermentadores. Se, por exemplo, o alimento *in natura* contém açúcares livres e é acidificado, as leveduras crescem rápido, produzindo álcool e restringindo atividades de outros organismos. Contudo, se a acidez permite o crescimento bacteriano e tem altas concentrações de açúcares simples, favorece o crescimento de bactérias ácido-láticas (BAL).

Em geral, alimentos que têm polissacarídeos com pouco açúcar simples são estáveis à ação de leveduras e BAL em decorrência da falta de amilase desses microrganismos. Nesse caso, deve-se fornecer uma fonte externa de enzimas sacarificantes para que ocorra a fermentação. O uso de *koji* para fermentar produtos com soja é um exemplo de como fermentações alcoólicas e ácido-láticas ocorrem em produtos com baixo teor de açúcar e alto teor de amido e proteína. As enzimas do *koji* provêm do *A. oryzae*, que se desenvolve em grãos de arroz molhados ou cozidos no vapor. Os hidrolisados desse organismo podem sofrer fermentação de BAL e leveduras, no caso do molho de soja, ou de suas enzimas, as quais agem no grão de soja diretamente para a produção do missô japonês (JAY *et al.*, 2005).

No caso do *sake* produzido no Japão, Jay *et al.* (2005) afirmam que seu substrato utiliza o amido de arroz cozido no vapor, e o *A. oryzae* que produz o *koji*, hidrolisa o amido para açúcares. *Saccharomyces sake* fermenta por 30-40 dias, dando como resultado o produto com 12-15% de álcool e de 0,3% de ácido lático.

O *shoyu* é fabricado em duas etapas. Na primeira, o *koji* (semelhante à maltagem das cervejarias) inocula o *A. oryzae* ou *Aspergillus sojae* (*A. sojae*) em grãos de soja ou mistura de grãos com farinha de trigo durante três dias. Isso produz grande quantidade de açúcares fermentáveis, peptídeos e aminoácidos. Na segunda etapa, adiciona-se 18% de cloreto de sódio (NaCl) ao produto fúngico *moromi*, que é incubado em temperatura ambiente durante um ano. O *shoyu* é o líquido resultante. Na incubação do *moromi*, bactérias láticas, como *Lactobacillus delbrueckii* (*L. delbrueckii*), e leveduras, como *Zygosaccharomyces rouxii* (*Z. rouxii*), fermentam de forma anaeróbia o *koji* hidrolisado. As culturas puras de *A. oryzae*, *L. delbrueckii* e *Z. rouxii* são responsáveis pela produção de *shoyu* de qualidade (JAY *et al.*, 2005).

Originalmente o *tempeh* de origem na Indonésia, segundo Jay *et al.* (2005), é feito com a soja deixada de molho em pernoite para retirada das cascas, depois fervida durante 30 minutos e espalhada em tabuleiro para esfriar e secar. Uma pequena quantidade de cultura *tempeh starter* é adicionada e o produto, enrolado em folhas de bananeira. Mantido em temperatura ambiente por cerca de um a dois dias, o bolor cresce e liga os grãos, constituindo um tipo de bolo, o *tempeh*. O organismo empregado é o *Rhizopus oligosporus* (*R. oligosporus*) para o *tempeh* feito de trigo; no caso de soja, utiliza-se *R. oryzae* ou *R. arrhizus*.

O missô é outro produto fermentado japonês feito de grãos de soja, cozidos no vapor ou não, moídos com *koji* e sal, fermentados durante 4 a 12 meses. Para o missô branco, a fermentação por uma semana é suficiente, mas o missô *mame* escuro, de maior qualidade, demanda até dois anos (JAY *et al.*, 2005).

CONHECENDO AS CULTURAS

A seguir, são apresentadas as culturas e os seus derivados. Tem-se como exemplo o arroz *koji*, resultante do processo que envolve o *A. oryzae*, o qual pode ser utilizado para a produção de bebidas, temperos e embutidos.

Aspergillus

De acordo com Jay *et al.* (2005), os *Aspergillus* são microrganismos produtores de correntes de conídios que podem apresentar as cores verde, amarela e preta. Dependendo da espécie, são responsáveis pela deterioração de frutas, doces, geleias, produtos curados e óleos, mas também são empregados na produção de alguns alimentos fermentados. O *A. oryzae* e o *A. sojae* fermentam o *shochu* e o *koji*, muito consumidos no Japão; o primeiro produz alfa-amilase.

Arroz koji

O arroz *koji* é um produto obtido por meio da fermentação do *A. oryzae* e que, mantido em culturas, pode ser utilizado de diversas formas no ambiente gastronômico. Têm-se como subprodutos o próprio arroz, o qual pode ser consumido naturalmente, pastas e temperos, molhos fermentados, bebidas alcóolicas, vinagres e charcutaria. Até mesmo na confeitaria e na panificação pode ser utilizado.

Um dos subprodutos do *koji* é o *amazake*, uma bebida similar a um vinho adocicado de baixo teor alcóolico. Além de estar presente na cultura japonesa, inclusive no folclore[1], serve como base para diversos outros preparos, como

---

1 Referência a *Amazake Babaa*, criatura mitológica (*yokai*) presente no folclore das regiões de Miyagi e Aomori, com o hábito de pedir por essa bebida imitando vozes de criança. Quem responde ao chamado acaba adoecendo.

saquê e diferentes bebidas alcóolicas e vinagres, e também pode ser utilizado em preparações como marinadas. Shih e Umansky (2020) traçam suas origens utilizando o *Nihon Shoki*[2] como base. Geralmente produzido em temperatura ambiente no período de dois a três dias, utilizando alguma base de amido cozida, a cultura de *koji* e água; a mistura é feita e os amidos são quebrados pelas enzimas presentes na cultura.

Outro uso para a colônia é um molho fermentado chamado *shio koji*[3], feito com partes iguais de arroz *koji* e água, juntamente com sal. Fermentado por pelo menos sete dias, Shih e Umansky (2020) classificam esse produto como *umami bomb*[4], ou seja, tem como função realçar o sabor dos alimentos e preparações.

Shih e Umansky (2020) apontam dois grupos de subprodutos como pastas e molhos que podem ser utilizados como espessantes, temperos e/ou ingredientes. Como exemplos citam-se o *miso* e o *gochujang* para as pastas e, no campo dos molhos, o *nam pla* e o *shoyu*.

A utilização da cultura para a fabricação de bebidas alcóolicas também é fática. Ferreira e Savian (2020) citam o *sake* como produto derivado do *koji*, acrescentado de água e de uma levedura para a obtenção da bebida. Os autores ressaltam que o *shochu*[5] também recebe o reforço de um subproduto do *sake*, o *sakekasu*[6]. Shih e Umansky (2020) ressaltam que atualmente o *koji* também pode ser utilizado na fabricação de cervejas, e ainda defendem a possibilidade de se obter vinagre por conta de seu parentesco com bebidas alcóolicas.

Há o uso não tradicional de *koji* para a obtenção de características encontradas em carnes que passam pelo processo de cura ou *aging (hanging)*[7]. Shih e Umansky (2020) defendem o uso da cultura capaz, em menos tempo, de atingir resultados similares aos das carnes que passam pelo processo tradicional sem a perda de volume e tempo. Os produtos finais são diferentes, uma vez que se utilizam métodos distintos, no entanto, os resultados são similares o bastante para que essa abordagem seja válida, segundo os autores.

A inclusão do *koji* no processo pode ser feita por meio de duas técnicas:

---

2   Livro datado de 720 d. C. que contém registros sobre o folclore japonês.
3   Em tradução livre, *koji* branco.
4   Em tradução livre, bomba de *umami*, ou bomba de sabor.
5   Bebida destilada originária de arroz, batata-doce ou cevada.
6   Massa de arroz vinda do processo de filtragem do saquê.
7   Referência ao método *dry age*, utilizado para o desenvolvimento de textura, suculência e sabor em cárneos.

- Na *wet cure*[8] (marinada), trabalha-se com a cultura em um meio salobro para temperar a carne dentro da receita utilizada. Nessa técnica, utiliza-se o *amazake* como meio para inserir o *koji* no preparo.
- Na *dry cure* (cura seca), mistura-se o *koji* desidratado ao *mix* de temperos utilizados na produção.

Rhizopus

Produtores de hifas não septadas que originam estolões e rizoides. Algumas espécies são comumente encontradas em frutas, pão, carnes e embutidos, e responsáveis por sua deterioração. Certas espécies produzem pectinases, e o *R. oligosporus* é responsável pela produção de *bonkrek*, *oncom* e *tempeh*, que são alimentos fermentados comuns na Indonésia.

Tempeh

O *tempeh* é um produto resultante da fermentação por meio de fungos *R. oligosporus*, conhecido há muito tempo pelo povo da Indonésia, e que se popularizou por conter alto valor nutricional, tempo de cozimento reduzido em relação aos grãos de soja puros e pela facilidade de substituir a carne nas dietas vegetarianas. Pode também ser feito com outras matérias-primas, como milho, arroz, feijões, lentilhas ou cevada.

Segundo Nout e Rombouts (1990), o *tempeh* tem aparência clara, textura de cogumelo e aroma de nozes. Pode ser ingerido cru, mas se aquecido desenvolve sabor de carne. Costuma ser refogado com temperos, cozido em leite de coco nas sopas, preparado no vapor, grelhado como os *kebabs* ou com pastas apimentadas, como no caso dos *sambals*. A atividade enzimática limita sua vida de prateleira, devendo ser estocado em temperatura de 3-10 °C.

Os benefícios do *tempeh* incluem:

- Ação probiótica, quando consumido cru.
- Caráter prebiótico pela presença de fibras, que alimentam a flora intestinal e permitem melhor fluxo do bolo fecal.
- A presença de isoflavonas da soja, que reduzem o colesterol total e o colesterol ruim, além de aliviar os sintomas da menopausa.
- O alto teor de cálcio, que auxilia na manutenção dos ossos.

---

8 Cura úmida, em tradução livre.

- A presença de manganês ajuda a combater o diabetes, promovendo maior tolerância à glicose.

DESENVOLVENDO A CULTURA

De nada adianta falarmos sobre o que pode ser feito com os subprodutos de fermentados se não ensinarmos como cultivá-los.

Em primeiro lugar, vale destacar que preparar qualquer cultura de microrganismos em meio doméstico é possível, mas os cuidados devem ser levados à décima potência. Qualquer contaminação, por menor que seja, pode prejudicar muito a colônia. Isso vale para qualquer momento da vida de sua colônia, desde a reprodução dos microrganismos até a retirada para consumo.

Lembre-se sempre de utilizar vasilhames e utensílios limpos e de manter um ambiente no mínimo saudável para a proliferação da cultura.

Quanto ao *A. oryzae*, os requisitos, segundo Shih e Umansky (2020), são três, e devem ser cumpridos para a cultura surgir e se desenvolver de maneira saudável:

1. Temperatura agradável para a cultura.
2. Circulação de ar para oxigenação.
3. Ambiente levemente úmido.

Cuidaremos desses passos separadamente. Primeiro é necessário um ambiente calmo e tranquilo para que a cultura cresça. Quando nos referimos a ambiente, falamos de espaço físico e não, por ora, das condições microbiológicas necessárias. Atrelamos a esse ambiente físico o requisito ligado à temperatura, que idealmente deve se manter o mais constante possível a 30 ºC.

O ar é necessário tanto para o transporte de esporos como para a respiração, afinal o *A. oryzae* é um fungo aeróbio, ou seja, necessita de ar para sua sobrevivência e manutenção.

Por fim, temos o ambiente úmido. A umidade deve ser suficiente para manter o meio hidratado e ajudar na proliferação da cultura, afinal ela é originária do leste asiático. Mesmo contendo as bases do genoma para a produção de aflatoxinas, o *A. oryzae* não as produz, sendo seguro para o consumo em produções alimentícias, como ressaltam Ferreira e Savian (2020).

Com esses conceitos apresentados, vamos tratar das formas de cultivo do *koji*. Recomendamos que os esporos sejam adquiridos de empresas especializadas. Separamos dois métodos para comparação: o modo tradicional executado no Japão e a técnica desenvolvida por Shih e Umansky (2020) com aparelhos mais modernos e ocidentais.

Cultivo tradicional do *koji*

O modo tradicional é realizado, de acordo com Shih e Umansky (2020), com os passos a seguir.

Escolha do arroz

O *A. oryzae* prefere arrozes que apresentem cadeias amídicas com maior teor de amilose em relação à amilopectina. Essas duas entidades formam o amido, que nada mais é do que um polímero natural, por ser um polissacarídeo.

 ⁻ Na prática, essa informação se resume a qual tipo de arroz escolher. Dá-se preferência para arrozes de grão longo, pois ele tem uma formação que apresenta a característica referida acima. Geralmente são arrozes polidos; o uso de grãos integrais para o cultivo de *koji* traz uma característica levemente picante e menos versátil em termos culinários. Os grãos polidos resultam em uma cultura mais versátil no uso final.

As espécies arroz-agulha (o popular agulhinha), arroz basmati e arroz jasmim são exemplos de grãos longos.

Lavagem do arroz

Lavar o arroz é importante para a retirada do amido excessivo resultante do processo de polimento do grão. Se o arroz não for lavado, pode ocorrer a formação de grumos após seu cozimento, e isso não permite o trânsito de ar dentro do meio, dificultando a formação de uma cultura de *koji* consistente. No entanto, é possível cultivar *A. oryzae* com uma lavagem rápida dos grãos ou até mesmo sem lavá-los, segundo Shih e Umansky (2020).

A lavagem dos grãos é essencial apenas para processos que envolvam a produção de *sake*. Nesse caso, a quantidade de vezes e a qualidade do processo influenciam no resultado final do produto.

Deixando o arroz de molho

Deixa-se o grão de molho para que o cozimento seja facilitado e tenha característica consistente. Afinal, como veremos no próximo passo, cozinha-se utilizando vapor.

Cozinhando o arroz no vapor

Tradicionalmente se utiliza uma panela de bambu com um pano próprio para esse processo; esse pano é utilizado para que os grãos não caiam da panela.

A empreitada ocorre desse modo: escorra os grãos do molho anterior, depois coloque-os na panela específica, e em seguida leve-os ao vapor para que cozinhem durante 45-75 minutos. Deve-se ter como resultado uma textura *al dente*, ou seja, cozido porém sem desmanchar o formato do grão.

Os japoneses empregam o termo *gaikou-nainam* para descrever o ponto de cocção do arroz, que se traduz como tenro por dentro e duro por fora. Shih e Umansky (2020) defendem que esse método tradicional faz o *koji* se desenvolver não apenas na superfície do grão, mas também em seu interior.

Esfriamento do arroz

Depois de cozido, o arroz é espalhado em um recipiente para que esfrie, muitas vezes com o auxílio de equipamentos como ventiladores. Esse passo é de extrema importância, afinal o *A. oryzae* começa a morrer em temperaturas acima de 46 °C e está completamente liquidado em temperaturas de 54 °C.

A faixa para que a colônia se desenvolva com mais segurança e conforto, segundo Shih e Umansky (2020), é de 21-35 °C.

Além de garantir a temperatura para que a cultura sobreviva, esse processo auxilia na eliminação de umidade excessiva.

Inoculando o arroz e misturando

Polvilham-se os esporos sobre o arroz na temperatura correta, misturando-os delicadamente por alguns minutos com cuidado para não quebrar os grãos e fazê-los se amontoar, impedindo a circulação de ar. Lembre-se de que o *A. oryzae* é aeróbio. Recomenda-se que o processo seja feito com as mãos, mas, se empregados utensílios, não utilize os de aço inoxidável, pois esse material pode provocar a quebra dos grãos. Bambu e polipropileno são indicados no caso de emprego de traquitanas culinárias.

A dosagem de esporos sugerida por Shih e Umansky (2020) é de 0,01% do montante total de arroz (1 g de esporos para 1.000 g de arroz), mas cada fabricante e distribuidor de esporos tem seus parâmetros estabelecidos na embalagem.

Organização e mistura da colônia

Após o processo de inocular o arroz, é preciso deixá-lo descansar por um intervalo entre 6-12 horas. Tradicionalmente, utiliza-se algo similar a uma lona para esse descanso, mas se colocá-lo em uma travessa e espalhar o meio de cultura, obtém-se o mesmo resultado.

Após esse período é necessário misturar e homogeneizar o meio de cultura por conta de três fatores: aeração, temperatura e proliferação. Primeiro se procura reduzir a temperatura no centro da colônia. Com a proliferação de *A. oryzae,* a temperatura pode subir a ponto de matar a colônia; para tanto, deve-se misturar o arroz e incorporar ar ao meio de cultura. Quando se faz a mistura também ocorre melhor divisão de esporos formados pela colônia.

Shih e Umansky (2020) tratam esse passo como se fosse uma poda de árvore frutífera: mistura-se para que os novos esporos sejam espalhados pela colônia.

Ajeitando o arroz

Tradicionalmente, nesse próximo passo o arroz é disposto sobre uma tábua de cedro japonês coberta com uma espécie de malha própria (similar a um pano para queijo), e ali se deposita a colônia. Logo depois, deve-se misturar o arroz para permitir a oxigenação entre o cultivo e a atmosfera.

Nessa etapa, os cuidadores costumam observar padrões similares aos encontrados em jardins zen. Shih e Umansky (2020) apreciam a ação com caráter artístico e lúdico.

Depois, cobre-se a cultura com um pano chamado *tenugui*, feito de uma malha muito fina. Assim a cultura permanece oxigenada e se mantém úmida.

Misturando o arroz e descansando

Esse passo ocorre durante o processo de fixação da colônia nos grãos de arroz e de seu fortalecimento. Misturar e descansar permite que haja aeração da cultura e sua dispersão pelo meio.

Inspeção final

Para saber se houve êxito na proliferação da cultura, observam-se componentes olfativos e visuais. Os olfativos têm como característica um leve odor de castanhas e cogumelos frescos, além de uma sensação similar àquela de cheirar champanhe. Dentro das indicações visuais, deve-se perceber um tapete esbranquiçado com textura aveludada permeando o meio de cultura (grãos de arroz) por completo. Todo o processo deve durar aproximadamente 2-4 dias, segundo Shih e Umansky (2020).

Cultivo moderno do *koji*

Agora, falaremos sobre uma abordagem mais moderna do processo, com tecnologias, aparelhos e modos que tornam a obtenção de uma colônia saudável em um ambiente de cozinha profissional ou doméstica, ainda tendo Shih e Umansky (2020) como base.

Determinados fatores não sofrem alterações, por exemplo, a escolha do arroz. Os autores preferem e recomendam a utilização de um grão longo e polido, porém defendem alguns métodos de cocção diferentes, como se relata a seguir.

- Por exemplo, não recomendam que se cozinhe o arroz por meio da técnica *pilaf.*

- Defendem os autores que, após testarem cultivar *koji* utilizando arroz cozido por *pilaf,* tiveram alguma dificuldade para proliferar a colônia em escala que fosse viável para uma cozinha profissional, mas relatam que é possível mantê-la e acelerar o processo se a cultura for realizada juntamente com *Lactobacillus*, Shih e Umansky (2020).

Com essas informações registradas, vamos aos passos referidos pelos autores para melhor maximizar a produção de *A. oryzae* com modos mais atuais.

Cozinhando o arroz no forno

Preaqueça seu forno a 176 ºC (quem não possui regulagem eletrônica de temperatura pode utilizar um termômetro para monitorar a temperatura interna). Coloque o arroz em uma panela com tampa que possa ir ao forno. Acrescente a quantidade de água fria necessária para o cozimento. Os autores recomendam o uso método de medir a quantidade de água com a palma da mão aberta sobre o arroz, acrescentando o líquido até que a base dos dedos esteja submersa.

Ainda segundo Shih e Umansky (2020), não há necessidade de lavar o arroz se for utilizado esse método. Tenha em mente que a parte inferior da porção pode passar do ponto de cocção, mas isso não afeta a possibilidade de criação da cultura.

Cozinhe por 90 minutos, sempre tampado. Após esse período, deixe que a preparação esfrie e descanse coberta por pelo menos uma hora.

Separação do arroz

Após o período de descanso, separe o arroz. As partes que estiverem úmidas e cozidas em demasia deverão ser separadas, mas não descartadas. Elas poderão ser utilizadas para a produção de *Amazake*, por exemplo.

O arroz cozido no ponto correto deverá ser misturado visando separar seus montes. Esse processo facilita a passagem de ar e auxilia na formação da colônia quando o meio de cultura é inoculado. Pode-se utilizar as mãos higienizadas para o processo, mas, se forem utilizados utensílios, evite os feitos de aço inoxidável e de metais em geral.

Inoculando do meio

Antes de dispersar os esporos de *A. oryzae,* deve-se medir a temperatura do meio de cultura e atestar que está abaixo de 37 ºC. Após a confirmação, pode-se espalhar os esporos no meio e misturá-los com delicadeza. Evite quebrar os grãos de arroz e/ou amontoá-los a fim de manter a circulação de ar presente.

Após misturar esporos e meio de cultura de maneira homogênea e delicada, transfira-os para uma travessa de aço inoxidável (assadeira ou GN[9]), com cuidado para que não fiquem espremidos ou compactados. Shih e Umansky (2020) recomendam que a altura do montante não passe de 5 cm. Se essa medida for respeitada, não será necessário misturar o meio para que a temperatura da cultura seja controlada, ou seja, com 5 cm de altura deve-se deixar que o *koji* se desenvolva naturalmente sem manuseio. Os autores defendem que essa é uma das maiores vantagens do método apresentado.

O próximo passo é cobrir a bandeja com filme plástico e fazer alguns furos que permitam a circulação de ar e o desenvolvimento da colônia. A temperatura deve estar entre 26-32 °C, e algumas características do produto final podem sofrer alterações de acordo com a variação térmica. Via de regra a colônia deve estar desenvolvida e pronta para uso ou armazenagem em 36 horas.

Armazenamento do *koji*

Os autores acreditam que o melhor momento para uso do *koji* é quando ele ainda está fresco e recém-cultivado, mas se for necessário armazená-lo recomendam algumas formas de fazê-lo:

- Pode-se armazenar o produto embalado em sacos plásticos ou filme plástico e refrigerá-los por até duas semanas; embalagens fechadas a vácuo têm um prazo de seis semanas sob refrigeração. O congelamento também é uma opção, mas não recomendada por Shih e Umansky (2020).
- A desidratação também é uma alternativa possível; recomenda-se desidratar o *koji* a uma temperatura de 35 °C. Depois de seco, o uso vai de acordo com a criatividade de quem for utilizá-lo, por exemplo, como tempero ou espessante.

REFERÊNCIAS BIBLIOGRÁFICAS

ALMEIDA, F. O. A arqueologia dos fermentados: a etílica história dos tupi-guarani. *Estudos Avançados*, 2015, v. 29, n. 83, p. 87-118, 2015. Disponível em: https://www.scielo.br/j/ea/a/pt3bsKHrDSqSs-zYKsJ4P6Zq/?lang=pt. Acesso em: 10 nov. 2022.

BENKERROUM. N. Traditional fermented foods of North African countries: technology and food safety challenges with regard to microbiological risks. *Comprehensive Reviews in Food Science and Food*

---

9   Unidade de medida utilizada na Europa para recipientes que recebem alimentos, tanto para armazenagem como para processamento e cocção. No meio das cozinhas profissionais, utiliza-se a sigla para denominar o utensílio, como assadeiras.

Safety, Chicago, v. 12, n. 1, p. 54-89, jan. 2013. Disponível em: https://onlinelibrary.wiley.com/doi/epdf/10.1111/j.1541-4337.2012.00215.x. Acesso em: 31 jul. 2022.

CASCUDO L. C. *História da alimentação no Brasil*. 4. ed. São Paulo: Global, 2017.

CATÃO. *Da agricultura: De Agri Cvltvura*. Tradução de Matheus Trevizam. Campinas: Editora Unicamp, 2017.

FELIPPE, Gil. *Grãos e sementes*: a vida encapsulada. São Paulo: Senac São Paulo, 2007.

FERREIRA, J. O. M. H.; SAVIAN, M. T. Obtenção de produtos biotecnológicos provenientes do *koji* (*Aspergillus oryzae*) e sua relevância na cultura oriental. *Revista Acadêmica Oswaldo Cruz*, São Paulo, v. 7, n. 26, abr./jun. 2020. Disponível em: https://oswaldocruz.br/revista_academica/content/pdf/Edicao26_Joao_Paulo_Morais_Hilario_Ferreira.pdf. Acesso em: 10 nov. 2022.

GREAT BIG STORY. *55 Generations of Sake: One Family's Sacred Art*. 2016. 1 vídeo (2min20s). Disponível em: https://www.youtube.com/watch?v=kXvtOjsubTM. Acesso em: 31 jul. 2022.

INSTITUTO AMERICANO DE CULINÁRIA. *Chef profissional*. 2. ed. São Paulo: Senac, 2010.

JAY, James M. *Microbiologia de alimentos*. Tradução de Eduardo Cesar Tondo *et al*. 6. ed. Porto Alegre: Artmed, 2005.

KINUPP, Valdely Ferreira; LORENZI, Harri. *Plantas alimentícias não convencionais (Panc) no Brasil*: guia de identificação, aspectos nutricionais e receitas ilustradas. São Paulo: Instituto Plantarum de Estudos da Flora, 2014.

MOYASIMON. Tokyo: Kodansha, n. 1, 2004.

NOUT, M. J. R.; ROMBOUTS, F. M. A review: recent developments in tempe research. *Journal of Applied Bacteriology*, 1990, v. 69, p. 609-633, 1990. Disponível em: https://www.researchgate.net/publication/40178415_A_review_Recent_develo pments_in_tempeh_research. Acesso em: 31 jul. 2022.

SHIH, R.; UMANSKY, J. *Koji alchemy*: rediscovering the magic of mold-based fermentation. Vermont: Chelsea Green Publishing, 2020.

Índice remissivo